社区心理学译丛

黄希庭◎顾问　陈红◎主任

积极的国家和社区

积极心理学中的跨文化视角及质性研究取向

【葡】海伦娜·阿格达·马鲁若（Helena Águeda Marujo）
【葡】路易斯·米格尔·内托（Luis Miguel Neto）◎著
吴继霞　等◎译

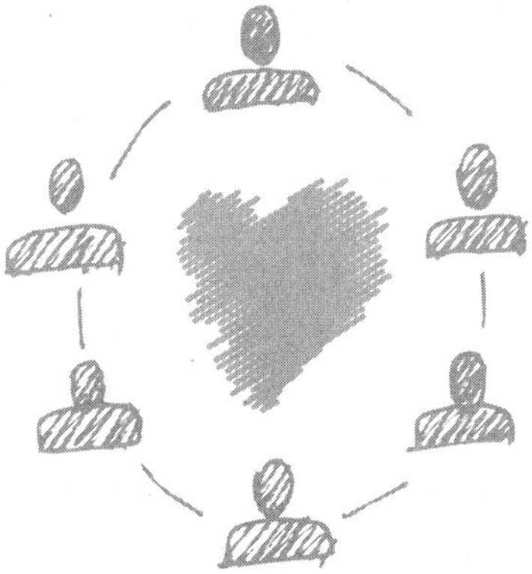

Positive nations and communities

collective, qualitative and cultural-sensitive processes in positive psychology

西南师范大学出版社
国家一级出版社　全国百佳图书出版单位

图书在版编目(CIP)数据

积极的国家和社区：积极心理学中的跨文化视角及质性研究取向 /（葡）海伦娜·阿格达·马鲁若，（葡）路易斯·米格尔·内托编著；吴继霞等译. — 重庆：西南师范大学出版社，2020.6

书名原文：Positive Nations and Communities: Collective, Qualitative and Cultural－Sensitive Processes in Positive Psychology

ISBN 978-7-5621-8690-8

Ⅰ. ①积… Ⅱ. ①海… ②路… ③吴… Ⅲ. ①心理学－文集 Ⅳ. ①B84－53

中国版本图书馆 CIP 数据核字(2017)第 249192 号

Translation from the English language edition:

Positive Nations and Communities

edited by Helena Águeda Marujo and Luis Miguel Neto

积极的国家和社区——积极心理学中的跨文化视角及质性研究取向

JIJI DE GUOJIA HE SHEQU——JIJI XINLIXUE ZHONG DE KUAWENHUA SHIJIAO JI ZHIXING YANJIU QUXIANG

编　　著:[葡]海伦娜·阿格达·马鲁若(Helena Águeda Marujo)

[葡]路易斯·米格尔·内托(Luis Miguel Neto)

译　　者:吴继霞等

责任编辑:雷　刚

封面设计:

排　　版:王　兴

出版发行:西南师范大学出版社　地址:重庆市北碚区天生路 2 号

邮编:400715　网址:www.xscbs.com

市场营销部电话:023-68868624

经　　销:新华书店

印　　刷:重庆荟文印务有限公司

幅面尺寸:170mm×240mm

印　　张:20.25

字　　数:328 千字

版　　次:2020 年 6 月　第 1 版

印　　次:2020 年 7 月　第 1 次印刷

著作权合同登记号:版贸核渝字(2017)第 027 号

书　　号:ISBN 978-7-5621-8690-8

定　　价:85.00 元

《社区心理学译丛》
编选委员会

总序

黄希庭

社区心理学的研究对象是社区中人的心理与行为，它是一门探究个体、社区与社会交互作用的性质、机制和功能的心理学分支学科。我们倡建中国心理学会社区心理学专业委员会的目的，是为了建设中国特色社区心理学，使我国的社区更加和谐、健康和幸福。社区心理学诞生于20世纪60年代的美国。经过半个多世纪的探究和实践，西方社区心理学已涉及很多方面，有理论研究（如对社区心理学的核心价值的探讨），也有应用研究（如对社区心理咨询和社区行为矫正等的实践）；有量化研究，也有质性研究；有对现实社区心理和行为的研究，也有对社区心理学教材建设的研究。为了借鉴西方社区心理学的研究成果以利于我国社区心理学的建设，我们确定了以下四项原则来选择西方社区心理学的研究成果：

——对我国社区心理健康服务有借鉴意义的研究著作；

——对我国社区心理学理论建设有借鉴意义的研究著作；

——对中国特色社区心理学教材建设有借鉴意义的教材；

——对国际社区心理学的新发展和走向有所把握的研究著作。

根据上述四项原则我们先在几十种著作中选出了近二十种，然后征求陈红、毕重增和 Todd Jackson 等教授的意见，经过反复斟酌，最后确定翻译由 Taylor & Francis 出版公司、Sage 出版公司和牛津大学出版社等出版的十本著作。这些作品可分为下列四种类型。

属于社区心理健康服务的著作有 Elaine Miller-Karas 著，李彦章译的《重建应对创伤的心理弹性：创伤与社区弹性模型》；Mary Lee Hummert, Jon F. Nussbaum 著，李媛等译的《老化、沟通与健康：成功老化的研究与实践》；Areej

Hassan 主编，邹枝玲等译的《青少年心理健康与社区》；Ximena B. Arriaga，Stuart Oskamp 编著，陈传锋等译的《社区问题的心理学研究与干预》。

属于对西方社区心理学理论探讨的有 S. Mark Pancer 著，何嘉梅译的《公民权与公民参与心理学》；Helena Águeda Marujo，Luis Miguel Neto 编著，吴继霞等译的《积极的国家和社区：积极心理学中的跨文化视角及质性研究取向》；Manohar Pawar 著，李丹、尹华站译的《社会与社区发展实践》。

属于西方社区心理学教材的有 John Moritsugu，Elizabeth Vera，Frank Y. Wong，Karen Grover Duffy 编著，尹可丽等译的《社区心理学(第 5 版)》；Victoria C. Scott，Susan M. Wolfe 编著，张锋等译的《社区心理学实践基础》。

Stephanie M. Reich，Manuel Riemer，Isaac Prilleltensky，Maritza Montero 编著，陈燕译的《国际社区心理学：历史与理论》一书分析了社区心理学与各意识形态流派、其他心理学分支学科、社会科学、文化历史传统以及不同时期经济发展状况之间的关系，以全球视野阐述了社区心理学的缘起、现状与发展趋势。

我国的社区心理学研究刚刚起步，我们翻译出版《社区心理学译丛》，了解西方社区心理学的研究和实践，借鉴和模仿前人的经验，这很有必要。但是我们必须清醒地认识到，借鉴和模仿前人的研究和实践不能代替我们从中国的实际出发进行创造性的研究和实践。这是因为社区是人们在一定地域里经营集体生活的共同体，而无论从社区的自然地理环境和人文地理环境以及社区内部的各种社会组织、社会群体之间的构成方式及其相互关系来看，还是从社区中人们的风俗习惯、历史传统、民间规约及现代化进程中的行为来看，我们的社区都不同于西方的社区。我们了解西方社区心理学的研究和实践，借鉴西方社区心理学，不是要照搬西方的理论、概念和实践模式，也不是重复和跟踪西方的社区心理学研究，而是从我国的实际出发，为解决我们自己社区中的问题进行创造性的研究和实践，这样，我们才有可能发展出中国特色社区心理学的理论、概念和实践模式。

那么，怎样从我国社区的实际出发进行创造性的研究和实践呢？我想就科学研究过程的主要环节提三点建议。

1. 选题要有创见性

选题是科研成功的关键，要引起我们的高度重视。选题过程就是寻找一个重要的、自己感兴趣的研究问题的过程，即对本学科的研究现状和发展趋势做深入分析，从未解决的问题中选择一个对学科发展有重要价值和应用前景、自己感兴趣的问题进行研究。科研贵在创新。要创新就必须了解自己感兴趣的问题前人做过哪些工作，对前人的研究结果进行认真分析，找出尚未解决的问题进行研究。因此选题前我们应广泛查阅国内外文献，以免重复研究。在阅读前人文献时我们应随时想到前人的这些研究结果是否符合我国社区的情况，他们的社区心理咨询、社区行为矫正等实践经验是否适用于我国的社区。因此，我们自然会想到我国的社区深受中华传统文化儒释道的影响，特别是儒家提倡的仁、义、礼、智、信，忠、孝、廉、耻、勇以及正心、诚意、格物、致知，修身、齐家、治国、平天下等美德对社区中人们的心理和行为有着深远的影响；同时我们还会想到当代中国的现代化进程，特别是党的十八大所提出的经济建设、政治建设、文化建设、社会建设、生态文明建设五位一体的中国特色社会主义建设总布局以及创新、协调、绿色、开放、共享的发展理念对社区中人们心理和行为的影响正日益彰显。因此，我们要问，西方社区心理学的研究成果也符合我国的社区实际吗？我们只能照搬他人的研究结果吗？答案当然是否定的。我们必须走自己的路，选题要有创见性。在我国学术界有不少科研论文是跟着前人脚步的，他们的选题就只是对前人做一点“修正”或“补充”的研究。这种跟着前人脚步，不敢想不敢做前人没有想过没有做过的东西，是当前我国社区心理学选题的大忌，因为这种研究的所谓“创新”只是对前人的研究进行“修修补补”，不可能对我们的学科建设和社区建设有新的建树。

2. **确定方法要合理**

发现问题只是科学研究的第一步，接下来要规划解决问题的研究方案，即进行研究设计。研究方案包括研究内容（细化所要研究的概念和变量的含义）、研究方法、时间安排和预期成果等，其中最主要的是确定选择什么研究方法来解决什么问题。

社区心理学的研究目的大致可以分为四类：探索、应用、描述和解释。当我们走进社区的时候会看到某种新鲜事儿，想对它进行研究，却不知道这是个什么心理学问题，也不知道前人是否研究过，更不知道是否可以提出假设来进行检验，于是想对这种新鲜事儿的心理和行为做探索性研究。通常我们采用文献调查和实地研究进行探索性研究。文献调查就是通过对相关的科研报告、学术刊物和学位论文以及民间谚语、典故等的查阅,从中启发我们对它进行研究的思考。实地研究大致包括参与观察、直接观察和个案研究,特别适合于我们在自然情境下对社区心理与行为的探究。应用性研究就是以某种经验或理论为指导,帮助社区居民排忧解难的研究。应用性研究大多采用个案法,即指对单一个体的行为进行详尽的描述和分析。例如,社区的某一个案研究的临床报告可能包含对某种症状的描述、诊断和治疗及证明该治疗有效性的证据。社区心理学的第三类研究叫描述性研究。描述性研究涵盖的范围很广,包括问卷调查、相关研究和发展研究,不仅可以从事实方面加以描述,还可以从相关性和发展趋势方面加以描述。例如,我们可以从社区的地缘与经济特点、文化与历史特点、法制与管理水平、人口特征、家庭特征以及现代化特征等方面来描述当前社区中人们的心理和行为特征。除此之外,还可以从相关性和发生发展的角度来描述社区心理和行为。描述性研究主要回答是什么,在哪里,什么时间,如何进行的问题。社区心理学的第四类研究叫解释性研究,通常采用实验法来回答为什么的问题,具体地说,是对假设和预测的检验。一个实验是一项严格控制的研究。研究者系统地操纵一个或多个自变量,观察并记录一个或多个因变量的变化。真实验有三个重要特征:随机分配被试到自变量的指定水平;操纵自变量的水平;控制无关变量。由于社区心理学所探讨的心理和行为极其复杂,因此研究者必须对几种变量的交互作用所产生的影响加以考虑。如果实验的结果与假设所预期的一致,那么这个假设就获得了支持;如果结果与所预期的不同,那么这种解释可能就需要进行修订,然后可能会提出一个新的假设,并用另一个实验来检验。这种根据实验结果检验假设,形成正确解释的过程,有时是一个相当漫长和痛苦的过程。

社区心理学的研究还可以分为量化研究和质性研究。量化研究(quantitative research)强调精确的变量测量,它应用演绎推理方法,十分注重设计、测量、数据处理和取样的问题。量化研究方法是一个从干预(实验)到非干预(相关和差异研究)的连续体,所探讨的是一个或多个变量的数量特征、数量关系和数量变化。社区心理学研究中的实验法、相关法和问卷调查等都属于量化研究。质性研究(qualitative research)是不采用数字,而是用语言文字来描述和解释心理现象的研究。质性研究方法有很多,如参与观察法、深度访谈法、质性个案法等,是通过归纳逻辑对所收集到的资料所进行的解释和建构。与量化研究注重研究对象的代表性、问题的普遍性、测量的客观性和结论的精确性不同，质性研究注重个案的独特性、个案与情境的关联性和互动性，把自然情境作为资料的直接来源，对个人进行细致的、动态的描述和分析。在心理学研究中，每一种研究方法都有其适用的范围，每一个心理学问题都可以用不同的方法来加以解决。一项好的开创性的社区心理学研究通常是采用多种研究方法的。因此，怎样找到合适的研究方法并加以组合是做好研究设计的关键。在这方面，《社区心理学译丛》或许会给我们以启示。

3. 坚守职业道德不动摇

社区心理学既是一门学问，也是一种职业。说社区心理学是一门学问，是因为它是要探究个体与社区、社区亚群体及社会交互作用的性质、机制和功能等学术问题的；说社区心理学是一种职业，是因为它的社区心理咨询、心理健康服务是满足社区居民不同的需要，改善社区生活，进而促进社区发展的。无论从事社区心理学的哪一种工作，都必须坚守心理学家的职业伦理道德。Jennifer Evans 通过对世界心理学家伦理原则宣言草案(2005)、欧洲心理学家联盟伦理元章程(1995)、加拿大心理学家伦理准则(2002)、美国心理学家伦理原则和实施准则(APA,2002)等的研究，认为各国心理学家公认的职业伦理道德规范的核心准则是：

——尊重人的尊严；

——关怀人的福祉；

——为人正直；

——对社会、对科学负责任。*

这四条核心伦理道德准则是各国心理学家都应当具备的美德，也是各国心理学家的灵魂，它指引着心理学家的科学研究和服务，为心理学家的研究和服务保驾护航。它也是社区心理学家的研究和服务取得成功的基本保证。举例来说，在选题和制订研究计划的时候，应选择一个什么问题进行研究呢？应当认真谨慎地考虑这个选题对社会、对科学的价值如何。我们应当选择一个对社会、对

---

*Jennifer Evans 著，苏彦捷等译(2010). 心理学研究要义. 重庆：重庆大学出版社，7—15.

科学很有意义的问题进行研究，而不是马马虎虎、草率地选择一个毫无意义或仅有很少意义的问题便开始招募被试参加研究。浪费他人的时间，这是很不道德的。对于招募来的被试，应当用他们能够理解的言语告知其研究的目的和可能的风险；应确保他们是知情同意后参加的，而不是被胁迫的；对于未成年人被试，除了得到他本人的同意外，还应得到其父母或监护人的同意。尊重人的尊严，确保被试的隐私不被泄露，即使是质性研究，在公开发表结果时被试也必须是匿名的；无论被试在研究过程中说了什么或做了什么，除了研究者之外，没有人会知道他们的答案。关怀人的福祉与尊重人的尊严是相辅相成的。在心理咨询时如果发现来访者有伤害自己或伤害他人的严重倾向、有致命的传染病可能危及他人、未成年人受到性侵或虐待等情况，就应当以适当的方式告知有关方面。在获得结果和解释结果时，研究者的为人正直尤为重要。社区心理学研究报告中的数据必须真实可靠。任何形式的篡改数据和抄袭行为都是违背为人正直的道德原则。有些研究在开始时隐瞒了研究的真实意图，在研究完成后应当把这种隐瞒了的真实意图告诉被试，以取得他们的理解和谅解；参加研究的被试都有了解研究结果的权利，如果他们提出要求，研究者应向其提供一份研究总结报告。总之，心理学家的职业伦理道德标准是心理学家灵魂力量之所在，我们在从事社区心理学研究和服务的任何时候都要坚守职业道德毫不动摇。

心理学是一门探寻心迹，理解人生，点燃人类心灵真善美的学问。我相信，中国社区心理学的研究和服务工作的开展必将为心理学事业增添光彩！

是为序。

2017 年 10 月 17 日

译者序

中国在世界的经济地位处于上升趋势，逐渐富裕之后的中国人幸福吗？中国城市化进程中，社区工作如何建设？在世纪之交诞生的积极心理学有助于我们对这些问题的讨论，并为解决现代化进程的社会心理问题提供新的可能。

积极心理学以研究人的幸福为中心，以积极情绪、积极人格和积极的社会组织为三大主要研究内容。其创始人马丁·塞利格曼在他的《持续的幸福》中提出了幸福定义的五元素，也称之为PERMA理论：Positive emotion（积极情绪）、Engagement（投入）、Relationship（人际关系）、Meaning（意义）和Accomplishment（成就）。马丁·塞利格曼认为，五元素代表了人自在地选择追求的目标。在介绍马丁·塞利格曼对幸福的定义时，译者联想到前两年就有演讲者提出的一种社会现象：年轻大学生因为价值观缺陷导致的心理障碍，并称之为"空心病"——他们不知道为什么活下去，活着的价值和意义是什么等等。译者无意去论证此命题成立与否，但此"空心病"现象倒是值得我们加以关注：为什么有人会这么想？事实上，除了大学生，其他一些人也有多多少少患上这样的"病"——浮躁，情绪差，兴趣匮乏，感觉生活失去了意义。而这一切恰恰与PERMA理论的五元素相背，也是不幸福产生的原因。PERMA理论以及积极心理学给我们治愈类似于"空心病"的问题，注入了新的视角和分析框架。

积极心理学研究公民美德和使个体成为具有责任感、利他主义、有礼貌、宽容和有职业道德的公民的社会组织，包括健康的家庭、关系良好的社区、有效能的学校、有社会责任感的媒体等。它试图摆脱主流心理学过分偏重个体层面研究的缺陷，强调心理学研究的视野要兼顾个体层面与社会层面，在关心个体心理研究的的同时，重视对群体和社会心理的探讨。比如，社会心理学中经典的阿施"从众"心理试验（Asch Conformity Experiments)、史坦利·米尔格伦(Stanley Milgram)"权力服从"实验,还有津巴多(Philip Zimbardo)"监狱实验"等都充分说明环境对人的影响。津巴多在他后来出版的《路西法效应:好人是如何变成恶魔的》中谈道:坏人并非天生的恶,而是情景(situation)的力量让好人逐渐堕落等。中国有孟母三迁的故事,相信大家耳熟能详。这一切都说明:环境的力量能使人潜移默化。如果我们承认环境的重要影响,那么我们完全有理由相信,人类同样能创造出一种强大但积极的环境,将人的最佳状态充分调动起来。为此,积极心理学家们做了许多探索。哈佛大学埃伦·兰格(Ellen Langer)教授做了系列研究,她在《专注力》中有描述,证明了积极环境力量的存在。

本书《积极的国家和社区》恰好以跨文化的视角,用真实的数据、新的观点,深刻反映积极国家和积极社区概念的理论和元理论。本书讨论的范围广阔,积极国家是什么样子?质性研究的取向对积极国家和美好社区生活的贡献是什么?社会科学之间的跨领域合作如何促进对这些问题新的洞察?除了公民个人幸福感增长之外,还存在什么内容?等等。与此同时,在社区和国家内部、国家间,本书证实和补充了何种行为可以提升文化的积极功能。本书的作者们都充分展示了他们严谨、迷人和丰富的知识,用一种潜在的、开放式的对话、批评的视角,鼓励我们所有人反思我们当下的心理学研究现状,探索积极心理学介入国家和社区民众生活的可能。

尽管西方文化背景下的"幸福"、"社区"等概念和理论与中国人的"幸福"、"社区"有很大的文化差异,但这不妨碍我们借鉴本书的一些新的观点、质性研究的范式、成功的案例去思考和解决中国面临的问题,所谓他山之石可以攻玉。

本书是由本人主持翻译和负责审稿的,参加翻译的有:吴继霞(前言、本书最初的价值定位);曹文雯(封面、封底、版权、目录、第1章);廖传景(第2章、第6章);冷洁(第3章、第4章);何雯静(第5章);胡遥力(第7章);秦安兰(第8章);赵中(第9章);许劼(第10章);钱程(第11章);徐灿灿(第12章);汪宇翔(第13章),曹文雯协助我做了一些助手的工作。此外,李莹丽副教授进行了本书译稿质量的评定,王昕同学协助我做了文字上的润色工作。每位译者先译出初稿后,我们还通过结对子互助的方式协助对方校对翻译的文字，我本人则对照原著通读译稿并向相关译者提出重新修改和润色文字的反馈意见，然后交由译者，经历的时间前后有一年之久。尽管我和各位译者对此书花费了很多心血，但由于译者们对西方文化背景下的积极心理学，尤其是后现代主义哲学视野的了解有限，译文中的疏漏和错误在所难免，还请读者诸君指正。借此机会，我也对参与书稿翻译的老师和同学致以由衷的谢意，向出版社任志林先生对本译稿的关心和支持表示诚挚的谢意！正是因为大家的共同努力和辛勤劳动才使这本书的中文版顺利与读者见面。

吴继霞

2019 年 3 月于苏州

前言

在黑暗的中世纪，人们认为是上帝赋予了社会一定的道德秩序。这种观点并没有给人们带来预想中的社会变革。那时候，因为上帝把人类赶出了天堂，人们通常把现世的生活看作个体能否进入天堂的一种考验，因而现世的生活并非一种愉快体验。这种观点也没有激发人们追求"更好社会"的诉求。

直到18世纪欧洲启蒙运动的兴起，这种观点才有所改变。人们开始认为社会是可以被人类改变的。幸福也开始被视为一种尘世生活中值得拥有的东西。这些新视角引发了广泛的社会变革呼声。从18世纪后半叶的法国大革命开始，到19世纪自由主义、社会主义等政治意识形态的发展，到"瓦尔登湖"公社这样的新社会实验，都使得这种呼声更加具体化。在20世纪，这些呼声由于"福利国家"的发展，通过国家的"社会工程"慢慢变成现实。

这些诉求引发了人们关于"美好社会是何种模样"的大讨论。其中，社会哲学家卡尔·马克思(Karl Marx)的观点长期占据了统治地位。因为社会哲学家最初都是道德哲学家，他们强调的是一个美好社会应该是什么样子的。比如，他们更愿意去质问社会需要多少公平，而不关心适合生存的社会实际上应该是怎样的。后者被20世纪后半叶大量涌现的实证社会科学研究解决了。社会学家是第一批对美好社会的基本事实进行讨论的学者。他们开始评估在通向更好社会的道路上所取得的真正进步，如贫穷的减少。这类研究被称为"社会指标研究"，现在它属于"生活质量研究"的一部分。实证研究者也已发现理想社会特征和问题的最佳结合点，比如，社会不公平现象多大程度上会影响经济增长。这是"幸福经济"中的一个新问题。

心理学首先是研究个体的心理功能，但心理学家们在关于美好社会的讨论中还没有突出贡献。迄今为止，心理学家主要论述了心理健康的社会性决定因素，有时也会考虑到跨文化心理学中的环境因素。奇怪的是，事实上社会心理学家在关于美好社会的讨论中仍然处于边缘位置。尽管如此，心理学家们对于这个问题的兴趣却一直在增长。其中，第一个表现就是发生在20世纪60年代“批判心理学”的热潮和从2000年开始逐渐发展的“积极心理学”浪潮。尽管积极心理学关注的焦点是个体的生活质量，但它也关注美好社会中的那些社会性因素。

过去的社会学实验已经告诉我们，社会理想的实现或许是以实现个人幸福为前提的。因此，我们要面对的其中一个挑战就是，要先找出哪种社会组织形式为人类繁荣提供了最好的架构。在这种情况下，从心理学角度切入，特别是积极心理学的参与才最受欢迎。这本书就是为了提供这样的资源。它是第一本，希望有更多出版的书，关于积极国家的书。

荷兰鹿特丹伊拉斯姆斯大学和南非西北大学名誉教授
Ruut Veenhoven

贡献者

Helena águeda Marujo,葡萄牙里斯本技术大学公共政策和管理中心、社会和政治科学学院

Telmo Ferreira Alves,葡萄牙里斯本技术大学公共政策管理中心、社会和政治科学学院

George W. Burns Adjunct,澳大利亚墨尔本 Cairnmillar Institute 心理学系

Milton H. Erickson,澳大利亚达灵顿西澳洲研究所

Annie Chai,美国纽约佩斯大学心理系、联合国国际委员会心理学家

Patrícia Jardim Da Palma,葡萄牙里斯本技术大学公共政策和管理中心、社会和政治科学学院

Robert Enright,美国威斯康星州麦迪逊,威斯康星大学麦迪逊分校 859 教育科学、教育心理学系

Antonella Delle Fave,意大利米兰大学病理生理学和移植系

Fabian Gander,瑞士苏黎世大学,心理学系

Anjali Jain,印度德里,印度理工学院人类和社会科学系

Silvia Koller,巴西阿雷格里港心理研究所,联邦南里奥格兰德州大学心理学系

Miguel Pereira Lopes,葡萄牙里斯本技术大学公共政策和管理中心、社会和政治科学学院

Mercedes A. McCormick,美国纽约佩斯大学心理学系

Lawrence Soosai Nathan,意大利米兰大学、阿努格拉哈社会科学研究所心理学系

Luis Miguel Neto，葡萄牙里斯本技术大学公共政策和管理中心、社会和政治科学学院

Júlio Rique Neto，巴西若昂佩索联邦达帕拉伊巴大学、道德发展研究和学习中心

Deborah Harris O'Brien，美国华盛顿，华盛顿圣三一大学

Martina Perstling，纳米比亚温特和克大学人文和社会科学学院心理学系，纳米比亚温特和克私人开业临床心理学专家

René T. Proyer，瑞士苏黎世大学心理学系

Grant J. Rich，美国阿拉斯加朱诺，美国心理学会国际心理学第52部门

Sebastiaan Rothmann，南非范德拜尔帕克，西北大学人文学科系

Willibald Ruch，瑞士苏黎世大学心理学系

Bruna Seibel，巴西阿雷格里港联邦南里奥格兰德大学心理学研究中心

Dalbir Singh Geography，印度哈里亚纳邦 Pt. N R S 政府学院地理学系

Kamlesh Singh，印度德里印度理工学院人文和社会科学系

Q. Michael Temane，南非波切夫斯特鲁姆西北大学心理与行为科学学院

Graciela Tonon，阿根廷布宜诺斯艾利斯安蒂奥基亚大学社会科学系；阿根廷国立布宜诺斯艾利斯萨莫拉大学社会科学联合系

Ruut Veenhoven，荷兰鹿特丹伊拉斯姆斯大学，人类幸福的社会条件研究所；南非梅富根西北大学人类幸福的社会条件研究所

Lía Rodriguez de la Vega，阿根廷国立布宜诺斯艾利斯萨莫拉大学社会科学联合系

Sara Wellenzohn，瑞士苏黎世大学心理学系

Marié P. Wissing，南非波切夫斯特鲁姆西北大学心理与行为科学学院

积极心理学中的参与意识和伦理意识：本书最初的价值定位(绪论)

Helena Águeda Marujo 和 Luis Miguel Neto[1]

地球上最快乐的地方不是在机体内部。它们不是地理学上的那些地方，它们是那些在你我之间的……

——Christopher Peterson，《追求美好生活》，2013，226 页

我的整个精神世界的组成就是犹豫和怀疑。对我而言，没什么东西是积极的，所有的事情都在动摇着我，所有的事情都是这样。所有的事情都是未知的，或者是未知的象征。

——Fernando Pessoa (1888—1935)，葡萄牙诗人

这本书是积极心理学领域内的一个道德承诺和一种邀请更多人参与、多方对话的成果。

为了呈现过去给伟大学者们带来荣誉的科学视野，为了培养一种欣赏科学成就的文化氛围，本书的编者们也把不断挑战的观点、再创造和共建"是什么"程序的科学实践嵌入其中。在这个意义上，我们鼓励团体、学者和从业者们从后现代相对主义的视角去看待积极心理学领域的研究。

当谈到当前这些模式的优点，看到迄今为止搜集到的如此丰富的数据，触及该领域的内在趋势时，我们被亚伯拉罕·马斯洛(Abraham Maslow)(1979)所讲的"成长科学"而非"稳定科学"的观点所触动。我

① H. Águeda Marujo，L. M Neto，葡萄牙，里斯本 P－1349055，里斯本技术大学，公共政策和管理中心，社会和政治科学学院，E-mail：hmarujo@iscsp. utl. pt；Ineto@iscsp. utl. pt

们设想有一种方法，可以尝试处理不同的问题，能预先处理被误解的内容，对新的、共建的现实描述保持一种开放性。因此，我们邀请全世界的同行们一起去想象“假如……将会怎么样”这个问题。假如我们强烈地相信现在所涌现的那些观点（Biswas-Diener 等，2011；Chirkov 等，2011；Delle Fave 等，2011a；Diener 等，2010；Pawelski 和 Moores，2013），并用参与式和变革式的方法来完善这些观点（Gergen 和 Gergen，2003；Kotzé，2012；Mertens，2009），将会逐渐产生更多共同性、质性、文化敏感性、变革性的方法。这种做法会促使探索过程更具意义，促进积极心理学更加有效吗？假如我们特地超越个人水平，跳跃到“知识社群”和“社群知识”水平，将会发生什么呢？

为鼓励人们对于这些主题的科学对话，我们将后现代相对主义引入关于价值和道德约束的讨论中来（Oliver，1996），不再是把它们仅看作反对语法规则的理论（Marujo 和 Neto，2011）。

2000 年，Ed Diener 和 Eunkook M. Suh 组织了一场关于文化问题的讨论会，捍卫关于人类社会主观幸福感的跨文化比较观点。这些观点表达了一种逐渐增加的从属于文化相对主义的民主社会的价值观，表达了将公民的价值观和固有方法的挑战纳入考虑的需要。在本书中，他们拒绝了完整的文化相对主义，指出了多样性的社会可以是美好的社会，但是并非所有的制度上的设置都是好的。十多年过去了，我们开始对这个颇为复杂的问题有所回应（Diener 等，2010），开始越来越多地指出如何在积极心理学领域内部融入有意义的、尊重他人的研究方式，同时关注数量和关注语言的方式，包括融合多样化和集体化、重要性和科学性、个体过程和集体过程，以及严格和创新的调查方式。不过，我们相信，对于群体、社区、国家动态的深入研究可以帮助我们对一些悖论展开讨论并澄清。

后现代主义的挑战可以被追溯到“什么是知识”——“知识代表了世界本来的样子吗”这个问题上来。为了解决这个问题，我们搜集了许多科学信息。后现代主义反对主流的研究范式，它阐述了现代实证主义实践中的概念，包括那些在重要位置、带来深远影响的道德伦理关注点，如客观、中立、实践和理论之间简单肤浅的二元论，研究者和被试，描述和指令等等（Kotzé 和 Kotzé，1997，8 页）。这些理解包括了背景与时间位置的争论、不赞成科学的共识性、质疑“广义他者”的观点。这个运动从道德伦理的视角(知道什么是对,什么是错)转向了参与式的道德伦理视角(参与到所有事件当中是一个关键行为,如果我们向往伦理的生活,那就必须要学会参与到生活中去)。这样,问题就转变为“知识的作用是什么”(Kotzé,2012)。

大家都知道,人们很容易被自己的生活方式和推理方式所缠绕,陷入不完整、不完美的文化历史视角中,直到有新的思想出现才能改变。结果就是有些人意识到,即使是无意的,我们也排斥和忽视了许多世界观,尤其是那些独特的声音和语言、特殊的群体和关系。正如福柯(1980)所提到的,我们所有人都被一种网络交错的力量和知识所缠绕,也都可以解释自己的道德立场(White 和 Epston,1990)。如果“人们活在语言中”(Kotzé 和 Kotzé,1997,31 页),为了感知到,或者法语中为了“提高意识”,主要是由那些对话式关系,也就是从与别人的交流中所获得的能力和张力,由“我们之间的空间”,由对新的、各种语法的赞同所引起的。

这样就会鼓励人们从新的视角了解人类、群体、社区、国家,当他们处在积极的关系中,处在令人振奋的交谈中,共同分享价值观、信仰、日常、仪式、历史和故事的时候,会发生什么。我们相信,通过具有包容性的思考和研究方式,通过那些了解他人互动的新程序,在参与式共建知识的探索过程中,会带来更高形式的社会责任和共同伦理意识的增长。

Heshusius(Kotzé,2012) 用“诠释学”描述“参与意识如同将我们自己从那些主客观强加的概念分类中释放出来,如同自我和他人、认知者和被认知者之于‘社会自我’的一种深厚的亲密关系理解的记录。”参与的意识之后会需要“更深层次的亲密关系……一种意义深远的开放和接纳的态度”。两年后,在 1996 年,Heshusius 继续谈道,“当自我和他人被看作属于同一意识时,所有的生命都是道德的……以德立身要求的不是道德的演说,而是要清醒意识到我们当下生活细节中的自己”。

那么,“当下”对于积极心理学意味着什么呢?在它第二个十年的发展中,积极心理学已经在评估本领域的研究,被认为正处在一个转折点(Sheldon 等,2011; Wissing,2012)。当规划积极心理学的未来时,人们希望积极心理学可以“始终保持与日常人类生活体验相关”,积极心理学正在加强维护着它的观点，对当前存在的悖论和挑战、机遇和阻碍进行辩论。它展示了四个主要趋势：(a)关注点从个体内转向一种关系的、共同的和社会的视角(Biswas-Diener 等，2011；Diener 和 Ryan，2009；Veenhoven，2011)；(b)考虑到研究现象本身的复杂性和多面性，融合主客观指标和测量方式，对积极的生活过程进行质化的研究（Delle Fave 等，2011b；Forgeard 等，2011；Marujo 和 Neto，2011)；(c)不再是以西方为中心、以中产阶级为中心，而是更加敏感于文化和社会的差异性，即延伸到更广的人群，解决社会的关键问题和不幸，比如贫穷问题、生态发展可持续性问题。(Delle Fave 等，2011a；Marks，2009；Marks 等，2006；Marujo 和 Neto，2007)；(d)致力于一种文化的、社会的和全球的影响力，聚焦于生活的状态，正变为一种寻求积极变革的工具，不仅是对人类的改变，还有对各种学科的改变。(Biswas-Diener，2010；Csikszentmihalyit Nakamura，2011；Pawelski 和 Moores，2013；Veenhoven，2011，2012)。因此，这些趋势不仅体现在回顾理论假设和以经验为基础的干预应用工作中，也体现在解决研究方法的问题上（Marujo 和 Neto，2007，2011)。在建立理论假设和诠释经验过程方面，对元理论和认知论假设的要求是一致的。基于此，激发出本领域中更为复杂而深刻的思考，从而提出变革性的观点，进一步强化了意识，并衍生出对“真相”的不同视角的理解。因此，如果我们能够超越积极和消极、好和坏、黑暗和光明的辩证逻辑，能够远离创造某种占主导地位的积极心理学理论的压力，此刻，写一些关于积极心理学的书对我们是非常有意义的。而我们建议从一种清晰的语境、情境、动态、协同和文化变革的视角，即通过一种社会参与和共享意识的视角来看待问题。我们相信，这样做的话，可以分散价值负载和价值中立、规范性科学和描述性科学之间的压力，更加聚焦于相关问题和道德问题。

在这个时代，政府管理、宏观经济、国家财富和经济增长、生态政治和社会政治，以及其他重大领域如教育、就业、家庭、组织运行、文化建设都受到密切关注。这使得我们反思社会的价值和道德观念，随着对关系性商品、社区和意义等较沉默概念的关注，对于人际之间、社会联接的研究需求也正在增长。无论是否存在矛盾之处，积极心理学正在以一种清晰的、对积极关系的促进和社会变革的道德性领导，脱颖而出(Biswas-

Diener，2010；Veenhoven，2012）。为了达到这个目标，积极心理学还需要对世上已有的积极的集体行为更加尊重，加深对这些行为的理解，和整个社会分享已有的知识和大量的研究成果。

这种可持续的参与社会实践的活动，需要尊重多层次的分析，尊重以群体为基础的广谱理论。它需要考虑不同类型的数据，尊重不同的方法论，也就是说，要发掘文化建构和社会行为当中的意义。最后，它需要瞄准的不仅是评估、诊断和扩大什么是积极的，还要改变参与者和研究者的体验。

有些目标是在积极心理学诞生的时候就被提出来的，可以追溯到艾库玛尔宣言（Sheldon 等，2011）。因此，"社会的道德品质"的概念逐渐浮现出来，与解决文化的、全球的社会问题需求相一致。13 年后，这个时代到来了。

梦想目标

因此，本书采用的是积极心理学的跨文化发展视角。它的目标是给现实生活带来一些数据、新的观点、深刻反映积极国家和积极社区概念的理论和元理论。这个目标是对特别的、极端相关事物的补充（Diener 和 Suh，2000；Diener 等，2010；Veenhoven，2012），也是对媒体炒作和特殊偏好、幸福国家的排名、居民自我报告的幸福水平、幸福地图和主观幸福感分布的补充。

积极国家是什么样子的？质性研究的过程对积极国家和美好社区生活的贡献是什么？社会科学之间的跨领域合作如何促进对这些问题的新的洞察？在公民个人幸福感增长之外，还存在什么内容？在社区和国家内部、国家间，我们证实和补充了何种行为可以提升文化的积极功能。政治变革、国家建立、战争和独立、青年课程运动或者欧洲足球锦标赛这些不同的行为活动，是否都对国家的幸福安康有正面的影响？友谊、宽恕、和谐、利他、礼物交换、土著治疗活动或其他与国民幸福总值相关的测量指标，能否对一个社区或一个国家的居民产生积极的促进作用？能否产生一种螺旋上升的最佳效果？何种持续的或不定期的集体行为是群体内部和群体之间所希望的信号？

本书尝试回答以上问题。这些问题的回答可以追溯到一次关于积极国家的国际会议，即2010年9月份在里斯本大学举行的第一届葡萄牙积极心理学会议。本书的部分作者就是那次会议中的报告人，在那些令人着迷的报告和闪光的观点之后，想要出版关于这个主题的书的愿望在报告人和观众之间蔓延开来。同时，里斯本大学关于领导力和文化的研究团队已经开始了一项关于积极国家的研究，虽然还在进行当中，但已经有一些令人激动的结果，可以将国家之间，包括葡萄牙和纳米比亚的数据联系在一起。

创新之处

本书凝结了来自生活在六个大洲（亚洲、大洋洲、非洲、欧洲、北美洲、南美洲）、十二个不同国家（阿根廷、澳大利亚、加拿大、巴西、印度、意大利、纳米比亚、荷兰、葡萄牙、南非、瑞士、美国）的学者和从业人员的劳动成果。所涉及国家的差异性甚至比我们所了解的该国家的起源更大，如尼日利亚、澳大利亚等国家表现出来的差异性。他们都是专门从事积极心理学研究的学者，如社会心理学、心理治疗、家庭治疗、社区心理学、社会学、工业组织心理学、人力资源管理、政治学、医学、地理和国际关系学领域的学者。

作者们选择理论、方法和关注焦点的差异性聚集在一起，形成了一个漂亮的信号，显示了这方面研究的多样性和丰富性，也彰显了研究的初衷，也是将我们聚集在一起展望未来发展和探究的原因。正如你希望看到的，一些作者用新的观点、以文化敏感性为中心，进行了回应，但是仍然使用的是接近传统的讲述和积极心理学的老本行（比如，用纯质性的方法去分析一个集体行为）。然而，其他人更多地关注质性方法，还有一些人挑战新的观点，分析集体行为以及它们如何促进社区繁荣。他们所有人都展示出了知识的严谨、迷人和繁荣，用一种潜在的、开放式的对话、批评的视角，鼓励我们所有人反思我们当下的积极心理学研究现状。

本书的结构和章节顺序采用 Rom Harré（1984）所提出的三维正交连续模型来呈现。在他的理论中，他强调我们大多数人的生命也许都是有其社会根源的，意识、中介和自传是组成它的三个单元。他认为，个人的生命来自人类展现自己在社交方面的独特性，以及创造新奇的语言形式的补充力量。在三维正交连续模型中，他认为表现、理解和中介是表达心理属性的渠道。

个体心理属性的“表现”是以“私下表现”和“公开表现”的一极呈现出来的。“理解”认为那些心理属性可以作为个体或群体的性质被识别，这就意味着我们可以有“个人的理解”和“集体的理解”。最后，“中介”是给个体拥有的某种心理属性或使用某项技能的积极、消极程度进行打分，从而决定行使权力还是承担责任。当我们在全球视野范围内关联和了解个体属性的时候，这个模型帮助我们整合了当下在本书中所揭示出来的从个体生命到社会存在的运动。

在著名的社会学家 Ruut Veenhoven 的序言之后，在编者澄清本书的价值、分享视角之后，首先是第一篇，为介绍性章节，包括两章：第一章是 Christopher J. Kinman 谈到了两种组织视角的社区工作——块茎和礼物交换，即用同一阶层交流的模式来超越固定的边界，平等主义和公开对话。第二章是 Grant J. Rich 写的，对于该领域内的方法问题采取了一种积极的、批判的立场，探索与其他规则交互影响的丰富性，即人类学为积极心理学国际化的紧迫性辩护，超越文化的共性。

第二篇讲述了从个人到社会心理属性的表现。在第三章中，我们开设了一场关于与利他主义相关的历史和文化知识盛宴，作者 Lawrence Soosai Nathan 和 Antonella Delle Fave 认为利他主义是一种重要的共同力量，是一种精神态度，一种以螺旋方式对社会产生冲击的力量。第四章是 Graciela Tonon 和 Lía Rodriguez de la Vega 两位阿根廷人写的。他们从自己关于友谊这一积极国家的关系黏合剂概念的研究中带来了许多有趣的数据。第五章的内容来自印第安的一个质性研究，Kamlesh Singh、Anjali Jain 和 Dalbir Singh 生动地分析了一个具有文化特殊性的本土治疗方法，沙特桑(*Satsang*，讲经、布道)以及它与乡村社区妇女幸福感的联系。第六章研究了一个非常重大但是不常被研究的问题——Psi Chi(俱乐部会员)。它将数据与积极心理学联系在一起，而其带来的益处可能会在积极国家建设中浮现出来。积极心理学归属于国际心理学荣誉学会，其课程活动对于全世界学生的发展具有重要意义。Mercedes A. McCormick、Grant Rich、Deborah Harris O'Brien 和

Annie Chai 这些作者们现在与美国的大学和机构联系在一起。

第三篇属于本书结构标题"理解"之下。第七章呈现了一个体育领域有趣的、创新的质化研究，它触及了瑞士公民在 2008 年欧洲足球锦标赛之后个性力量上的变化，那一年瑞士是东道主国家。作者 René T. Proyer、Fabian Gander、Sara Wellenzohn 和 Willibald Ruch 探索了国家力量的可延展性。第八章从人际宽恕的研究中带来了系统的文化数据讨论，用 Enright 的社会道德发展理论，进行了一场关于力量和城市文化影响宽恕的有趣辩论。这一章由 Julio R. Neto、Robert Enright、Bruna Siebel 和 Silvia Koller 等人撰写，他们是一个包含巴西人和北美洲研究者的团队。南美洲的真相与和解委员会历史进程中那些深刻的、时而令人心碎的叙述，作为民主转变过程中的一部分，在第九章中由 Marié P. Wissing 和 Q. Michael Temane 进行了庄严的阐述。建立一个更加公平、更加积极的社会进程，确实是发人深省的，这也是得到了积极心理学领域内大量知识的极度支持的观点。

第四篇讲述了关于积极国家和幸福感的研究成果。最后四章均是基于从消极到积极中介的伞状结构理论。第十章以位于喜马拉雅山的不丹为例，从政治哲学和国民幸福指数测量的视角探讨了积极国家的概念。无偏见的丰富内容和见多识广的分析源自于澳大利亚作者 George W. Burns 的亲身体验，他在过去的 10 年中，曾经 12 次到不丹做过研究国家发展进程的心理学志愿者。第十一章全面有趣地关注了 20 世纪初的葡萄牙革命，正是这次革命建立了第一个葡萄牙共和国。通过这种关注探索幸福和政治变革之间的关系，以及政治变革是怎样与人们的幸福相连在一起的。他们引发了一场关于社会宏观层面可以使用的方法，以及一个国家如何提高国民的幸福感的热烈讨论。Miguel Pereira Lopes、Patricia Jardim da Palma 和 Telmo Ferreira Alves 在他们自己国家所采用的个案研究方法，当被用于在其他国家进程中扩展前沿叙述时，带来了构想和观点上的独特光芒。第十二章仔细思考了关于在积极心理学和社区心理学之间建立桥梁连接的问题，提升了这个全新且充满潜力的交叉领域，仔细思考了价值观，反思了作为变革性、有价值的研究过程和干预过程。这章是由这本书的作者也是编者，Luis Miguel Neto 和 Helena Águeda Marujo 来撰写的。最后，第十三章，由纳米比亚的

Martina Perstling 和南非的 Ian Rothmann 撰写，他们带领我们经历了一场解决纳米比亚和南非之间的历史关系问题的奇幻之旅，同时在战争、独立和国家建设这些复杂经历中带来了最前沿的主观幸福感研究成果。

Grosby (2005)定义"国家认同感"为一种社会关系的集体意识。在我们生活的那些历史瞬间，某些人相信一旦跟国家工程联系在一起，死亡就变得神圣化了。为政治自由和保护和平所做的斗争，国家之间、洲际比较和竞争正在上升，同时，领土社区远远超过出生地的概念，全球化使得国家边界正在消失，而我们搞积极心理学社区研究，显然应当加强对解决整个社会和积极的公共性过程的研究。就像鼓舞人心的家庭治疗师 Lynn Hoffman(2012)所强调的那样，我们需要努力超越对丰富文化和复杂社会交互影响的过分简单化概念，让更多的团体参与对话。

这本书是关于未来对话简单而迷人的开始，此处，关于价值观和参与意识提升的讨论、觉悟启蒙运动等可以为该领域带来新的内容(Freire，1970)。此时，我们想向所有的作者及他们所做的贡献致以深深的感谢，向 Ana Rego 和 Thomas Neto 对许多章节的校对工作致以深切的感激。同时，我们想对那些帮助检查各个章节的作者们，传达我们真诚的感激，他们是：Antonella Delle Fave、George W. Burns、Janine Roberts、Michael Steger、Miguel Pereira Lopes、Patricia Jardim da Palma 和 René Proyer。

我总是拒绝被理解。被理解是出卖自己。我更加喜欢被重视的是我的不是之处，保持人类所未知及自然应有的尊重。

Fernando Pessoa，葡萄牙诗人，《惶然录》，2002。

参考文献

Biswas-Diener，R.（Ed.）.（2010）. *Positive psychology as a mechanism for social change* . New York：Springer.

Biswas-Diener，R.，Linley，A. P.，Govindji，R.，& Woolston，L.（2011）. Positive psychology as a force for social change. In K.

Sheldon, T. B. Kashdan, & M. F. Steger (Eds.), *Designing positive psychology: Tacking stock and moving forward* (pp. 397—409). Oxford: Oxford University Press.

Chirkov, V., Ryan, R. M., & Sheldon, K. M. (Eds.). (2011). *Personal autonomy in cultural contexts: Global perspectives on the psychology of agency, freedom, and people's well—being*. Dordrecht: Springer.

Csikszentmihalyi, M., & Nakamura, J. (2011). Positive psychology: Where did it come from, where is it going? In K. M. Sheldon, T. B. Kashdan, & M. F. Steger (Eds.), *Designing positive psychology* (pp. 2—9). New York: Oxford University Press.

Delle Fave, A., Massimini, F., & Bassi, M. (2011a). *Psychological selection and optimal experience across cultures: Social empowerment through personal growth*. Dordrecht: Springer.

Delle Fave, A., Brdar, I., Freire, T., Vella—Brodrick, D., & Wissing, M. (2011b). The eudaimonic and hedonicomponents of happiness: Qualitative and quantitative fi ndings. *Social Indicators Research*, 100, 158—207.

Diener, E., & Ryan, K. (2009). Subjective well—being: A general overview. *South African Journal of Psychology*, 39, 391—406.

Diener, E., & Suh, E. M. (2000). *Culture and subjective well—being*. Cambridge: A Bradford Book, The MIT Press.

Diener, E., Helliwell, J. F., & Kahneman, D. (Eds.). (2010). *International differences in well—being*. New York: Oxford University Press.

Forgeard, M. J. C., Jayawickreme, E., Kern, M., & Seligman, M. E. P. (2011). Doing the right thing: Measuring wellbeing for public policy. *International Journal of Well-being*, 1 (1), 79—106. doi: 10.5502/ijw.v1i1.15.

Foucault, M. (1980). *Power/knowledge: Selected interviews and other writings* 1972—1977 (C. Gordon, Ed. and Trans.). New

York: Pantheon Books.

Freire, P. (1970). *Pedagogy of the oppressed* . New York: Herder & Herder.

Gergen, K. J. , & Gergen, M. M. (2003). *Social construction: A reader* . Thousands Oaks: SAGE.

Grosby, S. (2005). *Nationalism: A very short introduction* . Oxford: Oxford University Press.

Harré, R. (1984). *Personal being: A theory for individual psychology* . Boston: Harvard University Press.

Heshusius, L. (1994). Freeing ourselves from objectivity: Managing subjectivity or turning toward a participatory mode of consciousness? *Educational Researcher* , 23 (3), 15—22.

Heshusius, L. (1996). Of life real and unreal. In L. Heshusius & K. Ballard (Eds.), *From positivism to interpretivism and beyond: Tales of transformation in educational and social research* . London: Teacher College Press.

Hoffman, L. (2012). *Bring in more bodies* . http://vimeo.com/56385578 . Accessed 12 Jan 2012.

King, L. A. (2011). Are we there yet? What happened on the way to the demise of positive psychology. In K. Sheldon, T. B. Kashdan, & M. F. Steger (Eds.), *Designing positive psychology: Tacking stock and moving forward* (pp. 439—446). Oxford: Oxford University Press.

Kotzé, D. (2012). Doing participatory ethics. In D. Kotzé, J. Myburg, J. Roux, & Associates (Eds.), *Ethical ways of being* (12—34) . Chagrin Falls: A Taos Institute Publication/WorldShare Books.

Kotzé, E. , & Kotzé, D. J. (1997). Social construction as postmodern discourse: An epistemology for conversational therapeutic practice. *Acta Theologica* , 17 (1), 27—50.

Marks, N. (2009). Creating national accounts of well—being: A parallel process to GNH. In K. Ura & D. Penjore (Eds.), *Gross national happiness: Practice and measurement* (pp. 102—123). Thimphu: Centre for Bhutan Studies.

Marks, N., Abdullah, S., Simms, A., & Thompson, S. (2006). *The happy planet index*. http://www.

happyplanetindex. org/public—data/fi les/happy—planet—index—fi rst—global. pdf. Accessed 23 June 2012.

Marujo, H. A., & Neto, L. M. (2007). *Álbuns de Família: De viva voz. Manual de Possibilidades para o Futuro*. Ponta Delgada, Açores: Instituto de Acção Social.

Marujo, H., & Neto, L. (2011). Investigação Transformativa e Apreciativa: Um elogio da Subjetividade na Contemporaneidade. *Ecos, Revista de Investigação Contemporânea da Subjetividade*, 1 (1), 1—14. http://www. uff. br/periodicoshumanas/index. php/ecos/article/view/714/546. Accessed 10 Aug 2012.

Maslow, A. (1979). *The journals of A. H. Maslow*. Monterey: Brooks/Cole.

Mertens, D. (2009). *Transformative research and evaluation*. New York: Guilford Press.

Oliver, C. (1996). Systemic eloquence. *Human Systems: The Journal of Systemic Consultation and Management*, 7 (4). Retrieved from http://www. christineoliver. net/docs/publications/Oliver96. htm

Pawelski, J. O., & Moores, D. J. (2013). *The eudaimonic turn: Well—being in literary studies*. Lanham: Fairleigh Dickinson University Press.

Pessoa, F. (2002). *The book of disquiet*. London: Penguin Books.

Peterson, C. (2013). *Pursuing the good life: 100 reflections on positive psychology*. Oxford: Oxford University Press.

Sheldon, K., Kashdan, T. B., & Steger, M. F. (Eds.).

(2011)*Designing positive psychology*: *Taking stock and moving forward* . Oxford: Oxford University Press.

Veenhoven, R. (2011). Greater happiness for a greater number: Is that possible? If so, how? In K. Sheldon, T. B. Kashdan, & M. F. Steger (Eds.), *Designing positive psychology*: *Tacking stock and moving forward* (pp. 397—409). Oxford: Oxford University Press.

Veenhoven, R. (2012, July). *The world database of happiness*: *Tool for ordering the growing pile of research findings* . Paper presented at the 30th international congress of psychology, Cape Town (pp. 22—27).

White, M., & Epston, D. (1990). *Narrative means to therapeutic ends*. New York: Norton.

Wissing, M. (2012, July). *Positive psychology*: *Past*, *present and future* . Paper presented at the 30th international congress of psychology, Cape Town (pp. 22—27).

CONTENTS
目录

第1章　两种图像：生活和服务中的块茎和礼物交换

Christopher J. Kinman[①]

1.1 引言

我看到了人类对称性的起源，美和丑，关于美的哲学。人类拥有十足的活力和几分智慧。他的智慧，优雅的外表，甚至他创造美的事物的习惯，就像他的残酷一样，充满了动物本性。毕竟，"动物"这个词就是赋予思想和精神的(阿尼姆斯)含义。

Gregory Bateson (1979), p. 5

我以 Gregory Bateson 的这段话作为开始，他是一个特立独行的人类学家和环境问题专家，他的思想曾对家庭治疗的创立有重要的启发作用。当家庭治疗逐步发展成形的时候，Bateson 自己却远离了这个行业。然而，正是这个远离和围绕家庭治疗讨论的行动，带来了更加丰富和有益的智慧。Bateson 的被我称为"治疗学"的思想，在各种行业包括人类服务领域都有所应用。就算不是对所有人都有影响，但在历史上可能再也没有其他比它影响更大的了。在这里，我们仅仅呈现 Bateson 思想的一个片段，然而，这一个片段中包含了许多打动他的内容。

有时，Bateson 和一群学生在一起的时候，他会让他们思考有关螃

①C. J. Kinman 加拿大温哥华块茎方法公司块茎产品部门执行董事 E-mail: cjkinman@gmail.com;H. Águeda Marujo 和 L. M. Neto (编辑)，《积极的国家和社区》，DOI 10.1007/978－94－007－6869－7_1，Springer Science＋Business Media Dordrecht 2014

蟹的问题，他会提问：

人们如何知道这个螃蟹是来自某个活着的生物的呢？我希望你们能够进行辩论来说服我，让我相信这个东西是一种生物的遗骸。你可以想象，假如你能成为火星人，那么在火星上你会对生物比较熟悉，确信你自己真的活着。但是，显然，你还从来没有看到过螃蟹和龙虾。许多像这样的东西，断断续续地来了……你将要对它们进行检查并且得出结论，它们就是各种生物的遗骸。问题是，你如何得出结论？

Bateson(1979)，p. 7

我发现这真是一个美妙的问题。它让我们透过不同空间的生命，透过 Bateson 称之为“克雷亚图拉”(Creatura)的广阔的高原，用心灵去感悟，用眼睛去观察，用双手去抚摸，去怀疑、去徘徊。当我们看到一个螃蟹壳、一片草地、一块三叶虫化石、一块驼鹿的颌骨、一片鱼鳞、一只蚯蚓、一片羽毛、一条显微镜下看到的淡水独眼巨龙、一条座头鲸的椎骨，或者是深爱之人的一只手，我们如何知道这些东西是来自哪些活着的生命体呢？这个问题比对“怎么样”进行沉思更有价值，那些生命集合体的细节，它需要对生命本身的运动进行思考，我喜欢称之为“活的”思考。

问题仍在继续……看看你汽车的车轮，看看马路上的印迹，看看一本书的大概轮廓和模式，看看由阅读过程所引发的运动轨迹，看看牙刷、钥匙、吉他拨片、汤勺、舞蹈、冰球游戏，看看两个相爱的人的互动，看看两个搏击者的姿势。看看所有的事物。你如何知道这些事物是来自哪些活的东西呢？人类的创造物离不开那些活的生命体。生命的运动是不可避免的。活的事物总是显而易见的，但我们必须看看。

在公共领域是怎样的？生命体的什么运动是我们能看到的、能触摸到的、能听到的呢？我们怎么才能在各式各样的公共交流中识别活的生命体？

当处在人类体系之中时，我们能否感知到活的事物的运动呢？

而且，我们能否在一种更特别的方式中感知到我们工作内部，尤其在人类的服务性工作中的鲜活的运动？

为了探索这些问题，我特别倾向于依靠两位法国哲学家吉尔·德勒兹和雅克·德里达的让世界发生改变的工作成果。

我探索了两种图像：块茎和礼物交换。我认为这两种图像将会对人类的服务业产生革命性的影响。

1.2 图像 1　块茎

为了探索这些活的生物内部的公共活动，我介绍了块茎的理念。这个理念是由吉尔·德勒兹和他的合作者菲利克斯·瓜塔里一起提出来的。他们呈现了块茎的概念，但是它总是与“树”这个图像配对出现的。

> 我们对树感到厌倦。我们可以不再把我们的信仰放到树上、根上或胚根上。我们已经受够了。从生物学到语言学都是建立在整个树状形的文化基础之上的。相反，只有地下茎和气根、不定根和块茎是真正美丽的、慈爱的和带有政治性的。
>
> 德勒兹和瓜塔里(1983)，p. 33

1.2.1 树的图像

按照德勒兹和瓜塔里的观点，树是与现代体系极为相像的形象。他们认为“生活之树”变成了一种根植在大多数人类或非人类经验结构和层级中、占主导地位的隐喻。树和体系都是：

· 涉及能量和中心——树和体系都是在中央核心操作的，拥有一些臂膀将分叉部分牢固地固定在中央结构中。

· 涉及层次和结构——在树和体系中，事物都是理想地一次只上升一个单元，一次只下降一个单元。这种多细胞的传递方式与一个结构完好的流程路线图极为相像。

· 关注向上的成长和发展——根据英国的法律传统，体系被当作好似人类一样。然而，一个人要出生了，将要过他的生活了，最后，还会死亡离世。死亡在他的世界里是不可避免的。但是，在体系的领域里却不是这样的：成功的体系如果不是永远的话，也有希望延续很多代。体系被认为是果断地关注向上运动和向上发展的。

· 体系结构在当下世界中拥有看起来具有压倒性的影响。

它们在我们的活动当中，在公共生活内部当然必须被纳入考虑。

有两个方式可以确定公共体系的集合体。

首先，总是留有更高级别的体系可以用来认可较低级别的体系。

事实总是如此。一连串的认可必须发生在体系领域之内。如果你仔细看一下美元钞票，最高和最终水平的体系认可就是——我们信仰上帝。上帝因此沦为体系的等高线。然后上帝通过体系的视角被人们所认识，作为一个体系，作为一个原型和发起体系。制度结构上的分级链建立起来了，每一个都是通过特别的连结控制和权威，或者通过竞争和联盟的侧面连接，与其他分级链形成关系。神学在这条分级链中占据最高位置，在底层的是一些主体、部分和关系的混合物，总是与女人、小孩、动物和其他事物相关联的。这个特有的分级链在形状和功能上呈现为树状。

我们日常生活中的许多东西都已经跟树状语言联系在一起了。

每个人都被理解为树状的。

这影响了医学的论述和实践。作为体系的主体，大脑和心脏二者选一作为主导或者中心位置。这也反映在基督教徒的神学中，基督被认为是“头”，教堂被认为是“身体”。身体，无论是物理的还是隐喻的，变成了分层体系的结构。

第二种确认制度上的集合体的方式是：如果你仔细看，你总是会发现律师就在角落潜伏着，会计人员也是。这些是公共帝国的官僚牧师们。

现实也总是如此。一个体系的建立，与报告这个体系的需求一样，总是需要律师和会计人员的参与。律师负责保护和挑战机构活动和期望的边界线。会计人员确保体系的活动总是与数值相联系。

在现代社会中，体系一定包括以下几项：

· 我们的工作是由它们定义的。

· 钱只是合理地在机构上流动，因此，我们不可能通过一个公共机构得到付薪金用的支票。

· 我们通过它们购买食物、衣服、房子和其他东西。

· 我们把孩子们送到它们那里去接受教育。

· 我们在那里接受健康治疗。

· 我们在那里信教。

· 我们在公共的环境中运动锻炼。

· 我们通过它们获得很多的娱乐。

树，是连接我们和世界公共组织和结构的概念。

你开始反对根一树模型。树根本不是一个隐喻，而是思考的一个图像，一种机能，一种根植在思想中的装置，目的是为了让思想走一条直线，产生极好的正确的理念。这棵树有很多的特征：它有一个起始点、一个种子、一个中心；它是一个二元机器或二分法则，拥有永远分开的、可再生的叉枝和树状；它是组织事物圆圈中的旋转轴，圆圈围绕在中心周围；它是一种结构，一个系统的点和位置，将所有可能性都固定在一个网格当中，一个分层次的系统或秩序传送……它有未来和过去，根源和顶峰，完整的历史，进化，发展……现在毫无疑问的是这些树正根植在我们的大脑中：树状的生活、树状的知识……整个社会都需要根。力量也是树的形状。

Deleuze 和 Parnet (1987), p. 24

1.2.2 块茎的意象

德勒兹和瓜塔里也提出了另一个概念，他们称之为块茎。

这个图像将我们连接到与公共相关的领域：

• 块茎也是一个植物学的图像。它描述了一种特定种类的集合，这种集合通过节点、线条的网络连接在一起。

• 想想土豆、草、杨树。许多人认为世界上最多的树不是红杉或红木树，而是杨树，因为杨树有块茎。在落基山脉的丘陵上，你会发现，在秋天，山上一部分树木会变黄，而另一部分仍然是绿色的。杨树的那些斑块实际上是一种遗传的生物，一个大的块茎集合。

• 想想小草，几乎所有花园里的小草。块茎都是多产的地方，能够穿过看似不可能通过的地势和障碍高效而茂盛地生长。

• 想想电话系统、因特网，还有某种程度上，想想电力网。人类的发明，甚至是制度发明，在结构上也不总是习以为常的。有时候，它们会表现为块茎的形式。对于一些涉及许多种类和松散连接成员的特殊人类发明来讲，尤其如此。

• 块茎通常在地面被发现。它们并不显而易见。如果一个人打开报纸或翻开晚间新闻，你会首先看到那些关于公共机构生活的故事和信息。块茎生活通常不会被认为是具有新闻价值的。块茎的运动充满力量，但不那么容易被发现。

· 块茎是由节点和连结节点的线条所组成的。节点连结许多线条，线条反过来又连结到其他节点和线条上。现在想想美国的州际公路系统，想想草原土拨鼠的城镇。想象一下，“公共的”不是作为当地机构，不是作为服务机构领域，而是块茎联结，一种联结了人类、地方、动物和事物的联结。想象我们的公共世界有丰富的块茎。

· 块茎没有实际的起点、终点或中心。设想一下，一个人想要除掉草坪上的蔓草。去寻找最初的草种，或者寻找蔓草最新的边界，或者寻找蔓草的指挥官——这种类型的想法在块茎的世界里是疯狂的。块茎不是被那些线性的和顺序导向的利益所影响的。众所周知，军队类型可能对影响块茎社区没有什么效果。

· 块茎是非常难以被摧毁的。自然界中的或公共领域中的块茎都几乎很难被摧毁。我们必须停止认为块茎类的事物易受伤的想法。

1.2.3 势不可挡的块茎线

开始思考联结模式的正确方式是，首先将其看作相互作用的部分间的跳跃，其次用各种不同的物理限制约束，通过这些限制生物体典型地施加影响。

Bateson (1979), pp. 13—14

正如 Bateson 的“联结模式”一样，块茎也是如此，有许多延伸的线条，不是与点相连，而是穿过它们、超越它们，从而创造丰富的跳跃，与整个世界相连。

我们正在提一种关于像块茎的人类、关系、社区，甚至是精神和身体的观点。我们认为超越家庭认同的、身体之外的世界，典型的作为语言系统思想之外的世界，对于那些被数不清的线条和数不清的身体所捆绑在一起的生命，使不同类型的关系被吞没，反复形成。这些块茎联结当然是关于人们之间的关系的联结，但是它们也不止于这些。它们也是关于动物和植物关系的联结，关于空气和水的关系，关于风景的关系，关于建筑物、房间和空间、旅行线路的关系，关于关系的关系，关于说不清是人类还是自然创造的集合体的关系（好像这种区别可以被保持一样），关于价值和货物，关于爱、幽默、浪漫、悲伤、孤独、愉悦、烦恼等。所有这些和其他很多没有被提到、考虑到的集合体，都是在块茎空间内与我们交织在一起的。

块茎跟我们平常所理解的隐喻有所不同，它不是一个简单的隐喻。它不是呈现其他一些东西的形象。块茎更是一种物理空间，就像精神空间一样，在其中有突触式的联结形式，并且有无数的运动在发生。它是一种丰富、多样的物理和精神空间。毕竟，大脑，这个神经"系统"本身它自己也会产生块茎的丰富性，通过化学活动，从突触跳到突触，从节点跳到节点，追踪很多可能的线路，从而产生许多可能的世界。就是块茎状的神经系统使得人类能够生存、活动和思考。它也以一种永远都不会被理解的简单方式创造了世界和身体，这种方式很难通过直线和直角来描绘。

思考关于树的措辞有很多：知识树、树状节点、阿尔法和欧米伽、根和高峰。树与草是处在相反位置的。不是因为草长在事物的中间，而是因为它是自己穿过中间长在那里的……草有它自己的飞行线，但是没有生根。我们头上有草，而不是树：何种思想表示拥有何种大脑，一种独特的草样神经系统。

Deleuze和Parnet (1987), p. 39

所有的还原论者和简单描述都反复变得不切题。块茎丰富性为每一个生物体的描述提供了必要的环境，从而挑战和颠覆了那些被认为是科学，尤其是社会科学的产生。这种理解彻底改变了对生命科学和专业化的描述，暗含着块茎的复杂性和连通性绝不能从我们的描述中缺席。我认为所有有意义的挑战、每个有力量和富有成效、发生在社会领域、被赋予生命的事物，都是沿着块茎状的线条，发生在块茎状的空间内的。

1.2.4 块茎的困境

对于我们而言，那些在社区工作的人们，发现自己正陷入一个危险的困境中。

人类在不同的领域（从健康到教育，从矫正到家庭治疗，从儿童保护到老人护理）的服务工作，都是在公共机构结构形式内的。

然而，生活和社区中工作的成功、变化的沟通能力和生产力，取决于这项工作在块茎关系中的线条是如何运动的。

这个困境是我们需要特别注意的。在这个困境的中央，我们面临的是一个人类服务业最典型的挑战和机遇。

通过我许多年的工作，我常会听到一些描述这种困境生活中的痛苦的故事。这些故事浮现在服务领域的很多方面，如教育、儿童保护、社区矫正、监狱系统、药物、家庭治疗、老年人护理等等。这种痛苦通常来自那些接受服务的人群，我们通常称之为顾客或者病人。

有趣的是，那些持有块茎荣誉工作价值观的人才会体会到困境中的痛苦。那些承认对块茎工作没有兴趣的人，很少会在公共机构期望中体验到这种不舒服。概括地说，这种痛苦只会被在困境一旁的人所感觉到。

1.2.5 块茎工作

接下来的表述看上去似乎有点激进，有点夸大，但我认为它是一个我们都需要去考虑的陈述。

在人们真实生活中的特殊环境里，良好的工作、高效的工作不是一个公共的诉求。

根据指令，保持适当的、特定的文书工作流动，与特定城市已有的治疗/专业模型行动相符合——这种类型的活动必定是需要的，而且常常与很多公共设置（社会服务）的期望一样清晰。

然而，良好有效的工作，总是被块茎线连接到生活中对周围世界有所反应的现实客体上。这种反应的关系会给我们带来礼物交换的理念（我们将在这章的后面部分讨论礼物交换）。

> 每样事物都是带着一些零星的碎片向下流转变迁的，持续不断地进入和离开。
>
> Deleuze 和 Parnet (1987), p. 80

1.2.6 雅克·德里达和块茎工作

当块茎的理念作为一个哲学概念的时候，对德勒兹和瓜塔里来讲它是独特的。在德里达的思想中，有许多可比性的东西。

德里达探索了一些特定的问题，这些问题以一种最不容易的方式来适应公共领域。他提到了诸如礼物、宽恕、友谊、好客和（哪怕不情愿）

爱。他所有关于这些主题的思想的线条具有显著的相似性。它常常会像这样(以宽恕为例)：

·宽恕是必要的。

·宽恕是不可能的。

·宽恕的不可能性没有把它从可能的范围中移除。

·宽恕的不可能性埋藏在我们的欲望中,使得它对于不可能变得既可能也不可能。

·通过主权关系或通过公共关系,宽恕的可能性是从来都不会被实现的。

·不可能宽恕的可能性只有通过主权领域以外的交锋或事件才会被实现。

·不可能宽恕的可能性可以通过面对面的交锋或事件得到最好的实现。

·不可能宽恕的可能性从不会被真正实现。所有这些可能性,不可能性的可能性都是以“可能”的理念为前提的。可能,它们就是不可能的可能。没有什么担保,只是可能。

这些理念被看作德里达在讨论南非的种族歧视背景下所提到的宽恕理念。他认为,主权问题是绝不可宽恕的。它们可以帮助弥补赔偿。它们能够创造产生理解的环境。但是它们不能创造宽恕。宽恕是一种必须来自骨髓、来自血肉之躯的东西。它必须是与人类的心灵相连的。它究竟是否会发生,还难说。

德里达感觉到与德勒兹的思想有一个强烈的联结。他在德勒兹的死亡问题上阐述道：

> 毫无疑问,德勒兹仍然还在,尽管有那么多的不同之处,在我所有的同辈人当中,对他,我总会认为他与我自己是最近的。对于他的任何工作,我从来没有感受到自己产生过丝毫的“障碍”。
>
> Derrida (2001) p. 193

德里达为体系研究留下了空间。然而,关于机构和事物之间的关系在未来显然是根本上的关系,比如天赋或宽恕。就像他在《未来之民主》中所说的,今日之公共机构还不能够承载块茎,不能够开放愉悦地面对宽恕、恩赐这样的善行,避免对它们做出不公正的、粗暴的对待。将来所有这种可能性都要以“可能”的理念作为序言了。

德里达认为将来只能在“可能”的框架内进行探讨了。以上列出的这些思想，展现出了与德勒兹显著的联结。德里达所描述的世界是人们流通的地方，在某处发现了特定的善行，他描述为超越主权的善行。他描述了诸如宽恕、恩赐、友谊等善行的定位，它们是在公共机构之外的，在某个地方内部，看上去特别像块茎。

这就是我所说的“未来之民主”。在我们所讲的彻底的邪恶中，在谜一样的不可宽恕的宽恕中，存在着一系列疯狂，使得司法政治不能靠近，更不用说适合了。

Derrida (2004), p. 55

我们已经讨论过的所有地理政治学的场景中，最常被滥用的词就是“宽恕”。因为它总是或多或少与谈判有关，与可计算的交易有关，与环境有关……

Derrida (2001), p. 39

1.3 图像 2　礼物交换

人类服务领域已经在赤字和问题的基础之上建立了自己的大厦。这个大厦显得很稳固、很普遍。

那些进入人类服务机构的人，在进来的时候，都必须要通过一个过滤器似的评估和引入。

他们要通过那些事先选定的、专业性的决定性语词的筛选。

然而，为了使得整个筛选程序是有效的，将要被筛选的对象，将要进入人类服务机构的恶人，必须先被彻底打败。他/她一定会被拆成微小的部分。某些小的碎片会在筛选过程中被抓住。大多数被拆分的人只是简单地希望通过或逃避筛选。这些剩下的碎片被重新组装。人们也被重新组装。这一次新的结合体是一个迷你的机构，但它是一个不完美的迷你机构，一个不充分和被削弱的层级，一个明显破损和匮乏的组织。

这个故事是多么悲剧啊！这些被重组的集合体是多么受限制、多么死气沉沉啊！

然而，这也不是一个简单的压抑和悲剧的故事，它同时还是一个无力的故事。

这些否定的过程从人类服务机构中显露出来，这些过程不能进入生命的活力、不能进入那些打开变化和希望流动的线条中来。

变化没有顺着这些线条发生。人类的生产生活没有顺着这些线条发生。这些不足和赤字的过程简单地打开门使得钱可以流进来，但通常这种钱的流动是非常微小的。这对于鼓励创造美好生活没有任何帮助。赤字的世界不可避免地要屈从于它自己的语言。它生产了赤字自己的回报，并且导致它回到自己身上。人类机构中的赤字管理者不能发起它的消亡。

1.3.1 礼物

对于返回到该领域中的赤字，我认为这种特定的回归蔓延是一种块茎回归，一种回到生活和社区活动中的回归。我们都知道这种回归，它是一种交换，是一种重复，一种交换式的回归。它就是礼物流动的一个范围。这个领域里有种种事物，有感情和激情，有同情和友善，有交换中的生命活动和希望，从双手、声音和心灵之间传递。不是简单的回转，不是容易的盘旋，只是混乱的回归，只是顺着复杂的块茎线运动的交换。

礼物交换常常与土著居民联系在一起。

从华盛顿州到英属哥伦比亚和阿拉斯加的西北太平洋海岸线上，礼物交换常常是与冬季赠礼节这个文化活动相联系的。这是一个把常常处在矛盾冲突中的社区居民聚集到一起，然后赠予礼物的活动。然而，它不是像西方世界里的那种礼物交换，因为这些是礼物交换仪式彻底丰富的过程。每一个社区都展现出了令人吃惊的丰富性。这看上去似乎是某种竞争性的赠予。谁能给出最好的呢？

在加拿大和美国，这些冬季赠礼节的仪式被殖民统治力量宣布为不合法的。很多人认为这些仪式是因为宗教原因才被认定为不合法的。这些仪式不是基督教徒的，而是扮演了暗地里破坏教堂的角色。然而，我怀疑这就是把冬季赠礼仪式认定为不合法的重要原因。被殖民力量的首次接触，至少这些已经让统治者和权威部门关注到的接触，不是宗教机构的，而是那些怀着经济动机的交易者的。我认为冬季赠礼节仪式之所以被认定为不合法，是因为它们被看作可能会破坏殖民者的经济目的。

我必须要强调礼物交换不是只局限于土著人世界中的东西。它与我们所有人都是有关系的，而且是人类生存所必需的。它可能被排斥到某些领域中去了，但是它不可能从我们的世界中被整个移除。从历史角度来看，礼物交换的世界是被权力机构贬低和排斥的某样东西。它被看作属于女人和粗野之人世界中的东西。它是某种可能被需要但是没有被看作很重要的一种活动，它没有被视为那些沉浸于机构权力和野心的男人们（白种人、西方人）的活动。

尽管受到了镇压，礼物却仍然在我们的世界中流转。设想你正在马路上散步，突然你遇到了一位很多年没见的老朋友。你会做什么？不做有意的思考，你本能地会做什么？大多数人会立即忙于礼物交换。他们交换问候的话语，交换拥抱、握手。他们邀请对方进行更深入的联系，一起去喝咖啡或者在教堂见面。礼物立刻就开始流通了，大量流通。

如果其中一个当事人以类似人类服务业所需要的方式来行动的话，设想一下在这样的相遇中会发生什么。

设想这场代替礼物交换的相遇，其中一个当事人立刻检查了另一个人，从上到下地打量，寻找毛病，寻找不足。这个活动不是简单地停止联系，而多半是强迫断开联系和提出异议。

礼物交换都是与关系有关的。赤字认同、问题描述则相反，它们产生分离和孤立。

1.3.2 两种经济形式

为了发现社区生活中礼物的运动，我比较了两种经济形式。

一个能被预料到的、有节制的、测量过的或者可以测量的礼物，一个与利益成比例的或能产生某人期望效应的，一个合理的礼物……都不再是一个礼物。最多它就是一个信用的回报，受限制的经济的不同，一个可计算的妥协或迟延。如果它保持纯粹、没有可能被挪用，这种惊讶就可以看作瞬间的疯狂，将时间撕裂，打破每种计算。

Derrida (1992), p. 147

礼物经济的理念对我而言是很重要的，在一种经济理念下，事物在移动，连续移动，在它们的剩余额和多样性中循环，与那些在财富、金钱、积聚的时间中的经济相比，产生财产和商品交换。

Ross (1996), p. 19

一种经济形式是 Ross 提到的制约经济。因为在这些交换类型中的价值存在制约，所以被称为制约经济。存在于事物中的价值是有限的，如金子或温哥华、纽约的真实房产。在制约经济下，价值甚至存在于那些最受制约的职业当中，进入这些职业需要最高的代价、最大的价值牺牲，这种入口也仅仅是对那些被认为取得了最高教育程度的人开放。

另一种形式的交换就是礼物经济。在这种经济下，价值不是在限制中增长，而是在丰富性上增长。那些最具有丰富性的东西是最有价值的。

我比较了这两种经济形式。

	制约经济	礼物经济
经济行为	财产所有和财产保护	无关给予——更接近于慈善。强调对于他人礼物的反应，而不是对礼物的赠予
经济量化	世界是一个资源短缺的地方，所以囤积和保护吧	世界是一个资源充足的地方，所以给予吧
经济过程	定义许多东西的“价值”（价值是一个数学符号）	扩展和提高事物的容量
经济目的	获得和积聚	连接/关系
人类经济	强调人体内部存在的价值（或者更加典型地，是缺乏的价值）	强调礼物和潜在礼物在生命和人们关系中的循环

假如我们将人类的服务工作看作互惠的，将会发生什么呢？这项工作看上去会有怎样的不同？在工作的评估上会发生什么情况？金钱面对礼物，而不是赤字和问题，它的流动将会是怎样的？治疗性的工作会有怎样的变化？人类服务中扮演类似警察角色的领域（比如儿童看护和矫正）会怎样看待礼物交换周围的转向？当严肃对待礼物交换的时候，医药、教育、精神治疗和心理学这些领域会怎样操作呢？虽然礼物交换和体系目的看上去似乎是非常不一致的，但是在某种程度上，通过困境，经历所有挑战，礼物交换走过来了，它在渗透着，还在不断地重复着。通过德里达提到的那些可能性，通过德勒兹描述的树木状的限制，通过一

堵树枝状障碍的虚拟墙壁，礼物仍然以它块茎式的运动影响了人类的服务工作，而且它还在反复地、大量地影响着。正是这些渗透出来的点，在编码上的突破、违背，才使得礼物能够出现在我们所能发觉的制度视野中。应关注这些渗透，那里是生命力涌现之处。

1.4 结论

我们认为，礼物交换是公共生活中的一个基本过程。

我们也认为，在人类服务范围内的有效劳动，那些富有生产力的工作，那些认可和导向美好生活的工作，都是在人们的生活和社区中以礼物交换的块茎运动为荣的工作。

多年以来，John McKnight 是一个挑战人类服务工业的人。他也是一个在与别人谈话时，在与他的同事交流的时候，会使用礼物这种语言表达的人。根据 McKnight (1994)所说：

> 在这种程度上，整个社会都喜欢致力于关注人们，它创造了庞大的、日益繁重的、日益专横的体系来干涉人们的生活，当我们需要的是一个社区来看见、提及他们的礼物时，这些礼物就需要给出来。

回到 Bateson 的话，谈到 Bateson 的螃蟹壳。我们怎么才能知道这个螃蟹壳是来自某种活着的东西的呢？我们能看到这个东西以公共、块茎的方式移动的那些路线吗？我猜想这个活着的东西，这个公共的活物，它在块茎的地方，在那些复杂多样的，联结不同人群、地区、动物、事物、关系等的线中生活和移动。在这些联结的线当中，这些块茎缠绕在一起，活力在蔓延。而且，这些活力的蔓延不仅是在块茎的地方，也在复杂礼物的内部，穿过块茎线条。礼物，可以被接受、被给予，在给予者和接受者之间传递、等待反应、等待回归和交换。

参考文献

Bateson, G. (1979). *Mind and nature: A necessary unity*. New York: Bantam.

Deleuze, G., & Guattari, F. (1983). *On the line*. New York: Semiotext(e).

Deleuze, G., & Parnet, C. (1987). *Dialogues*. New York: Columbia University Press.

Derrida, J. (1992). *Given time: 1. Counterfeit money*. Chicago: University of Chicago Press.

Derrida, J. (2001). *The work of mourning*. Chicago: University of Chicago Press.

Derrida, J. (2004). *On cosmopolitanism and forgiveness*. New York: Routledge.

McKnight, J. (1994). *Community and its counterfeits*. Ideas (Radio Program). Toronto: CBC Radio.

Ross, S. D. (1996). *The gift of beauty: The good as art*. New York: State University of New York.

第2章　积极的机构、社区和国家：积极心理学的方法与观念的国际化

Grant J. Rich[1]

2.1 引言

积极心理学创立10年以来，它从主要关注人类的弱点转向集中关注更好地理解人类的长处和优点。David Myers(2000)指出，据Psyc INFO数据库检索，从1967年以来，直到1998年积极心理学发端，研究消极情绪与积极情感的论文数量比为21∶1。过去的10年里出现了振奋人心的进展，比如创立了一个专门的学科出版物《积极心理学杂志》，出版了《积极心理学百科全书》(Lopez，2009)和《积极心理学手册》(Lopez and Snyder，2009)，以及建立了国家级和国际级会议和组织，如"国际积极心理学协会"。目前，已有7种核心的积极心理学教材可以提供给大学生使用(Rich，2011a)。然而，尽管积极心理学有这些令人印象深刻的成就和快速发展，但还是有人没有停止对它的怀疑。从心理学外部来看，有学者，如记者Ehrenreich(2009)和英国文学教授Wilson(2008)认为，消极情绪状态，如抑郁状态是必不可少的，还有诸如创造力等都是值得人类追求的。积极心理学可能会导致人们和社会更加关注短暂、轻浮的事物，而非关注深刻的、充满意义的付出，价值观以及让生活变得更有价值的目标等。那刺耳的语气和Ehrenreich及其他学者不

---

①美国，阿拉斯加州，朱诺，美国心理学会国际心理学第52部门，E-mail：optimalex@aol. com H. Águeda Marujo和L. M. Neto（编辑），《积极的国家和社区》，DOI 10.1007/978－94－007－6869－7_2，Springer Science＋Business Media Dordrecht 2014

经意间发出来的论调可能会激怒一些心理学教授。这些教授认为，由积极心理学家 Seligman(2011)撰写的心理科学著述清楚地表明，这样的心理学家已从大众心理“幸福学”中区分出他们自己的科学，从对美好生活的持续有意义的追求中区分出暂时的享乐(如毒品或垃圾食品)来。其他学者，如哈佛大学的 Derek Bok(2010)也阅读了积极心理学的研究著作，他从公共政策的视角提出通过有意义的公民参与和好工作来延续幸福，而不是追求琐碎、短暂的快乐。然而，心理学科内部也有积极心理学的批评者，在早期，已经有一些心理学批评者曾在如《理论与心理学》特刊上致力于在个人主义和种族中心主义的视野内建构局限性的积极心理学课题(Christopher et al. 2008)，最近又有哈佛大学的心理学家 Jerome Kagan(2012)出版了一部著作，很好地阐释了积极心理学持续存在、未解决的问题。

在《心理学的幽灵》中，Kagan(2012)对当代心理学的状态进行了详细的阐释，检验了许多心理学家的设想和做法。他特别提到了本领域内存在的几个麻烦的问题，包括未能充分地认可观察者的背景和语境(如参与者的年龄和文化)，存在从单个测量或单一类型的题目中(如问卷项目)做出广义推论的倾向性，过度使用并曲解自陈法。例如，为了说明自我报告的问题，他提出了以下假设：如果自然科学家已经让世界上最有经验的猎人和农民写下他们知道的所有的动物，那么社会还会提出脊椎动物进化的概念吗？后来他问心理学家和其他学者是否应该相信占星术，如果在调查中使用自我报告的方法，98%的受访者报告要相信占星术。换句话说，Kagan 提醒心理学家，在解决现实问题时，自陈法不可能永远是最好的或最合适的方法。Kagan 用了一整章的内容来批判积极心理学，他特别关注在幸福感研究中使用自陈法及进行口头解释的问题。Kagan 关注心理学研究中社会文化背景的重要性，与本卷中共同的、质性的及文化敏感过程等主题密切相关。Kagan 认为，科学研究已从低层次的分析发展到更高层次的分析，例如，从物理学到生物学再到心理学，背景问题日益增多。他对心理学家进行了强烈的批评，批评他们仅根据数据就得出广泛的结论，批评他们没有报告参与者的社会文化背景的细节，如采集数据的时间节点、种族/民族、农村/城市、宗教和语言群体以及社会阶层。他说：“太多的论文认为他们找到了结论，实际上这些结论是在40个白人大学生身上得出的,他们在中西部大学的一个小小的、没有窗户的房间里,对电脑屏幕上出现的指令进行应答。而这样的结论可能会被另一个50岁的南非人所证实。这个南非人正在开普敦熟悉的教堂里的一个大房间里,他的一个邻居操控同样的程序让他应答,从而得出一样的结论。"虽然许多人类学家(如Shweder,1991)像Kagan那样问了为什么,为了尝试了解人类,心理学家把人放在实验室里,在实验室他们的行为可能与人类的日常行为很不一样,但是只有很少的当代心理学家对这种挑战做出了足够的回应。然而,还是有一些知名的心理学研究聚焦于这种背景下的问题。例如,众所周知,在人格与社会心理学家之间曾进行关于个体特质的行为对社会环境的相对重要性的辩论(例如,Feist和Feist,2009)。另一个例子,在著名的米尔格拉姆(Milgram)服从"电击"的实验中,参与者服从的变化明显取决于社会环境(如位置和"假"的实验室设置、研究人员的特点与外观、证人的存在或缺失)(例如Blass,2000)。

当积极心理学研究的样本具有较高的个人与社会幸福感时,传统的、量化的自陈法的问题就变得更明显了。例如,Kagan戏剧性地提供了许多希特勒统治时期德国人的例子,当通货膨胀率很高的时候,很多德国人认为希特勒执政让他们产生了更高的幸福感。他提到的另一个例子是,美国南北战争之前的南方种植园主,由于其财富和社会地位高,他们的幸福感也因此变得更高了。当然,第一个案例中的犹太人和第二个案例中被奴役的非裔美国人的幸福感确实很低。因此,虽然群体层面的数据可能表明这是一个幸福的社会,但是显著性的个体差异经常被不小心的分析和解释所忽视。如果仅仅只选择自我报告的方法进行研究,如问卷调查或由社会权力精英写回忆录,快乐的社会可能掩盖了不公正的社会现实。更为复杂的问题是,许多积极心理学创作的隐含目标似乎是让个体和社会以"变得快乐"为目标,但社会科学似乎并没有足够的证据表明这样的目标能够被历史上的所有国家和族群所共同认可。此外,随着时间和地点的差异,社会价值观也处在不断变化之中。就像Kagan指出的,从现代的中国社会到中美洲的玛雅人,一种社会认为对国家忠诚比对家庭忠诚更重要。然而,另一种社会却认为,为了对社会共同体产生益处,让人类供奉上帝在道德上是恰当的。在这样的目标、道德和意义变化的背景下，为什么在谈国家和共同体的幸福时，积极心理学家所采用的量化的自我报告法（大多是西方的）就能够成为特权呢？

鉴于幸福感的自陈法研究存在困难，有些学者开始反对立法者和政府宁愿依据普通市民的主观幸福感来评价社会的成功，而非采用常规的测量方法，如针对经济不平等、失业率、身体健康和预期寿命的做法。例如，Kagan 就是出版了专著来进行辩论的众多心理学家之一，他认为："这将证明依靠社会的客观特征理解公民给出的答案的意义是更有用的。"相比之下，哈佛大学前校长 Derek Bok 在《幸福感的政治学》(2010)中提出，政府能在心理学家和经济学家新近主持的幸福感研究中进行学习，并找到一条介于怀疑论者和忠实信徒之间的道路。在不丹这个小国家中，提升"国民幸福总值"已经成为政府施行公共政策的目标。Bok 探讨了当代幸福感研究怎样应用于美国政府的政策中，如何改善婚姻、家庭、教育、健康以及改进其他机构，如何减少财政困难等问题。Bok 对积极心理学研究给出了温和的政治学意味的结论，探讨了通过立法和政府运作建立积极机构的相关性。他提出，尽管在研究新的幸福感方面现有的一些方法还存在问题，但比起道听途说或听从朋友、同事、说客的意见等替代方案，本研究还是更为可靠的。例如，想象一下，一个人试图以听几个最伟大的作家说话的方式来了解俄罗斯人的幸福感，是多么的不靠谱。他应该听普希金说的还是应该听托尔斯泰说的？普希金说我们可能永远不会快乐，因为"我们所拥有的只是责任"。托尔斯泰说："幸福的家庭都是相似的，不幸的家庭各有各的不幸。"社会科学为这样的争论提供了一个解决办法。此外，不像大多数积极心理学家忽视应用研究而更加专注于纯粹的研究那样，社会科学家和政策制定者 Bok 谨慎地指出，立法者应增加人们幸福感的体验成分，而不是将自己的价值观强加于决定他们的选民应该寻求什么样的幸福或生活质量。

无论如何，通过 2010 年盖洛普的一项民意调查我们发现，阿拉斯加州是美国 50 个州中最幸福的 5 个州之一，我们最好了解一下自陈法的局限性(Kagan，2012)。虽然电话调查并没有直接询问主观幸福感，然而，它确实曾要求参与者报告他们的健康状况、面对压力的自由感受、社区满意度、夜间感知到的身体安全感、工作满意度以及其他几个问题。然而，相比于各种困扰阿拉斯加社会的问题，自我报告法还是具有新的作用。如 Rich(2010)记载,阿拉斯加的自杀率一直是美国最高的州之一,在 2002 年,美国每 100 000 人中有 10.6 人自杀,而阿拉斯加的自杀率几乎是美国平均水平的两倍。比较 6 种类型犯罪行为的平均水平,阿拉斯加在 50 个州中排名第 43 位。自 1976 年以来,阿拉斯加已经成为美国报告强奸率最高的 5 个州之一。酒精滥用也困扰着这个州。因为它的攻击行为比率高,一些民意调查报告将这个州确定为美国最糟糕的 5 个州之一。在家庭暴力发生率排名中,阿拉斯加是排名最差的 5 个州之一,阿拉斯加州的妇女被丈夫杀死的比例是全国平均水平的 1.5 倍。还有其他健康问题困扰着这个州。例如,从 2000—2007 年,阿拉斯加的衣原体感染率在全美排名第一或第二。2005—2006 年期间,阿拉斯加的辍学率(8%)是全国平均水平的两倍。阿拉斯加委员会发现,阿拉斯加九年级学生获得学士学位数量这一数据 10 年内在美国一直排名最末(位列第 50)。阿拉斯加也面临着严峻的财政问题。在美国生活成本最高的 10 座城市的调查中,阿拉斯加就有 3 座城市名列其中,分别是安克雷奇、费尔班克斯和朱诺。基于 2006 年的数据,阿拉斯加州的中位信用卡债务在全国领先。最后,气候对这个州也有很大的影响。除了下雪和极端气温之外,阿拉斯加的地震发生率在美国排名第一。从阿拉斯加的个案来看,一方面是高满意度和幸福感的自我报告,另一方面是较差的经济、社会和健康水平的客观数据,它们之间差距悬殊,清楚地说明了积极心理学研究存在着一些潜在的问题。当倾向于理解积极的国家和社区时,传统的量化心理学技术,如对单一群体采用自我报告或单项目问卷调查是远远不够的。对综合、定性和文化敏感的过程进行考察,是对量化的自我报告法必要的补充。然而,心理学历史上的研究主要是采用个体量化研究方法,在欧洲或美国的主要文化群体中选取样本。一个心理学历史学家甚至在他的著作《即使老鼠是白色的》(Guthrie,2003)中指出,为了阐述人类的心理,不仅心理学研究倾向于使用主流文化中的大学二年级学生为方便样本,他们多为中产阶级成员,而且许多研究甚至使用非人类的参与者样本,如实验室的小白鼠等。在这样有限的背景下,采用如此有限的样本而产生的研究结果很难理所当然地被认为代表了全球范围内人类的经验。跨民族、跨文化的积极心理学研究在现有的积极心理学教科书中显而易见是相对缺乏的(Rich, 2011A)。然而,目前仍有一些积极心理学的研究项目专注于不同文化背景下的幸福感研究，如民间理论或幸福哲学（例如，Pflug，2009 ；Tiberius，2004；Uchida 等，2004；Veenhoven，2012），看其他学科是否能为积极心理学研究国际化提供可能的模型、方法和路径。的确，近年来，包括经济学、社会学、管理学等学科都已经有了积极的转变，将精力集中于研究积极心理学的相关问题，如近期成卷的《跨文化幸福学》，就使这些学者结合在一起（Selin 和 Davey，2012）。即使许多有贡献的章节仍然强烈地反映了学科的起源，而不是多学科的敏感性，这样的书籍出现之后，开始了学科间的对话。

在过去，心理学、社会学和人类学在考察人类的健康状况方面主要集中于社会和文化的消极面，使公众变得无能为力。人们更加关注社会的问题（如压迫和歧视）和适应不良、困扰、社会的病态，而不是能使社会和文化得到蓬勃发展的内容（例如，Edgerton，1992）。除了少数例外，如“失落的伊甸园的调查”，直到最近，人类学家才开始关注幸福感的追求（例如，Mathews 和 Izquierdo，2009）。本章致力于将个体积极心理学方面的研究与从心理学和侧重于群体水平的社会和文化组织的相关学科建立联系，以探讨“积极机构”如何通过个体的积极情绪、参与、意义、关系和成就进而影响幸福感。这些积极机构包括：家庭、学校、工作场所、宗教机构，以及其他社会和文化层次的机构。本章特别强调考察幸福的概念如何出现跨文化的变化。因此，相关的共同的、质性的和文化敏感的过程将被认为是相对于积极心理学而言的。

2.2 方法论思考

关于跨国家与跨文化的积极心理学研究提出了众多方法论问题。而积极心理学创始人的努力目标之一就是要提出比 20 世纪中期的人本主义心理学家们更加严密的关于优势和美德的理论。（Seligman 和 Csikszentmihalyi，2000）。在实践中，与质性研究和其他实证研究相比，对这种号召的响应已经满足了定量分析的要求。这种情况对成功的积极心理学国际化提出了一些挑战，本章将进行一些探索。

积极心理学家在考察一些概念时，也许遇到最多的是幸福、快乐、生活满意度(Eid 和 Larsen,2008)。然而,Oishi(2010)确切地指出,“虽然目前已开发出了许多应用于评估各种不同幸福感的量表,但是,三种单一题项的测量在大型的国际幸福感调查中仍居主导地位”,包括总体生活满意度题项、坎特里尔阶梯题项(Cantril's Ladder item,被试在一个想象的阶梯上评定等级)和一个快乐题项。关于幸福感,Oishi 考察了与国际积极心理学相关的三个方面的主题,即幸福感的历史文化差异、幸福感测量和关于幸福感解释的国家差异性。

幸福感概念是不是一个随国家变化而变化的概念,这是一个重要的问题。这里有很多原因,如果研究人员没能了解个体或某种文化是如何理解幸福感的,他们将有可能无法提出正确的问题。例如,幸福感的单项评定方法是否能够准确评定 Asianist Chavannes(1922/1973)所描述的5种幸福感呢?这5种幸福感分别是:中国艺术的无限性、富有、宁静、仁爱和舍生取义。然而,心理人类学家认为,情感、心理状态和特质可能随着文化背景的不同而表现出很大的差异,这确是有据可查的(例如,Shweder,1991),积极心理学家已经慢慢开始研究这种差异。即使在同一个文化或社会中,在各个时代,幸福的概念也始终在变化中,正如历史学家 Darrin McMahon(2006)详细记载的,从古希腊(注重美德)到早期基督时代(关注来世),再到启蒙运动(注重自然的权利)和超越的时代,(大多数)西方传统的幸福的概念一直在发生变化。Oishi(2010)对英文的幸福感概念的演变进行了考察,记录了从1530年以来在牛津英语词典里记载的转变。Oishi 对这个术语在美国的演变进行了分析,包括对1790年以来美国总统演讲词的考察,他分析了词汇意义的变化,从原先的寓意快乐,到后来的表明欲望的满足,再到现在代表愉悦与享乐。

不同的幸福感概念可能与它不同的表达方式、不同的跨国表达规则有关联。如果在某种文化里把快乐视为从幸运中起源,那么社会习俗可能认为公开地、延伸地展示幸福是不必要的;如果这种文化认为幸福源自辛勤工作和主动性,那么展示幸福会被认为是合适的。Oishi(2010)指出,这种概念的变化对调查结果的影响是非常显著的,比如民意调查询问参与者在前一天是否笑了很多。然而,微笑可能是非常普遍的,但是参与者的想法、微笑的原因和结果可能又不一样。如 Colson(2012, p.8)写道,她在赞比亚的实地调查证明了汤加国人所说的一个人“无法从别人的面部表情得知他人的感受或想法”。同样地，自我呈现和幸福感的文化差异可能会从不同的参照组中产生。在对幸福感做出判断时，一些团体可能仅仅拿自己与同样的社区、州或国家的人进行比较，而其他人可能会将自己的情况与更广泛的国际参照群体进行比较。比如，人类学家 Karen Kramer（2005）1992－2003 年在墨西哥尤卡坦玛雅进行了为期 10 年的纵向田野考察。她指出，虽然在客观上根据国家标准这些玛雅人是贫穷的，但她只是在刚开始田野考察时听到玛雅人报告说自己是穷人。在 2003 年更近年份的实地调查中，她将这种变化归结为两个考察时间段里参照群体的变化。在早期，玛雅人往往简单地将自己与他们所在的小乡村中的其他玛雅人相比，往往觉得难以达到他人的水平。然而，在她后来的实地考察中，许多玛雅人开始离开村庄从事雇佣劳动工作，他们经历了收入的悬殊差异，分享了他们重新回到村庄的经验。此外，20 世纪 90 年代末期随着电视线路的建设，电视出现在他们的生活中，村民们观看了经常描绘财富、新产品和新的生活方式的广告，这些对过去的几代人而言似乎显得更为遥远。这样独特的经历并非只出现在玛雅人身上。正如经济学家 Carol Graham（2009）所指出的，曾经贫困的人们从农村迁移到城市，他们开始拿自己和其他城市居民相比较，而不是和他们从前所在村庄的村民比较，他们因为物质条件的不足体验到了更少的幸福，即使他们比迁移前在物质方面有了更好的改变。Oishi（2010）提出，这样的参照群体形成了“对国际化的幸福感自我报告比较的严重的威胁”，从而发挥了它的作用。

而心理测量学家清楚地意识到，测量可能受到一些因素的影响，如项目的顺序、项目的功能，以及暂时的、即刻的情绪等，积极心理学家一直慢慢地普及跨国家积极心理学研究的知识。然而，在一个国家内部，这些因素可能会成为一个现存的、发挥显著作用的影响因素。例如，Marín 和 Marín（1991）发现，与非西班牙裔美国白人相比，西班牙裔美国人更倾向于使用更高和更低的问卷项目作为结尾，而不是中间段。显然，这样的回应方式，以及其他潜在的文化变量，如是与否，对幸福感的研究和对量表题目的解释具有巨大的意义。如坎特里尔阶梯或李克特式的主观幸福感和生活满意度量表。同样，由于宗教、种族和民族的不同，响应率和损耗率也会不尽相同（例如，Marín 和 Marín，1991；

Schmidt 和 Rich,2000),这种现实往往导致各种群体解释的样本量不足或结果无法再现。例如,当 Schmidt 和 Rich(2000)在选用美国的样本方法进行研究时,即使进行了努力的调整,在运用这个时间紧凑型的工具开展研究时,拉丁裔美国人、非洲裔美国人以及本土美国年轻人却经常被采样。从国际化的视角来看,类似的情况也可能发生。比如,我们可以预测损耗或低参与率可能特别容易发生在实行专制主义的州或所谓的警察州,在政治动荡或暴力的地区,或在群体中,如孤立的农村居民、较少参与学术研究或较少填写问卷的人群。如此,则扩大或者抹煞国家差异的报告,可能掩盖国家和群体之间的重要差异,包括亚群体或亚文化,如少数民族在宗教、语言方面的差异。

最后,值得注意的是,幸福的愿望、生活满意度、幸福感以及其他积极的心理品质在全国范围内可能会有所不同。在 Peterson 和 Seligman(2004)编订的手册中,性格优势和美德可以分为智慧、勇气、人道、正义、节制和超越六大类。然而,有些国家或群体可能会比其他国家或群体更看重某些优势和美德(例如,Park 等,2006)。举例来讲,一个国家或群体可以将创造力、爱和好奇心作为其最具价值的品质,在另一个国家或群体中可能认为勇敢、处世智慧和灵性更为可取。简单的定量分析和相关矩阵将不可能充分说明社会文化背景下无数变量之间相互关系的复杂性和丰富性。当积极的机构,包括家庭、学校、工作场所和社区的群体水平,比起个体水平更需要被考察时,定量研究范式将变得更具有挑战性。

2.3 人类学可以向积极心理学国际化提供什么?

质性研究的方法,如田野考察、访谈和参与式观察,常见于人类学研究中,可以作为心理学的量化研究的极好补充。通过田野考察和民族志方法提供丰富、翔实的描述,好像是专门为积极国家和社区的文化敏感性调查提供特制的集成研究程序。困难的是,直到最近,与心理学家相比,人类学家已很少参与关于人类优点和美德的学术考察了。此外,在许多国家,这两个学科很少沟通或相互协作。而在 20 世纪 20 到 30 年代,由人类学家从事与文化和个性活动相关的工作,如玛格丽特·米德和鲁思·本尼迪克特,引起了许多人类学家的关注,同时还吸引了许多社会学家和公众的关注。近几十年来直到最近，这种由心理人类学家和文化心理学家所做的多学科工作（米德和本尼迪克特的学术继承人）似乎变得更加边缘化了。社会人类学家 Anthony Paredes 近日报道，人类源数据库“从 1930—2010 年在所有 22 个 AAA 的出版物中，‘幸福感’仅仅有两次点击……‘生活满意度’零点击，‘乐观’被点击三次，‘工作满意度’也是三次点击”。同样地，人类学家司各特·克拉克（2009）在 eHRAF（人类关系区域档案）对“快乐”这个词的编码进行关键字搜索，发现只有 135 个匹配，而类似的人类学在线索引只有 39 个匹配。Thin（2009）补充说，参考书和介绍性的人类学教科书（包括心理人类学方面的）“通常没有‘快乐’或‘幸福’的条目”。Paredes 补充说，“快乐很少被认为是人类学家研究的话题”，他和其他人类学家一起已经注意到这个学科更加集中于研究人类的苦难和痛苦。Johnston（2012）指出，“从事人类学研究的麻烦就是学科里的优势关注”，如 Edgerton（1992）所描绘的福岛核危机的“麻烦”和“病态社会”。

为什么人类学家不研究幸福？出现这种情况也许是令人惊讶的，因为没有人比马林诺夫斯基（1922/1978）更权威的了，几十年前他写道：“人类学的目标……主要是掌握本国的视角，与他相关的生活，实现他自己世界里的愿景……他所最关心的……在每一种文化背景下，价值观略有不同；人们向往的目的不同，遵循不同的冲动，渴望一种不同形式的快乐。……这些都是我们研究人类时希望有所收获的。”然而，Thin（2009）认为人类学学科研究缺乏的原因有以下几个方面：（1）对评估和比较存在相对偏差；（2）存在病理/临床的偏见；（3）存在认知主义/社会建构主义的偏见，往往把社会建设作为生物学的而不是方法的补充和替代；（4）存在反功利/反享乐的偏见。正如他所指出的，“任何一门不愿意学习的学科在研究幸福时都会有麻烦。正是这种制度化的无能困扰了人类学。它损坏了我们与真实世界的关联，损坏了我们对科学的严谨要求”。然而，许多最近出版的人类学著作进行了一些修正。Colby（科尔比）（2009）认为，人类学因为开展了对文化幸福感的调查，因而可能处在一个转折点上，他同时认为这是“时代的召唤”。有些人类学家也做了这样的回应。美国人类学协会（AAA）2012 年 3 月出版的《人类学新闻》期刊，就“健康、幸福和快乐”这个主题推出了一系列文章。同样，主要的

AAA期刊《美国人类学家》在2012年3月刊推出专辑，有多篇文章由Barbara Rose Johnston编辑，着重探讨幸福感。最后，Mathews and Izquierdo's编辑的《追求幸福感》(2009)的副标题是"人类学视野中的幸福感"，表明它专注于积极心理学国际化的相关研究。

人类学家们对幸福的心理状态考察的问题是什么？一是对心理测评的怀疑。对主观幸福感的跨文化调查，没有让被试讲出自己的话，并被要求停止反应，多元文化的具体内容可能因此而缺失(Mathews和Izquierdo,2009)。因此，正如人类学家Colson(2012)所写的："50年前我就认为'我们不能测量或记录幸福感'。多年来，我已经改变了我的许多观点，但这个没有变。"她指出，"幸福"是一个意义含混不清的英语单词，更大的歧义在于"当我们为了对那些讲不同语言，拥有自己情绪反应的人进行测量，试图翻译和创造一个幸福感量表，然后试图用这些量表研究给定的变化的好处"时介绍了"幸福"这个词。其他人类学家认为，幸福是可以衡量的，然而，需要开发和利用可供选择的量表和测量工具，以评估跨越了文化和国家而产生变化的幸福感的概念，例如，Wali(2012)基于她的经历提出了许多可供选择的测量幸福感的工具。她指出，首先，对亚马孙河流域的森林居民来讲，幸福感"测评工具应该包括对人与人之间的平衡、与其他生命形式之间的平衡、与超自然生命之间的平衡的评估，同时还要有道德维度，以调节各种关系，特别是跨代的关系。"然后，她以芝加哥市为例来介绍幸福感测评工具的选择问题。在芝加哥，对一些人来说，幸福感"带来自由的工作方案(时间灵活)"，因此"人可以为了随时获得更多控制权而选择少赚钱。"最后，她指出，应该创造性地装饰产品，如陶器、矛和来自世界各地的篮子，那些往往是贫穷国家真正贫困的人所生产的。Wali认为这些产品说明了人类"不管在什么物质条件下都势不可挡、渴望尊严的力量"，社会科学家如心理学家和经济学家，也许应该开发一个'尊严指数量表'以用于替代测量幸福感。"人类学家如何增加积极心理学国际化的内容？然而，人类学家往往对文化普遍性观点持怀疑态度(Brown,1991)，它是跨文化的记录幸福的概念。人类学家Thin(2009)提出了关于幸福态度的三个基本假设，可能具有普遍的效度。他认为：(1)"在所有的文化中，大多数人大多数时间都想要感觉良好，也想让其他那些与他们产生共鸣的人感觉很好"；(2)

在所有文化中，良好的生活、道德生活与“感觉良好”有确定的区分；(3)“所有的核心道德规范……支持在原则上变得更好的想法……尽力帮助别人感觉良好，过上好的生活，而不是试图让其他人感觉不好，过上不好的生活”。马修斯和伊斯基耶多(2009)也看到了“追求幸福”是人类的共性，即“在每一个社会中，每个人都追求从不同的社会环境中脱颖而出”。对于这些作者，(1)人类需要有来自他们自身世界的支持，以家庭支持最为常见；(2)人类也倾向于寻求强制控制的自由；(3)人类也需要在一个特定的社会生活中感受到价值。如果能得到进一步研究的证实，人类学家对人类共性的记述在理解积极机构、社区和国家方面将具有非常突出的意义。当然，人类学家记录了世界各地的各种变化，这是众所周知的，也确实是已知的。Thin(2009)也提供了一个超越个人、社区和文化的、维度各不相同的关于幸福的有用清单。例如，他认为人类学记录的显著的跨文化差异表现在：(1)强调享乐主义(如愉悦)和强调生活意义(如有价值、有意义的生活)的程度；(2)幸福的相关作用，作为生活的目标而不是其他潜在的生活目的(如知识、宗教优点或美德)；(3)延迟接受幸福的程度(例如，现在就想要幸福还是愿意延迟或在来世享受幸福)；(4)幸福可以/应该实现的手段；(5)展示幸福的准则(例如，在婚礼上、葬礼上或者醒着的时候是否应该快乐?)；(6)个人的幸福依赖于别人幸福的程度(例如，个人主义文化对集体主义文化)。

2.4 混合研究方法和积极心理学国际化

虽然在积极心理学中人类学和质性研究方法能够显著增加集体研究和文化敏感加工力度，但这种原则和方法并不能作为一个更典型的心理学研究量化方法的代替品。这种方法只是为量化方法提供重要的补充，而且现在少数的人类学家和心理学家已经意识到，如果撇开现有的学科地盘之争和偏见，将二者具有优势的原则和研究方法加以合并，那么幸福感研究就能从中获益。例如，Colby (2009) 写道：“为什么数据统计和网络分析不能够成为一个更人性化、更情景化的方法呢？我们可以利用数字和交互网络关系作为导向，去询问一些关于学科本身的开放式问题。口语叙述、分布分析、统计方法和网络分析不需要和传统的语境化方法、人种志相互排斥。”他进一步指出，“在未来，人类学家所需要的观点、方法和跨学科联系程度将会遇到前所未有的挑战。新鲜的研究方法是必要的，然而在本学科内却很难找到答案”。人类学家马修斯和伊斯基耶多(2009)补充说，如果运用一种认真、考虑了文化敏感性的方法，是有可能对存在于不同社会的幸福感做比较研究的。

他们指出，“我们可以通过……一项温和的比较，这种比较不是基于，至少不是完全基于统计数据，而是在社会文化背景下基于人种志描绘细微差别”。他们在著作中对于幸福感的人类学方法做了以下总结：“大部分作者的书中，包括我们自己编辑的书，都相信幸福感的统计学方法并不是天生有缺陷，但它们的确是不完整的(正如人种志研究本身具有缺陷和诠释特质一样)。只有详细的实地民族志可以提供社会和文化背景，如失去人种志，在一个给定的社会中幸福感就不能完全被解释”。

正如上面建议的那样，目前一些人类学家在幸福感研究中开始运用混合的研究方法。心理人类学家 Thomas Weisner (2009)研究美国有残疾儿童家庭的幸福感，在长达 10 年的追踪研究中同时使用了量表测量和人种志调查方法。此项研究是马修斯和伊斯基耶多本书中的唯一贡献，而且他是在幸福感研究中唯一不仅仅关注个人基础，而且关注社会集体贡献基础的作者。其方法是利用家庭而不是个人作为分析的基本单元。Weisner 的研究方法是对跨文化残疾人生活质量研究的有益补充，其研究成果被两个心理学家编辑收录 (Keith 和 Schlock，2000)。尽管定性研究对他们有帮助，他们还是更依赖于定量研究。另一个人类学家最近也提出了一种研究幸福感的混合研究方法。García－Quijano 等 (2012) 在波多黎各研究了沿海资源利用、生活质量和幸福感之间的相关性。García－Quijano 和他的合作者提供的信息是，“生活质量、幸福感、成功和其他相关构成呈现了复杂的现象，这一现象由多个因素以多种方式相互影响。因此，人种志和田野研究是评估综合作用于当地人民的多种因素的关键所在”。他们说自己很早就从事幸福感的心理学和经济学评估，并发表相关文献(例如生活满意程度量表)，而且这些测量方法是“在比较目的方面被证明有效的，而且我们运用这些研究方法的调整变式以构成一个更定量化的研究。然而，没有良好的经典的人种志，在我们研究地区和沿海资源利用之间的关系和高生活质量/幸福时，我们就会错过了关键元素，即什么是高生活质量/幸福的人所需要的因素”。

正如人类学家，一些心理学家在积极心理学领域也开始在研究中使用混合的研究方法。虽然仍然有大部分的心理学研究，特别是在美国，采用的是量化偏差方法，但是也有一些心理学家采用质性方法，包括访谈、案例研究、传记材料和历史文献分析。除了一些例外（例如，Delle Fave 等，2011a），这种量化研究趋势在心理学中是普遍存在的，在积极心理学中也是如此。正如《积极心理学评估》(Lopez 和 Snyder，2003)这本富有影响力的书中所展示的，其中包括了一系列对人类认知、情感、个人和宗教力量的评估。

然而，要提供一个心理学家在积极心理学研究领域中研究幸福感时运用混合研究方法的实例，可以看看 Csikszentmihalyi 和他的同事们对于“福流”的研究（例如，Csikszentmihalyi，1990，1996；Rich，2013）。“福流”是一个概念，旨在定义“人们报告当他们做一些有趣的事情时的最佳体验”(2000a)。这个概念已经通过田野调查和访谈以及调查和问卷的检验，与许多积极的心理概念不同的是，它已经在许多国家、社区和文化中开展了研究(Delle Fave 等，2011b)。实际上，在与此概念有关的全球研究的基础上，Csikszentmihalyi (2000b) 描述道，快乐的“福流”体验本质上是一样的，从东南亚农村到社区的成员，再到日本、欧洲和美国的产业工人皆证实了这点。另一部分研究者检验了中国台湾白水橡工人、荷兰足球运动员和加拿大冰球球员(Rich，2013)。

此外，“福流”体验已经记录了在一个范围内的人群和环境的作用，从生物（例如，Dietrich，2004）的心理到社会文化，从而解决了 Kagan (2012)提出的担忧语境化和其他各类证据影响的问题。“福流”体验也在集体中得到了检验，包括小范围和大范围集体，小的如即兴音乐团体，大的如在社会文化和历史层面的研究，例如 Csikszentmihalyi(1993)描述的文化进化的复杂性，包括文艺复兴时期作为积极社区的佛罗伦萨、19 世纪的巴黎或者古代雅典。尽管现在有关“福流”的核心维度划分有众多的协定，尤其是在深度和吸收度的认知层面，但还是存在有关情感成分的一些变化，如愉快或（和）享受，并且经常在“福流”体验结束后都报告愉快，而不是在活动过程中，例如工作过程中，这一现象被称作“福流悖论”（例如，Cskszentmihalyi 和 LeFevre，1989；Delle Fave 和 Massimini,2005;Rich,2013)。

Csikszentmihalyi对积极心理学中的多模型和混合研究方法的主要贡献是他发展了经验取样法,即把半结构化和开放式访谈与量化调查和问卷技术及经验相结合,在此情况下研究的背景敏感性强于典型的心理学评估(例如,Csikszentmihalyi,1990)。参与研究者提供了几种类型的报警寻呼机(比如一个可编程的手表或智能手机),在预设的程序时间到之后就会报警,被试要在这段时间中完成一个简短的问卷调查。接下来他们要回应有关他们的情绪、动机、认知、行为和物理(社会)环境的问题。通常情况下,寻呼机能发出十几种蜂鸣声,每天发出十几次,持续时间为一个星期,通过这种方法收集了丰富的生活经历材料及结果,主要意在把握超出心理学实验室之外的现实生活各个生活层面的系统现象。相比于实验室经验的许可,经验取样法允许在一个更加自然设定的情况下报告日常事件和经验,从而获得在实验室机构中难以得到的生态效度。虽然经验取样法仍然易出现自我报告法的一些缺点,如单一管理问卷,但它对文化和集体过程的敏感性使其成为心理学家探索幸福感的有力工具。正如绝大多数的人类学家因对当地知识和背景信息的敏感性而闻名的工作一样,Csikszentmihalyi有关经验取样法的工作将量化方法与质性方法相结合。最近还有一些别的研究也关注情境幸福感(例如,McNulty和Fincham,2012),对Kagan号召积极心理学需要更情境化的研究这一命题做了强有力的回应。经验取样法已经成功应用于个人幸福感研究和以夫妻幸福感(Graham,2008)与家庭幸福感(Larson和Richards,1995)为例的集体研究之中,其中集体成员的经验取样法可在不同背景情境中分别进行比较。除了基础研究,这项技术对于提高积极制度的影响是深远的。样本可应用于夫妻或家庭咨询时作为评估工具,或应用于提高运动团体和音乐小组的能力,又或应用于提高教室或其他工作场所的团体水平。

2.5 结论

自成立至此的10年时间里,积极心理学以惊人的速度成长。然而,正如大多数心理学分支一样,它更加关注个体,相对而言忽视了社区、文化和国家。此外，正因它强烈关注个体，心理学家们狭义地强调量化研究方法而限制了心理学科理解积极国家和社区的能力，只有如人类学一样利用洞察、证据和相关学科的方法，和接受质性研究方法的优势及混合研究方法来研究幸福感，积极心理学才能走向成熟。扩展积极心理学的视角，允许其从其他学科视角提出建设性的方法，从而保持 Akumal Manifesto 在积极心理学诞生时所说的精神和使命。如果积极心理学的目标不仅仅限于智力练习，那么它也必将超越测量和描述、理解和预测，最终达到应用的目的。政策制定者现在已经开始看到积极心理学是如何在全球范围内为社区和国家带来变化的。

参考文献

Blass, T. (Ed.). (2000). *Obedience to authority: Current perspectives on the Milgram paradigm*. Mahwah: Lawrence Erlbaum Associates, Inc.

Bok, D. (2010). *The politics of happiness: What government can learn from the new research on well-being*. Princeton: Princeton University Press.

Brown, D. E. (1991). *Human universals*. Philadelphia: Temple University Press.

Chavannes, E. (1973). *The five happinesses: Symbolism in Chinese popular art*. New York: Weatherhill. (Original work published 1922)

Christopher, J. C., Richardson, F. C., & Slife, B. D. (2008). [Special issue]. *Theory and Psychology*, *18* (5).

Clark, S. (2009). Pleasure experienced. In C. Mathews & C. Izquierdo (Eds.), *Pursuits of happiness* (pp. 189—210). New York: Berghahn Books.

Colby, B. N. (2009). Is a measure of cultural well-being possible or desirable? In C. Mathews & C. Izquierdo (Eds.), *Pursuits of happiness* (pp. 45—64). New York: Berghahn Books.

Colson, E. (2012). Happiness. *American Anthropologist*, *114* (1), 7—9.

Csikszentmihalyi, M. (1990). Flow: *The psychology of optimal experience*. New York: Harper & Row.

Csikszentmihalyi, M. (1993). *The evolving self*. New York: Harper Collins.

Csikszentmihalyi, M. (1996). *Creativity*. New York: Harper Collins.

Csikszentmihalyi, M. (2000a). Flow. In A. E. Kazdin (Ed.), *Encyclopedia of psy-*

chology (Vol. 3,pp. 381—382). Washington, DC: Oxford University Press.

Csikszentmihalyi, M. (2000b). The contribution of fl ow to positive psychology. In J. E. Gillham(Ed.), *The science of hope and optimism* (pp. 387—395). Philadelphia: Templeton Founda tion Press.

Cskszentmihalyi, M., & LeFevre, J. (1989). Optimal experience in work and leisure. *Journal of Personality and Social Psychology*, 56, 815—822.

Delle Fave, A., & Massimini, F. (2005). The investigation of optimal experience and apathy: Developmental and psychosocial implications. *European Psychologist*, 10, 264—274.

Delle Fave, A., Brdar, I., Freire, T., Vella—Brodrick, D., & Wissing, M. (2011a). The eudaimonic and hedonic components of happiness: Qualitative and quantitative findings. *Social Indicators Research*, *100*, 158—207.

Delle Fave, A., Massimini, F., & Bassi, M. (2011b). *Psychological selection and optimal experience across cultures: Social empowerment through personal growth*. Dordrecht: Springer.

Dietrich, A. (2004). Neurocognitive mechanisms underlying the experience of flow. *Consciousness and Cognition*, *13*, 746—761.

Edgerton, R. B. (1992). *Sick societies*. New York: Free Press.

Ehrenreich, B. (2009). *Bright—sided: How the relentless promotion of positive thinking has undermined America*. New York: Metropolitan Books Henry Holt and Company.

Eid, M., & Larsen, R. J. (2008). *The science of subjective well—being*. New York: Guilford Press.

Feist, J., & Feist, G. J. (2009). *Theories of personality*. Boston: McGraw Hill.

García—Quijano, C., Poggie, J. J., Pitchon, A., & Del Pozo, M. (2012). Investigating coastal resource use, quality of life, and well—being in southeastern Puerto Rico. *Anthropology News*, *53* (3), 6—7.

Graham, J. M. (2008). Self—expansion and fl ow in couples' momentary experiences. *Journal of Personality and Social Psychology*, *95*(3), 679—694.

Graham, C. (2009). *Happiness around the world: The paradox of happy peasants and miserable millionaires*. New York: Oxford University Press.

Guthrie, R. V. (2003). *Even the rat was white* (2nd ed.). Boston: Allyn & Bacon.

Johnston, B. R. (Ed.). (2012). Vital topics forum: On happiness. *American Anthropologist*, *114*, 6—18.

Kagan, J. (2012). *Psychology's ghosts*. New Haven: Yale University Press.

Keith, K. D., & Schlock, R. L. (2000). *Cross—cultural perspectives on quality of life*. Washington,DC: American Association on Mental Retardation.

Kramer, K. (2005). *Maya children: Helpers at the farm*. Cambridge, MA: Harvard University Press.

Larson, R., & Richards, M. (1995). *Divergent realities*. New York: Basic Books.

Lopez, S. J. (Ed.). (2009). *The encyclopedia of positive psychology*. Malden: Wiley—Blackwell.

Lopez, S. J., & Snyder, C. R. (Eds.). (2003). *Positive psychological assessment*. Washington, DC: American Psychological Association.

Lopez, S. J., & Snyder, C. R. (Eds.). (2009). *Oxford handbook of positive psychology* (2nd ed.). New York: Oxford University Press.

Malinowski, B. (1978). *Argonauts of the Western Pacific*. London: Routledge. (Original work published 1922)

Marín, G., & Marín, B. V. (1991). *Research with Hispanic populations*. Thousand Oaks: Sage.

Mathews, G., & Izquierdo, C. (Eds.). (2009). *Pursuits of happiness: Well—being in anthropological perspective*. New York: Berghahn Books.

McMahon, D. (2006). *Happiness: A history*. New York: Grove.

McNulty, J. K., & Fincham, F. D. (2012). Beyond positive psychology? Toward a contextual view of psychological processes and well—being. *American Psychologist*, *67*, 101—110.

Myers, D. (2000). Hope and happiness. In J. E. Gillham (Ed.), *The science of optimism and hope* (pp. 323—336). Philadelphia: Templeton Foundation Press.

Oishi, S. (2010). Culture and well—being: Conceptual and methodological issues. In E. Diener, J. F. Helliwell, & D. Kahneman (Eds.), *International differences in well—being* (pp. 34—69). New York: Oxford University Press.

Paredes, J. A. (2012, March). In focus: Health, well—being, and happiness. *Anthropology News*, *53*, 5—14.

Park, N., Peterson, C., & Seligman, M. E. P. (2006). Character strengths in fifty—four nations and the fifty US states. *The Journal of Positive Psychology*, *1*, 118—129.

Peterson, C., & Seligman, M. E. P. (2004). *Character strengths and virtues*. Oxford: Oxford University Press.

Pflug, J. (2009). Folk theories of happiness: A cross—cultural comparison of conceptions of happiness in Germany and South Africa. *Social Indicators Research*, *92*(3), 551—563.

Rich, G. (2010). *The state of psychology in Alaska*. Paper presented at the meeting of the International Congress of Applied Psychology, Melbourne.

Rich, G. (2011a). Teaching tools for positive psychology: A comparison of available textbooks. *The Journal of Positive Psychology*, *6* (6), 492—498.

Rich, G. (2011b). *The flow experience in jazz pianists*. Paper presented at the meeting of the American Anthropological Association, Psychological Anthropology Section, Montreal.

Rich, G. (2013). Flow and positive psychology. In J. Sinnott (Ed.), *Positive psychology and adult motivation*. New York: Springer.

Schmidt, J., & Rich, G. (2000). Images of work and play. In M. Csikszentmihalyi & B. Schneider (Eds.), *Becoming adult: How teenagers prepare for the world of work* (pp. 67—94). New York: Basic Books.

Seligman, M. E. P. (2011). *Flourish: A visionary new understanding of happiness and well-being*. New York: Free Press.

Seligman, M. E. P., & Csikszentmihalyi, M. (2000). Positive psychology: An introduction. *American Psychologist*, 55, 5—14.

Selin, H., & Davey, G. (Eds.). (2012). *Happiness across cultures*. New York: Springer.

Shweder, R. (1991). *Thinking through cultures*. Cambridge, MA: Harvard University Press.

Thin, N. (2009). Why anthropology can ill afford to ignore well-being. In C. Mathews & C. Izquierdo (Eds.), *Pursuits of happiness* (pp. 23—44). New York: Berghahn Books.

Tiberius, V. (2004). Cultural differences and philosophical accounts of well-being. *Journal of Happiness Studies*, *5*, 293—314.

Uchida, Y., Norasakkunkit, V., & Kitayama, S. (2004). Cultural constructions of happiness: Theory and empirical evidence. *Journal of Happiness Studies*, *5*, 223—239.

Veenhoven, R. (2012). *World database of happiness*. Erasmus University, Rotterdam. Retrieved from: http://worlddatabaseofhappiness.eur.nl

Wali, A. (2012). A different measure of well-being. *American Anthropologist*, *114*, 1.

Weisner, T. S. (2009). Well-being and sustainability of daily routines. In C. Mathews & C. Izquierdo (Eds.), *Pursuits of happiness* (pp. 228—247). New York: Berghahn Books.

Wilson, E. G. (2008). *Against happiness*. New York: Farrar, Straus, and Giroux.

第3章　利他主义螺旋：和谐未来的整合模型

Lawrence Soosai Nathan 和 Antonella Delle Fave[①]

3.1 引言

本章简单概括了利他主义的重要概念的形成过程。从进化生物学到社会心理学、哲学和距现在更近的积极心理学，利他主义是一个在各种理论视角上引发广泛争论的结构，但这个概念的定义和它在人类事务中的作用仍存在争议。我们首先从当今的科学争论开始，也通过挖掘东西方哲学和精神领域传统的方法，然后基于个人综合联结视角，而非基于对立利他主义和自私主义视角，在此基础上试图构建一个整合的理论来研究利他主义。在这个模型中，利他主义被定义为一般的思维方式，以关心他人幸福为特征，即随时参与他人导向的行为，也为本人带来幸福。利他主义的行为结果、益处、危险，人们及社区在培育和提升利他主义思维方面所面临的挑战也将在本章中简单概述。

3.2 概念化利他主义：艺术的表达

什么是利他主义？这个显而易见的问题似乎没有无可争议的答案。

---

①劳伦斯·索赛·南森，米兰大学，社会科学阿努格拉哈学院(M. K. 大学)，心理学系，意大利，米兰 E-mail：lalacaps@yahoo. com；安东内拉·代勒·法夫，米兰大学，病理生理学和移植系，意大利，米兰，弗朗西斯科·斯福尔扎街 35 号，20122，电子邮件：antonella. dellefave@unimi. it；H. Águeda Marujo 和 L. M. Neto（编辑），《积极的国家和社区》，DOI 10. 1007/978－94－007－6869－7_3，Springer Science＋Business Media Dordrecht 2014

即使它在人类科学领域，如哲学、宗教和伦理学领域被广泛探索，利他主义仍是个难以捉摸的概念（Wilson，1992；Uyenoyama 和 Feldman，1992；Simon，1993）。由于多样的和经常矛盾的视角，文献中经常出现如“利他主义争论”或“利他主义困惑”（Kerr 等，2004；Piliavin 和 Charng，1990）等术语。我们因此认为“利他主义争论”是完美地探索这一难以捉摸的话题的一个始发点。

3.2.1 进化生物学与利他主义争论

一般认为对利他主义的科学探索开始于进化生物学。利他主义也是宗教和伦理学的研究话题。但是进化生物学的假设已成为围绕利他主义的热烈争论的主要源头。利他主义存在吗？对于活的生物来说，利他主义是自然的吗？在进化生物学领域形成了两种竞争立场：自我中心一利他主义假设和移情一利他主义假设（Piliavin 和 Charng，1990）。基于达尔文的适应和自我保护本能观，自我中心一利他主义假设否认在生物界存在利他主义，因为基因本质上是复制器，是借助个体的选择生存策略而遗传的，基因只能自私而无他法（Dawkins，1989）。利他主义被认定为一种行为，既隐含着利他行为的主体适应成本又隐含着接受者获益，这是不可能的（Kerr 等，2004）。明显使他人受益的进化行为主要是为了满足人们的需要，如看到他人受难而使得反感减少，这主要是适应性策略。基因的自私本质使利他主义不仅是反直觉的，甚至是不利于行为者的（Dawkins，1989）。

移情一利他主义假设（Batson，1991）却相反，根据“报警行为”承认利他主义的存在（Columan，1982；Sherman，1985；Butson 等，2008）。受到镜像神经元（Rizzolatti& Craighero，2004）、利他基因（Nedelcu 和 Michod，2006）、无菌工人（Okasha，2005）和瘸腿者的社会互动模式（Zahn一waxle 等，1991）等研究证据的支持，利他主义被证明对生物来说是自然的。在这一理论框架中，移情被定义为是对贫困邻居的他人导向的情绪反应，被认为是利他主义中的一个可能指标（Batson 等，2008；Piliavin 和 Charng，1990）。尽管有进化生物学家的科学研究，两种竞争假设间的未解争论仍使利他主义笼罩着困惑。利他主义对生物来说是自然的，还是一个神话？争论本身似乎自相矛盾，因为自私基因实际上止于服务自身，导致基因必须是利他的而非自私的。当生物学家谈及自私行为或利他行为，他们指的是基因适应而非人的动机。实际上所宣称的自私和利他基因的二元论是因为模棱两可地运用人类人口学术语来描述进化基因，因此走进了死胡同（Barash，2007）。

3.2.2 社会心理学视角

社会心理学从不同视角对利他主义争论做出了贡献，认为人类不是被动地寻求适应的动物，而是具有独特能力的，人们会根据有目的动机而积极寻找并指引自己的生活（Jablonka 和 Lamb，2005）。这些动机——不仅仅是适应的特殊效果——代表了评价利他主义的核心标准（Wilson，1992）。自觉地有目的地采取行为，主要带有为他人谋利而不求外在回报的目的，被认为是利他的（Piliavin 和 Chargn，1990）。行为是自私的还是利他的是基于动机的，即是否以有利于他人为主要目标。各种研究致力于调查利他人格（Aronoff 和 Wilson，1984；Oliner 和 Oliner，1988）、利他的发展动力学（Chamber 和 Ascione，1987）和利他的情境要素和回报（Latane 等，1981；Shotland 和 Stebbins，1983）。作为一种效价变量的动机，是通过评价亲社会行为——一种可观察变量——来说明的。

在社会心理学领域，利他主义争论仍在进行，并远没有得到解决。尽管争论的焦点发生了变化，从利他的存在（有没有利他）转到了利他的标准（是什么导致利他）。“以使他人获益为主要目的”成为争论焦点。个体能产生亲社会行为纯粹是为了利他动机或自私动机，如赢得威望、尊重、友谊或其他社会目标和心理目标（Andreoni，1990）。是否可以真正在纯粹的利他和自私行为间画出清晰的区分线？每个帮助行为都有某种细微的自利性，如虚伪、欣赏和使自己感觉良好等（Schwartz，1992）。是否有这样的可能，某些自利性方式所导致的利他行为是利己的？既然难以将利他认定为行为的唯一目标（Nisbett 和 Wilson，1977），就可观察到接受者利益和行为者利益的比例被用于区分间接自私动机和纯粹自私动机，结果是“利他的唯一目标性”变成“他人主要受益”，使这场争论在两个不同层面上进一步变得混乱。在概念层面上，出现了利他和自私定义的模棱两可和定义问题，正如进化生物学领域发生的事一样(Uyenoyama 和 Feldman,1992)。在实证研究层面,利他是被作为"亲社会行为"的近义词或是亲社会行为的一个成分来研究的,因此就等同于"亲社会行为"。

3.2.3 利他主义争论的二元视角

利他主义争论似乎无止境地继续发展着,这使得许多学者要么将利他看作不重要的话题而放弃,要么将利他定义为看似不可企及的目标(Weinstein,2008)。我们要将它舍弃吗?有大量的研究者决定这样做,他们甚至开始关注他人关怀型情绪和亲社会行为。实际上,"利他"主题的文献主要研究和证明他人导向情绪和对个人和社会的亲社会行为的有益结果(Lyubomirsky,2007;Post,2005;Oman,2007;Tankersley 等,2007)。尽管这样的研究具体而实际,但给"利他"下一个清晰的定义仍不能忽视。有趣的是,不乏关于利他后果的研究信息,而不是利他本身,这导致利他变得难以琢磨和模棱两可。作为与人类行为密切相关,处于人类文化所发展出的价值体系核心的术语,"利他"需要一个解释,至少也需要一种探索(Delle Fave,2004)。

明晰利他主义争论可以成为更好地解开利他问题的第一步。我们认为在利他主义争论中一个核心概念的具体方面已被忽视或常常被误解。这个部分是处在互动过程中的两个实体:自我与他人。从这一视角看,"自我"指行为主体,"他人"指自我以外的每一样东西。

根植于世界二元概念化理论,自我与他人的二分法是利他主义争论的重要来源。二元系统或二元对立是一个认识论方法,在语言和思维上两种理论对立被严格定义,水火不相容,常带有积极和消极的价值层次(Smith,1996)。二元对立是基于不连续性而非连续性的(Goody,1997),并且基于这样的假设:如果人不能理解"恶",就不能想象"善",对立是必需的(Smith,1996)。二元对立以对立方式组织相关的成对术语或概念,如在场和缺席、女性和男性、生和死。这样的二元视角在西方文化的语言和哲学领域占主导,其中组织与结构是基础(Derrida,1978;Saussure,1916)。卡特和牛顿主义的世界观将所有事情,从人的身体到世界,看作一部由既分离又相互作用的物质分子构成的机器,这是二元方法论的活生生例子(Burtt,1952; Butterfield,1997)。关注不连续性有助于说清楚范畴，这样就冒了采用非此即彼的二分法世界观和现实的等级组织观的风险。

由于关注非连续性，二元系统主要借助于区分和割裂的方法学进行操作。成对的对立，如女性和男性，或自我和他人，只有在非连续性和明确界限方面才说明问题。这样的二分法视角展示了引导西方思想的核心范式。笛卡儿是最有影响力的学者之一，支持自我和他人的区分，将两者看作完全分开和对立的实体（Rozemond，1998）。弗洛伊德的自恋理论正是恰当的心理分析例子，研究围绕婴儿对其父母的直接性欲倾向（初级自恋），后来转向研究其他对象的性欲倾向，如果其他对象关系被阻断，性欲心理返回针对他们自己（次级自恋）。根据弗洛伊德的理论，在爱自我和爱其他对象间几乎是机械的划分。直接对外界对象的爱越多，对自己的爱越少，反之亦然（Lowen，1997）。进化生物学和社会心理学的利他定义在自我与他人的二分视角中可见一斑，将两者看作分裂且相对独立的实体。在这样的框架中，真正的利他行为必须对他人有益，而没有任何利己。但是，值得探讨的是，自我与他人处于对立的两极，非此即彼。任何东西要么完全自私，要么完全无私，可能吗？利他的拼图游戏主要是因为这样的二分法视角。

固有的等级组织和二元论的价值判断进一步加剧了争论的复杂性。二元对立承载了价值，经常表现为积极和消极的两极，在虚无的顺序中一个统领着另一个（Goody，1997）。例如，在黑白二元对立中，黑经常是较低价值的，甚至是负面的（Derrida，1978）。在自我和他人的二元系统中，传统西方思想常常将自我看作不太有价值的一方。以思想家奥古斯丁、路德和卡尔文为代表的世界观强调弱化个体自我，将个体自我看作道德上次要的，罪恶、弱小的，且自然地约束他自己（Fromm，1947）。以这样的视角，憎恨自我不仅被认为是有价值的，而且也是一种美德。在文艺复兴和启蒙运动时期，虽然努力坚持自我，但是自恋的、寻求快乐和有罪的自我视角仍保留着二元视角的影响。这个价值等级的关键内容是，相对于爱他人，爱自我便是自私。这样的假设在西方理论界和日常生活中广泛流行。但是，自私和爱自我远不是一样的。德语中 Selbstsucht（沉迷于自我）一词非常明确地表示自私与贪婪（Sucht）有关（Fromm，1947）。特别是，贪婪的各种变体被描述成贪得无厌，暗指不可能获得真正的满足。自私的人，受到不能满足的恐惧所驱使，总是很焦虑地关心他们自己。自私的根源在于不喜欢自己而需要补偿。现在心理治疗界和临床心理学对自恋人格错乱的定义（APA，2000；Campbell 和 Foster，2007），不同于弗洛伊德的定义，自恋的人既不爱自己也不爱他人，因而他们随时都准备自杀或杀人。

自私实际上对应于爱自己，但爱自己和自私在利他定义中是互换使用的。例如，进化生物学将自我保护的自然倾向等同于自私，并认为这是生物界没有利他可能的理由。在进化生物学中，全部争论都集中于"自私是生物的自然倾向"这一论点。但是自我保护是爱自己，而不是自私。自我心理学（Mahler，1968）强调自我认同中原始和最初自恋的必要性，因为没有自爱，自我感将不能萌发。对依恋的研究表明，为了发展移情能力，孩子必须在婴儿期早期获得来自看护者的爱和关注作为安全基础（Bowlby，1958；Schore，1994）。大多数宗教传统都明确提到这一问题。佛教文献强调慈悲的重要性，所依据的假设是，你自己和宇宙中其他任何人都值得得到你的爱和关注（Salzberg 和 Kabat－Zinn，2008）。同样的观点在《圣经》中被反复提及：你必须像爱你自己一样爱你的邻居（Lviticus；Matthew；Bible，2007）。

总之，利他主义争论和困惑根植于自我和他人的二元论世界观，其基础是所宣称的爱自己和自私是一回事。我们认为，这一观点不仅不能解释自私，而且不能扩大其正确的解释可能。基于强调"移情观照对人类是自然的和天生的"的研究，Batson 等人（2008）提出了一个复杂的研究视角，整合利他主义和自我主义，而不是将两者对立起来。这样复杂的视角现在可实现吗？

3.3 相互联系性与利他的螺旋模型

在西方哲学界，后结构主义提出了二元对立的替代概念：解构主义。解构主义挑战了固有的价值等级传统，目的在于打破二元系统中两极的恒定张力从而倾向于平衡（Derrida，1978）。解构主义认为，话语是书写的一种形式，存在是缺席的一种形式，精神健全是神经症的一种形式，男人是女人的一种形式（Culler，1983）。远不同于一元论将宇宙看作单一实体，认为差异是表象和幻觉（Kalupaha，1975），解构主义承认差异，同时提出没有整合等级与权力的方法。基于这些假设，解构主义可以从原则上呈现理解利他的另一个视角，它主要关注权力范围的问题。

我们认为，一个更普遍适应并因此可以较好理解和解释利他的更充分的视角是一个具有相互联系性的，从亚洲哲学传统中发展起来的世界观。从印度学者 *Rg* veda 的视角看，宇宙被认为是有序的整体，其中每个部分即整体，而整体是由各部分平衡着的（Eliot，1988；James，1969）。这个世界观综合成“Rta”这一概念，常被错当作礼法。“Rta”在梵文中意为“恰当的联结”，秩序、规则、真理，自然秩序的原则、规范和协调着宇宙及其各部分的活动（Mahony，1998）。它指宇宙秩序将每样东西联结在一起，从星系到亚微粒子，它们的本质和过程都受到宇宙秩序的影响。宇宙秩序是每样东西最重要的和最终的基础，因而甚至上帝也是其中的一部分（Brown，1992）。同样，佛经《华严经》说宇宙中的每样东西皆依赖于其他东西而存在，将整个宇宙的本质理解为由内在相互联系的部分构成（Morgan，2010）。但是，联系性既不是静止的和宿命的观点，也不是起源于宗教玄学的排他的东方视角（Panikkar，2001）。与“Rta”一致，爱因斯坦说，“一切事物，其结束和开始由我们不能控制的力量所决定。昆虫的一切都被安排好了，星星也是如此，人类、蔬菜或宇宙尘埃，我们所有的一切都和着看不见的箫管里的神秘曲调起舞”（Einstein，1929）。作为西方科学的前沿，量子物理的科学证据与“Rta”思想是一致的（Capra，1999；Jones，1986；Talbot，1993）。在对能量状态和存在可能性的探索中，量子物理学强调宇宙中的一切事物是相互联系和相互依存的（Alistair，1988；Feyman 等，1965）。众所周知的例子中有一个是“蝴蝶效应”，指由于对最初状态的敏感依存，因而来自蝴蝶翅膀上的一点儿能量都可能影响整个星球上的气候状态。

相互联系视角认为，整个宇宙是镶嵌成的整体，许多不同的部分集合成一个整体（King，2003）。所有的镶嵌物彼此不同，但都纵横联系着，根据复杂形态的不同而不同。整个图像即使只少一片就不完整，单个的一片离开了整体就没有意义。部分彼此依赖对方，而整体依赖部分。整个宇宙以同样方式相互联系，从这个视角来看，蝴蝶或小鸟的某一个种类的消失表面上对人类没有意义，却影响着互相连接和互相依存的宇宙的形式。

3.3.1 互相联结的宇宙中的自我和他人

从互相联系的视角看，自我和他人不是二元对立中“只能二选一”的实体，而是相互联结的。可以澄清这样的关系的最明确的例子就是中国的阴阳观，它描写了两个不同但互相补充的实体，在一个整合了的动态系统中互相作用(Graham，1986)。这些看似相对立的力量在自然界中其实是互相联系和互相依存的，达到了使彼此增长的程度。同样地，自我和他人是互相联系和互相依存的实体。他们一方面保持着彼此的区别，也只能在彼此的关系中，在逻辑概念和实践两个层面上作为具体的自我和具体的他人而存在。而且，这样的关系是基于他们相互补充而非相互排斥和对立的基础之上的。自我和他人是不可分离和互相依存的实体，不是形而上学的问题。系统理论高度重视自我和他人的互相联系和互相补充的本质(Bertalanffy，1950)。在埃里克森(Erikson)的发展理论中，自我认同只有在他人情境中才能展现，同时伴随着融入社会和文化中的过程。任何这些要素的不足都可能增加认同危机和混乱的可能(Cote 和 Levine，2002)。依恋理论强调自我发展中联系的作用(Hazan 和 Shaver，1994)。自我心理学认为，儿童只有通过三个基础性、根本性的关系需求才能够发展自我认同：被爱的需求、实现理想的需求和归属的需求。个人对自我的感知如果没有联系他人是不可能萌发的(Kohut，1971)。

最近，自我和他人的辩证关系的研究话题出现在自我决定理论中。这个理论关注三种心理需求：自主需求、关系需求和竞争需求——它们被看作心理成长、正直和幸福的有机必需(Deci 和 Ryan，1980，2002；Ryan 和 Deci，2000a，b；Ryan 和 Connell，1989)。即使自我决定理论中没有具体提到自我和他人关系的话题，围绕自主需求的文化争论也与我们讨论的利他问题有关联。鉴于个人主义和集体主义文化中的不同的自我概念构想，作为基本需求的自主性，它的作用和重要性遭受到质疑(Markus 和 Kitayama，1991；Triandis，1994；Triandis 等，1995)。反对将自主性看作独立和个人主义，自我决定理论强调有联系自主才重要，反之亦然。因此，自主性如果没有联系性就只能是个人主义，而联系性没有自主性仅仅是被动的服从(Knee 和 Uysal，2011)。Kagitcibasi

(1996,2005)对此观点做了较大的贡献,提倡自主性以联系性为代价,反之则无益,并建议以"自主一联系的自我"的术语讨论这一话题。我们相信这一观点的有用性远超出原来的语境。这一术语清楚地阐释了围绕自我和他人的所有的争论,综合把握了两者间关系的本质和动力学。更具体地讲,这一术语纠正了利他主义争论的两个错误观点,也就是纠正自我和他人的二元对立和将爱自我和自私等同起来的错误。它认可"自主一联系的自我"中互相联系的侧面,这个观点不同于二元论,它引入了联系的视角,认为自我总是"自主一联系"的;它关注"自我和他人间的作用",从而能更好地理解和解释利他。

3.3.2 作为思维方式的利他

"利他"(altruism)这个词本身是德国哲学家奥古斯特·孔德(Auguste Comte)在1851年从意大利语形容词"altrui"中创造出来的,意思是,在道德责任和美德生活中为了他人的利益而自我牺牲(Comte,1852/1891)。考虑到前几页概述的利他主义争论,其中的术语如"自我牺牲"和"有益于他人"需要随处都清晰地加以区分,也需要谨慎对待它们背后可能存在的文化偏见。鉴于科学知识界的最新进展,我们相信相互联系视角的"利他"定义可能更有用。我们建议对"利他"做出下列的定义:

利他是一种思维方式,以关心他人的幸福为特征,意味着随时准备参与甚至做出牺牲,这同样给行为者带来幸福。

这个定义的四个具体方面需要进行严格区分。首先,利他并不只是行为。在科学地调查利他的努力中,进化生物学和社会心理学将利他归类进亲社会行为——以自己的幸福为代价促进他人的健康和幸福。为此,我们建议考虑将利他看作一种思维方式。一种习惯性的和特征性的心理态度,决定了个体如何解释和回应环境,是指导个体的一般假设、方法或概念(Gollwitzer 和 Brandstaetter,1997; Gollwitzer,1999)。利他作为思维方式指的是,某人愿意了解他人,并关心他人的幸福。利他的突出动机是他人的利益,至少在深思熟虑阶段是如此(Pucca 和 Schmalt,2001;Taylor 和 Gollwitzer,1995)。在接下来的意愿实现阶段,结果可能因为个体差异和情境的具体性而不同。就这一点而言,利他明显不同于亲社会行为，它能提升他人的幸福，不管他人的幸福是不是关注焦点。

第二个方面是关于他人的。从互相联系的视角来看，他人是指涉及广泛实体的互动模式，以含有不同层面的结构复杂性和关系复杂性为特点。这个模式可以实效性地描写为一个螺旋，有不同层面圆圈的一个连续实体(图 3.1)。个体的人处于螺旋的核心，与在螺旋不同层面的他人相联系。模式中的关系不能用物理和量的术语来理解，特别是考虑到当今存在着全球化和基于互联网世界中的虚拟关系的多样性。在利他模式中，关系体现为珍视他人和提升他人幸福的意愿。较内层圆圈是复杂性中的简单层面，包括家庭和挚爱的人。最外层的圆圈包含了整个宇宙，表现为模式最复杂的层面。在这个联系的螺旋中，个体可以从较小的圆圈到较大的圆圈，从复杂螺旋的较低层次到较高层次，增加越来越多的关系意识和沿离心方向的关系培育。但是，这样的离心运动不必一个个跨越复杂螺旋的连续层面而推进。个体可以没有私心地联系到另片大陆的穷人，而不对居住在隔壁的邻居这样做。

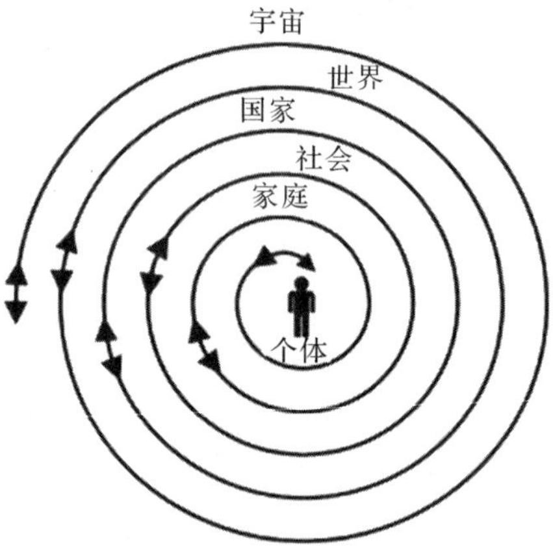

图 3.1　利他螺旋

在这个关系发展过程中必须澄清可能存在的危险，涉及团体内和团体外的动力学。建立团体内关系可能以牺牲团体外关系为代价。在这样的条件下，用狭隘的自我中心的视角联系他人，以民族主义、种族主义、宗教仇恨、种族灭绝、自杀崇拜为表现形式，自相矛盾地以狭隘的思维方式而告终。例如，自杀式爆炸在某一特定团体内被认为是一种利他和自我牺牲的较高形式，却以无视团体外人们的痛苦为代价。对道德圈的研究强调这样加入过程的排他危险(Laham，2009)。这里建议的互相联系的视角和利他模式可以解决概念问题和降低上述提到的危险。在某一层面上建立联系以服务另一层面的关系为代价，这在联系的螺旋中变得不可能。为了实现为贫穷的孩子们建造一个迪士尼世界这一利他动机，要以毁坏特定区域的森林为代价，就打破了螺旋的连续性。为解释这一点，我们也提出了下列利他行为的定义：

利他行为是任何他人导向的行为，在某种层面上推动并建立联系，且同时不妨碍其他层面上的联系。

螺旋类比进一步强调，利他既不是纯洁的完美典范，也不是静态的概念。这更与个性和情境特征相关，特别要考虑到行为的结果。在个人层面，资源和潜力、技艺和能力、意义和信仰、目标和期待极大地影响利他想法变成现实。在情境层面，如海啸和地震那样的灾难会强烈地引发利他行为，而强大的竞争和消费主义环境可能降低利他想法变成现实。另外，同一个人能在不同时期的生活舞台上和复杂情境关系的多个层面波动。在Sorokin(1941，1948，1950)的著作的基础上，Monroe提出了一种利他连续体的构想，将个体及其行为分为三类：企业家、慈善家和英雄(Monroe，1996)。企业家代表利他的最简单层面，而英雄代表最复杂层面。一方面，那些被用来指称利他的三个层面的术语可能引起争论；另一方面，这一视角表明，对利他的多个复杂层面的区分有可能实现。这一视角将利他从一个献出某人生命的理想行为中解救出来，如所描写的利他的榜样那样。利他无需与这样的极端等同。个体可以在利他思维的强度上有所不同，并在行为实现的意愿上有所不同。

需要厘清利他定义的第三个方面——随时准备参与甚至做出牺牲的程度。虽然与共情联系紧密，但利他不同于共情。共情被定义为一种深深的同情，对另一人受到厄运表示遗憾，并伴有强烈的减轻受害者痛苦的欲望。但是参与并不是同情的必要部分。利他在这方面是比同情更积极的方式(Weintraub，2011)，包含为受同情对象做些事的强烈动机。利他更不同于同情的地方是以随时牺牲为特征。同情、提供帮助和亲社会行为可能提升他人的幸福，不管有无牺牲意愿。这里用的“牺牲”一词是从心理学视角来讲的，不与道德关联，而是与将他人的需要置于自己的需要之上的个人意愿有关的，可能来自人们的自我控制和放手的能力(Jung,1975)。Jung 提出，自我有放弃的能力(Jung,1975)。因此，虽然“牺牲”暗含着将他人置于自我之上，但并不否定自我(Jung,1975)。Jung 认识到没有自我感，牺牲是不可能的(Jung,1975)。做出牺牲的行为主要包含放弃属于个人的某些东西。牺牲因此可以被包含在自我超越的能力之中。但是，尽管牺牲是利他的一个区别性成分，利他性参与的很多形式却并不一定需要牺牲。另外，个体的复杂性表现为从较低水平到较高水平的不同层面，牺牲也是一样。

需要厘清的所提议的利他定义的第四个方面，也是最后一个方面，是把行动者的收益看作利他的结果。不同于现存的其他利他定义，基于互相联系的利他定义并不排斥这样的收益；相反，利他定义清楚地赞同获得收益。根据 Emerson 的看法，利他是生命中最美丽的补偿，以至于没有人试图只帮助他人而不帮助他们自己的(2001)。与此类似的是，Victor Frankl(1988)认为，人们帮助他人越多，实际上帮助他们自己就越多。由于相互联系的自然条件，通过双方的交互过程，提升他人幸福的“离散”自我的运动实际上带来了反馈式的个体自我幸福的提升。长期来看，在文化进化的框架中个体通过多多帮助他人使他们自己的收益最大化(Baumeister,2005)。亚里士多德将人类的真正快乐描述为幸福因爱他人而非被爱而进一步提高(350BC/1985)。这似乎自相矛盾，利他常常与走出自我有关，实际上大大将自己投入其中(Davis 等，2004；Galinsky 和 Moskowitz,2000)。宗教传统常常将这一过程看作“自相矛盾的给予”，看作通过自我超越而自我实现的模型。例如，《圣经》认为通过释放自己，人们发现了他们自己(John 12:24, Bible,2007)。阿西西的弗朗西斯简明扼要地抓住了这一观点，认为正是人们的给予才带来了收获(Brown,1988)。佛祖教导我们，做到无我，人们实际上才能升入天堂(Morgan,2010)。这样的表面上自相矛盾的结果似乎是利他的独特特征，只有通过互相联系和“自主一联系的自我”视角，利他的自相矛盾才易于妥善解决。互相联系的视角强调利他的另一重要方面：与价值观的关系。

3.3.3 利他的生物文化根源

人们为什么要那样行事？在具体案例中，人们为什么展示出利他行为？进化生物学在探索“利他是否对生物是天生的”的研究中，认为自私是天生的，而利他仅仅是必须适应的，是顺从社会规则（Simon，1993）。利他一般被感知为道德规范和强制的社会约束。Comte杜撰了“利他”这个词，从帮助他人的道德责任的视角讨论这个问题，认为利他是最高的道德价值观（Comte，1852/1891）。同样的观点也在宗教教义和宗教传统中得到认可，赞美利他并宣扬利他是人们遵从的美德。但是，人们采取利他行为仅仅是因为他们相信利他有道德价值，还是有远超于此的东西存在呢？

进化生物学的最新研究进展设想有以移情和换位思考为中介的利他冲动存在（De Walls，2008）。利他远非一种外在的道德价值观和一种必须适应性（Tankersley等，2007；Batson等，2008）。神经生物学方面的证据已经揭示了利他的生物学基础。纯粹的金钱回报和慈善捐赠激活中脑边缘奖励通路。中脑边缘奖励通路是大脑的初级部分，常常为应对食物和性刺激而被激活。另外，当志愿者考虑他人利益先于自己利益，慷慨地做出慈善捐赠时，另一大脑回路被选择性地激活，这个大脑回路是亚类皮层隔壁区域（Moll等，2006）。这样的研究提示，利他不仅仅是社会情境强化的习得性道德判断，更引发了与快乐和回报相关的古代遗传的大脑回路。

文化进化理论的研究证据针对这一问题做了进一步解释。Baumeister (2005)认为人类天生是为社区而设计的，因为文化本身不能很长时间维持人类非本然的东西。例如，有限理性使人类不可能独自生存（Simon，1993）。人类的婴儿比起其他物种的幼崽更脆弱，并且依赖性更强。似乎不可能建构一个纯粹情境，在这个情境中个体可以在缺失他人帮助的状态下成功地生存下来。人类不能在不相互依存的情况下达到现在这样的社会发展和文化进化的高度。与广泛强调自我保护的需求相反，在很多情况下归属的需求更重要。归属感可能几乎和食物一样是必需的（Baumeister和Leary，1995）。个体随时牺牲自我保护需要以满足归属的需要，与生存利益一样在进化学上是基础性的（Baumeister和Leary，1995；Sedikides等，2006）。让-保罗·萨特认为“人类注定是要自由的”，套用他的话，我们可以说：“人们注定是要归属于关系中的。”

归属的需要作为根本心理需求而一直被强调，在自我决定理论框架下的研究中特别强调这一点(Deci 等,2006; Epstein,1994; Sheldon 等,2001; Gebauer 和 Maio,2012)。利他是归属需要的一部分(Moss 和 Barbuto,2010;Musick 和 Wilson,2003),这么认为似乎是有道理的,因为他人导向有利他的一面,利他本质上是人际的。因此,一般通过促进与他人的密切关系获得来自他人的正性回应和亲近感,进而影响关系。利他远不止是一种社会价值观的合理性,因为人类需要帮助而被进一步强调。帮助被认同为人类的基本需要,是归属需要这样的更一般的范畴的一部分,(在归属需要之外)一般范畴还有繁殖和培育(Baumeister,2005)。Caprara 和 steca(2005) 认为人类提供帮助的能力对于保持相互回报关系是必不可少的,由于对他人痛苦的回应,人们进化成自然而然地帮助他人(Baumeister,2005)。对此观点的最初证据来自对志愿者的历时研究(Piliavin 和 Siegl,2007)。基于生物学的证据,也基于其与文化学和心理学的相关性,研究者认为利他似乎不仅仅是一种社会规范和道德价值观,不是一种非常规环境中偶发的现象,而是与人类的需求和幸福有联系的现象。

3.3.4 利他与幸福

有研究强调,利他在个人层面上有许多好处。大多数物种中利他行为的生存优势有案可查(Eisenberg,1986)。在生物学层面,利他与多巴胺 D4 受体有关。被美食和性行为激活的回报神经回路,善良同样能够引发(Bachner－Melman 等,2005;Harbaugh 等,2007)。研究表明,更无私的人有更多的后颞上沟地区激活, 甚至在执行情绪中性的任务时也是这样(Tankersley 等,2007)。

同样地,利他有益于健康的证据主要来自对利他的亲社会行为的研究,强调亲社会行为能增进心理健康(Hunter 和 Linn,1980;Musick 和 Wilson,2003)。在对美国志愿者的调查中,志愿服务参与者的报告比其他同伴更健康,以“帮助者快感”为中介(Luks,1988)。“帮助者快感”是一种常常使人更健康的,洋溢快乐和愉悦情绪的活力感。有慢性疼痛的个体,当他们帮助同伴时会感受到痛苦程度的降低以及无能感和压抑感的减少(Arnstein 等,2002)。一些研究表明,志愿活动与抑郁水平下降有关(Hunter 和 Linn,1980;Musick 和 Wilson,2003;Thoits 和 Hewitt,

2001)。志愿活动和关怀行为也明显与降低和延缓死亡有关(Brown 等，2003；Oman 等，1999；Rodin 和 Langer，1976；Harris 和 Thoresen，2005)。甚至思考付出和表达同情心的活动都可以提高免疫力。例如，看特蕾莎修女的慈善工作的电影，相对于看中性电影，唾沫中的保护性免疫球蛋白明显增加了(Mcclelland 等，1988)。

在心理学领域，Alice Isen 进行的开创性实验研究表明，帮助和幸福以环形方式在人们彼此间传递。这个环形是一个经典的反馈回路(Isen 和 Levin，1972)。最近，积极心理学已提供进一步的证据表明利他有提高幸福感的作用。在这个框架中，研究采用快乐论的视角，将幸福作为积极情感和生活满意凸显性指标进行调查，结果显示利他引发正性情绪(Fredrickson，2004)。研究发现，相对于个人消费，亲社会消费能明显提高快乐程度(Dunn 等，2008)。在美国的一项调查中，相对于那些从事没有利他心理回报的工作的人，从事帮助型职业的人的报告显示他们具有更高的工作满意度(Smith，2007)。对生活在困难环境中的受访者(性工作者、无家可归者和居住在加尔各答贫民窟的人)的调查结果显示，利他和生活满意度有关(Diener 等，2003)。

从不同的研究视角上，积极心理学根据现实论的理论指导进行研究，表明利他促进发展(Deci 和 Ryan，2000)和提高心理幸福(Ryff 等，2003)，培养积极的自我图式(Luks，1991；Snyder 和 lopez，2007)和自尊(Lyubomirsky，2007)。现实论认为，通过对有意义活动的责任和共同目标的追求，幸福来自个人资源和力量的培养。正如采用现实论视角的学者所强调的，将他人的幸福置于自己的幸福之上是人类的能力，而这种能力是可以培养的(Keyes 和 Annas，2009；Sen，1987)。从这个视角来看，利他行为可以被看作最卓越的幸福行为。与这些假设一致，研究表明，与快乐行为相比，幸福行为显著有助于建立有意义的和令人满意的生活(Steger 等，2008)。志愿工作提供意义、一种自我值得感、一种社会角色、较好的关系和健康改善(Musick 和 Wilson，2003；Oman，2007；schwartz 等，2003)。美国的一个红十字会广告强调这样一句："要对你自己感觉良好——献血。"基于自主动机的亲社会行为会产生较高的心理满意度(Weinstein 和 Ryan，2010)。以互相联系的现实为内在表征内容的利他，能帮助人们完成人生任务：建立关系和社会联系(Moss 和

Barbuto,2010；Musick 和 Wilson,2003)。

在集体层面上,利他能提高人类的公共本质,因为公共本质以他人感为基础。实际上,社会是以互相支持、合作和随时减少自我关注为基础的。利他不仅对提高社会的生存能力来说是必需的,而且对优选社会资源来说也是必需的。引起利他的心理过程有利于减少侵犯(Miller 和 Eisenberg,1988;Spielman 和 Staub,2000;Staub,2003)。利他有助于强化和保存培育宽恕和感恩的社会结构(McCullough 等,2004)。许多研究强调移情式关心的社会效益。移情式关心是达到利他的途径之一。利他主义支持愿意对需要关心的人长期关心(Sibicky 等,1995),减少偏见(Galinsky 和 Moskowitz,2000),增进相互关怀(Gordon,2007),增加对有恶名群体的正性关心(Batson 等,1997a, b),并有助于解决冲突(Batson 等,2004)。考虑到这些社会效益,毫无疑问,所有的社会和宗教传统都呼吁其成员践行利他。

作为规则体系和规范体系,道德使人们生活在一起(Baumeister,2005),典型地表现为道德邀请个人为了更大的善行而牺牲自己的愿望和个人利益。对 60 个利他榜样进行的研究发现,高道德责任感和内化了的社会责任是他们的特质之一(Lee 等,2005)。由于社会压力、亲情选择、移情、换位思考或志愿选择,这样的加工过程可能会发生。无论起源于哪里,没有这样的将他人的利益放在心上的加工过程,私人道德是不可能的。加之,如果人们不践行私人道德,公共道德就会崩塌。甚至在传统的自由市场中,假如贪婪动机或个人驱动力不被允许支配城市运行,人们将期待秩序感(Wojciech 和 Ryan,1996)。但是,个人自我的塑造,作为价值来源,带有内在的权威主张,是我们现代世界的重要文化趋势之一(Baumeister 和 Exline,1999)。这样的重要和有争议的结果是个人主义的和强调个人需要和个人权利的。权利宪章越来越多,且常常被理解为保护个人而排斥他人或排斥社会要求。提升自我是一个价值基础,已经在道德问题方面产生了广泛的多样性。道德多样性远超出人口多样性,可能在社会层面产生各种问题(Haidt 等,2003),而这是关心当今社会的一个动因。这样的张力如此巨大和意义深远,涉及人际关系及教育、经济和政策。

既然有这样复杂的图景,利他呈现出独特的汇聚点,那么使传统道德和提升自我两者的平衡协同成为可能，因为利他似乎对行动者和接受者的幸福都有益。从相互关系的视角看，保持个人和社区的利益间的平衡对社会优选运作来说是关键。如果个人的利益被提升，社会将不能存在。相反，如果得不到个人需求的最小保障，个人将不会被激发出保持社会需要的积极性。对于幸福的概念，亚里士多德的《尼各马可伦理学》的核心，似乎出奇地与此观点相一致。这与古希腊的两句告诫语（“了解你自己”和“成为你自己”）形成密切共鸣。对于亚里士多德来说，最高的善事是遵从你的守护神或本性。这存在于有意义的生活中，以本真自我和自我责任为条件（Ryff 和 Singer，2008）。幸福观认为个人真正潜能的实现不是孤立发生的，而是发生在社会情境中，强调归属他人和使他人获益（Waterman，1993）。对他人做出贡献是遵从你自己的本性的基本方面，同时伴随着个人目标的实现（Keyes，1998）。

我们能不能认为反过来也是真的？换言之，可不可以认为，没有利他，预示着个人和社会就会失去幸福？不幸的是，还没有直接的和清晰的著作证明利他的缺失预示着幸福的缺失。但是上述假设在人文心理学和宗教传统中已经被证明了。根据 Frankl 的思想，“为自我实现而自我实现并以此为主要目标，将不能实现”。“只关注自我不能使人成长，因为此人只有对超出他本身之外的世界负起责任才能发现其身份”（Frankl，1967）。没有提升他人幸福，仅提升自己的幸福的思维方式似乎不能达到目标。宗教也强调这一观点。例如，大乘佛教强调，只有完全献身才有获得终极快乐的可能（Neusner 和 Chilton，2005）。《圣经》教导说，如果有人想找到自己的生活必须失去自己的生活，且不存在其他途径（Luke 17：33，Bible，2007）。《薄伽梵歌》建议，解放和快乐可以通过无私和少欲行为而获得（Pande 和 Naidu，1992）。进化理论也肯定这样的观点，强调个人如果不能提升他人的生存质量，从长远看会降低他们自己的生存质量（Simon，1993）。

幸福的本质是个人的还是人际的这一争论为我们的讨论提供了真知灼见。积极心理学的大量研究仍关注个人的幸福，立足主观幸福感视角。相反，幸福论视角强调的幸福是人际的，从根本上受环境的影响（Ryff 和 Singer，2008）。幸福论不仅肯定幸福是人际的，也强调因自我超越而自我奖励的重要性。尤其是，Keyes（2002，2009）提出的“繁荣”

结构对应于人类作用的优选状态，以善行、繁殖、成长、心理弹性为特征，认为生命具有高水平的个人和社会幸福，以目的、意义和快乐为基础(Keyes,2009)。“凋萎”，相反，是一种既丧失病痛也丧失健康的状态，常常以没有目标、意义和社会贡献为特征。“繁荣”强调，没有社会贡献的幸福是不完整的。从这一视角看，人们赞成这样的观点：没有利他的幸福是不完整。但是这方面需要更多的研究。

3.3.5 超越还原论

正如前几页所强调的，利他研究的主要挑战在于纠正行为还原的错误。根据定义，还原论是通过还原这些复杂事物到互动的各部分或到更简单或更多基础的东西，从而理解复杂事物本质的方法(Cottingham等，1981)。现存的利他研究文献主要认为利他是“亲社会”的同义词或亲社会的组成部分。例如，众所周知的自我报告利他量表涵盖了18个语句，认为亲社会的帮助行为是利他的指标(Rushton等，1981)。

帮助和亲社会行为可以被认为是利他的体现，但它们不能等同于利他。利他应该与团结和博爱/慈爱相区别。这两个术语与利他相关，但以强调集体行为为特征。团结(来自拉丁语Silidus[一体，集合])指属于特定阶级、社区或群体的人们之间的联合和相互联系。博爱源于古希腊phil(爱)和anthropos(人类)，一般被用于有利于社会的行为，大多数在于钱财捐赠和有物质支持的创新和活动，其受益者常常是群体和社区而非个人。

哲学、宗教和道德科学强调利他是感召人们的基本价值观和美德。Comte在1851年提出的定义也没有将利他和行为联系起来。同样，定义也可以在不同语言的字典(英语、意大利语字典——Merriam-Webster在线字典，Garzanti在线字典和泰米尔语字典)中找到，强调除了行为利他，还有利他的关系和心理特征。将利他看作行为确实不仅降低它的丰富性，而且将人们区分为进行利他活动的人们(如志愿活动)和(因为有生理缺陷或社会限制)没有进行利他活动的人们。

我们认为利他必须作为价值观来加以探索。价值观是关于什么是善和什么是不善的重要的和持续的信仰和理想。它们是合意的目标，在对个人的感知、决定和行为的重要性和影响方面因人而异(Rokeach,

1973；Schwartz，1992）。而且，价值观可以看作一种文化的规定性特征（Hofstede，2001；Schwartz，1992）。既然价值观在个人的感知和取向方面有关键作用，如果从价值观、感知的信仰和思想的视角探究利他，我们假设更深入和宽泛地理解和应用利他是可能的。实际上，这一视角可以在《优势行动价值问卷》（VIA－IS）略知一二。Peterson 和 Seligman（2004）将利他列为一种优势。同样，Schwartz 的价值观目录归纳为包含四个主要大类的十种价值观的回旋模型："保守对应于变化的开放性"和"自我提升对应于自我超越"（Schwartz，1992，1994，2010）。但是，尽管有综合和清晰的优势，Schwartz 的模型建基于两极化的二元论视角，将自我提升和自我超越对立了起来。据我们所知，还没有模型和调查工具从相互联系的视角探索过利他，因为人类价值同时与自我实现和社会赋权相关。

3.4 促进利他：资源与挑战

社会和个人如何促进利他？换言之，如何在个人和社会两个层面上抑制自我中心？

文化的重要任务之一是使用如道德、法律和价值观的机制引导个体做出有益于集体的行为（Baumeister，2005）。每一文化都通过发展具体价值观、期待、规则、回报和惩罚机制来实现这一目标。志愿活动、社区服务、赠送礼物、为捐赠而返税和开展课程可以被认为是为数不多的例子。例如，在一些国家的中学和大学里的强制性推行志愿活动（Krehbiel 和 MacKay，1988；Sobus，1995）。政策制定者已经提出，志愿工作是获得回报和寻求宽恕的先决条件（Newman 等，1985；Robb 和 Swearer，1985）。虽然这样的方法成功地促进利他行为，根据动机研究和这些方法对行为持续性的作用的研究，这些方法的有效性存疑。外在动机的项目并没有对个人产生持续的影响（Frey，1997；Kunda 和 Schwartz，1983）。外在动机与志愿活动满足感呈负相关，对后续亲社会行为参与有负面影响（Finkelstein 等，2005；Frey 和 Jegen，2001；Upton，1974）。与之相对的是，自发的利他行为与幸福高度相关（Ryan 和 Deci，2001；Weinstein 和 Ryan，2010）。因此，促进内在动机似乎有更高的成功率。

美国促进志愿活动的合理理由之一是志愿行为帮助促进内在的回报，如健康和快乐，而非学分和信用货币（Wuthnow，1991）。榜样也有利于诱发自发动机。例如，关于乐善好施的故事在塑造人们的志愿服务态度和行为方面有巨大的影响力（Wuthnow，1991；Rushton，1980；Allison，1992）。美国媒体大肆宣扬富人捐赠誓言就是鼓励他人效仿的证明。

价值观对内在动机和诱发内化的优势可以看作另一例子。一些文化看重感谢的重要性，表现为怀有罪恶感或互惠义务去做好事的特征，提出了互惠的社会生物学争论（Hardin，1982；Swidler，1986）。强调同情的重要性也促进带有内在控制情结的亲社会行为和利他行为。研究强调，善爱（同情）冥想能促进移情和换位思考从而促成亲社会行为（Davis，1983；Shelton 和 Rogers，1981）。换位思考的实践能增加移情和自主的利他倾向（Batson 等，1991，1997a，b；Klen 和 Hodges，2001）。鼓励意义感和使命感也有助于发展自主动机。社会可以提供各种其他方法来激发利他主义和利他行为。这方面的关键是那些为了支持利他行为并优化个人和社会幸福的收益而成功地为自主动机（从外在压力到个人选择）创造条件的社会的立场。

内在控制情结的相关性认为，一种相互关系的思维方式对促进利他是关键的，因为思维方式是感知、动机和行为基础的组织原则，与个人的世界观紧密相连。我们认为，如果普适的相互联系的思维方式得到促进，利他将更容易实现。这与 Monroe（1996）的深度研究相一致：令我吃惊的是，从 Hume 以来的大量分析似乎是错的，群体关系和群体成员似乎并不是预示利他的关键（Monroe，1996）。共同的祖先和共同的后代的神话更可能唤起对陌生人的移情，这样的移情水平可以达到对亲戚的同样高（Allison，1992；Boyd 和 Richerson，1985）。想想看，整个世界是有着人类更广泛的亲属关系的世界。这种内在关系表征允许个人超越狭隘的自我中心的关注焦点，不仅仅是在家庭、种族和物种内建立关系，更是和整个宇宙建立关系。从这样的视角来看，利他不再是法律，而是道德的自愿立场推动的，甚至是与陌生人的互动，正如发生在善良的撒马利亚人身上的事情一样。从这样的视角，个人和社区被鼓励提高他人的幸福不是通过偶然的冲动、互惠或责任，而是通过刻意的选择。感知到这样的途径，利他即使不能解决，也能减少许多当今的社会问题，包括有争议的问题，如宗教和伦理不宽容、家庭危机、健康关怀和无家可归。

相反，个人不能培养相互关系会造成狭隘的自我关注。既然相互关系是人类的本质，关系抵抗和关系割断可以类似于癌细胞的扩散——隔断与其他细胞的联系，毫无控制地复制癌细胞，从而危及整个有机体。狭隘的自我关注的内向运动能引导个人走向不断需要、毫无满足的无底深渊。“除了关怀自己的部族，似乎很难关心更广阔的人类社会。但是如果我们不学着这样做，我们不仅将毁坏竞争的部族，而且将毁坏整个文明——我们自己”(Synder 和 Lopez，2007)。既然宇宙的本质是连通，世界要么是人类的世界，要么就没有世界(Weinstein，2008)。因此，促进普适的仁慈感不是奢侈的，而是必需的。因为有了技术革命，世界的相互联系正在发展。地球村已成为现实(McLuhan 和 Fiore，1968)，而普适仁慈感像是如联合国这样的世界组织所具有的思维(Weinstein，2014)。

但是，相互联系不仅仅是表面的亲密关系和问题导向的关系。而且，尽管有联系的机会，也因为越来越需要个性化和分离，而存在着“真”联系的排斥感(Snyder 和 Lopez，2007)。相互联系意味着普遍存在联系。这样的思维方式必须进一步开发。教育的作用在促进相互联系的思维方式方面仍然非常重要。家庭教育和社会教育必须思考这一紧迫的任务。

3.4.1 利他和文化多样性

在过去的40年，心理学家们已经日益意识到人类发展的文化作用和文化变式在理解个体行为方面的重要性。例如，对个人主义和集体主义的不同动态分析都强调这一关键问题(Hofstede，1980)。集体主义文化强调社会规范和规则在引导个体行为方面的显著作用，优先考虑社会和谐；个人主义文化关注个人独立和自主，因为个人是社会的基本单位(Markus 和 Kitayama，1991；Triandis 等，1995；Kitayama 等，1997)。各种研究都强调了个人主义和集体主义在他人导向情绪和亲社会行为方面的关键作用(Hui，1988；Lyengar 和 Lepper，1999；Leung 和 Iwawaki，1988；Miller，1994)。例如，Kemmelmeier 和他的同事们(2006)认为，个人主义文化的核心价值观，诸如自我实现、个人实现和个人自主，能增加亲社会行为。同样，另一研究指出，有些文化中的某些词，诸如 simpatia（西班牙语）或 Simpatico（波多黎各语），强调和优先认可友善而非成就和生产率，能增加对陌生人的帮助行为（Levin 等，2001）。

一种文化的价值体系及其认可的优先权对提高利他有重要作用。对文化具体特征的关注不仅有助于通过采用文化的具体价值观使利他最大化，而且能将各种困难情境最小化（Kurman，2003；Guss，2004；Krishnan 和 Manoj，2008）。在集体主义文化中，实现社会需要高于实现个人需要，不仅期望赞美，而且一定程度上要求责任，这样可能更容易诱发利他（Eckstein，2001；Miller 等，1990）。但是这些假设可能存在风险，外在动机从长期看事与愿违。在这样的情境中，似乎重要的是转变对环境要素的关注，增强价值观的内化和整合，引导个体从被动妥协转向积极个人责任与参与（Ryan 和 Deci，2000a，b）。相反，个人主义社会的自愿立场（Kemmelmeier 等，2006）可以创设环境使自主动机萌发，但是这样就冒了险，使利他依赖于个人自由裁量权。任何没有外在压力的个人自由可能会导致责任缺失，正如对旁观者效应的研究所明确指出的那样（Darley 和 Latane，1968）。在个人主义文化中，重要的是形成清晰的结构和机制以点燃利他的内在动机，而不是主要依靠个人的主动性（Ryan 和 Deci，2000a，b；Zuckerman 等，1978）。

总体上，为了增加有效性，利他的干预项目必须考虑个人主义或集体主义的文化导向（Watkins 等，2000）。但是，关于这个话题只有一些研究，针对文化情境中的利他本身而开展的研究目前尚少。

3.4.2 利他的危险

在讨论了这么多利他带给个人和社会的益处后讨论利他的危险，似乎有些自相矛盾。但是利他的确隐含着问题和危险。

第一个危险与滥用有关。多大的善行是真实的善行？研究表明，感受压力和被压得喘不过气来是亲社会行为中的主要问题（Figley，1995；Hoffman，2008）。在试图让人的需求获得满足时而忽略自我关怀，可能导致利他意愿的耗尽。加之，还有非常不利于未来的利他。当人们感受到移情关怀要求过高以至于利他意愿的总体下降时，个体倾向于逃避和压制移情关心（Shaw 等，1994；Bernheim 和 Stark，1988）。爱自己和爱他人的平衡很重要，没有平衡的利他会变成病态。

第二个危险与利他人群生活的环境有关。在个人层面，在零和竞争情况中的利他行为将会对自己造成伤害(Pearson，1998；Batson 等，2003)。那将再一次增加病态利他(Oakley 等，2011)。在群体层面上，各种社区可能支持实践，而体制本质上是不公平的，社团甚至努力维护其自身。在这样的环境中，利他的个人将对社团体系及现状造成威胁。而且，当利他行为者的出现和行为可能挑战共同的信仰和态度并唤起一种罪恶感时，在这样的社区的大多数普通人会因利他行为者而感受到不舒服(Sorokin，1950)。将利他当作一种美德的输出会进一步迫使道德评价产生动态变化。因此，合理的社会价值观，如利他也是相当受批判的就显得毫不奇怪了。社会评价的本质和动力变化以及社会评价对利他的影响需进一步探索。

利他隐含的第三个风险在社会维度上，包括创造不独立的个人，使他们卸掉自己的责任。Coate(1995)报告利他帮助的确定性(在他研究中的政府安全系统)导致受益者不为他们的保险担当个人责任。同样思路的进一步研究揭示，个体用夸大的言语美化自己，希望在将来得到利他的个人和利他体系的帮助(Bernhein 和 Stark，1988)。另一方面，利他受益者可能有功能障碍的行为。对换位思考的研究指出，利他行为者对受益人表现出不公平的偏袒以至于个人为了帮助他人而打破原则和不顾正义(Baston 等，1995a，b)。

最后，利他可能会被用来剥削人民。资金筹集人成功地利用人们的热情去为不真实的或不值得的原因而捐赠(Shelton and Rogers，1981)。在这方面，最危险的事件是为错的意识形态而操纵人们的善行。而希特勒宣传的有效性在于，能鼓舞人们的最好的特质，如忠诚、希望和随时为本质上罪恶的意识形态献身(Waite，1977)。在卢旺达种族灭绝过程中，许多胡图人杀死图西族人，因为他们相信这是在无私地帮助社会(Oakley 等，2011)。同样的情形还有，鼓动个体发动自杀式恐怖袭击。这些潜在的危险必须在推崇利他时加以指出。

3.5 结论

利他确实存在，它不仅仅是道德美德或宗教教义，而且是人类存在的主要成分。它不是偶然涌现的行为，而是人类发展和幸福的必要部分。在相互联系的视角中，利他允许社会价值和个人实现同时发生，没有竞争和矛盾的动力变化。以人类物种共同的起源和目标为基础而培育互相联系的思维方式是文明的标志。它使个人和社会得以繁荣。马丁·路德·金说："每个人必须决定他是在创造性的利他的光芒中行走，还是在毁灭性的自私黑暗中行走。"利他螺旋的动力激励个人和社会开启一段从自我保护转向自我实现来得到幸福的旅途。使利他螺旋活力长存是创造个人繁荣、社区繁荣和积极世界的途径。这代表了 21 世纪人类的梦想。积极心理学作为个人和社会能力和潜能的刺激因素，可以在这个过程中起到积极作用(Seligman 和 Csikszentminhalyi，2000)。如果我们漠不关心而没有使利他螺旋保持活力，我们将不仅错失我们可能获得的繁荣的个人和社会的机会，甚至失去我们已拥有的这个世界。

参考文献

AA. VV. Altruism. *Garzanti Italian dictionary*. Retrieved from http://garzantilinguistica.sapere.it

AA. VV. Altruism. In *Merriam-Webster's collegiate dictionary*. Retrieved from http://www.merriam-webster.com

AA. VV. Altruism. In *Tamil online dictionary*. Retrieved from http://www.tamilcube.com

Alistair, R. (1988). *Quantum physics: Illusion or reality*. London: Cambridge University Press.

Allison, P. (1992). The cultural evolution of beneficent norms. *Social Forces*, *71*(2), 279—301.

American Psychiatric Association. (2000). *Diagnostic and statistical manual of mental disorders*(4th ed., text rev.). Arlington: American Psychiatric Publishing.

Andreoni, J. (1990). Impure altruism and donations to public goods: A theory of warm-glow giving. *The Economic Journal*, *100*, 464—477.

Aristotle. (1985). *Nicomachean ethics*(T. Irwin, Trans.). Indianapolis: Hackett.

Arnstein, P., Vidal, M., Well-Federman, C., Morgan, B., & Caudill, M. (2002).

From chronic pain patient to peer: Benefits and risks of volunteering. *Pain Management Nurses*, *3*(3), 94—103.

Aronoff, J., & Wilson, J. P. (1984). *Personality in the social process*. Hillsdale: Erlbaum.

Bachner—Melman, R., Dina, C., Zohar, A. H., Constantini, N., Lerer, E., et al. (2005). AVPR1a and SLC6A4 gene polymorphisms are associated with creative dance performance. *PLoS Genetics*, *1*(3), e42. doi: 10.1371/journal.pgen.0010042 .

Barash, D. P. (2007). *Natural selection: Selfish altruists, honest liars and other realities of evolution*. New York: Bellevue Literary Press.

Batson, C. D. (1991). *The altruism question. Toward a socio—psychological answer*. Hillsdale: Erlbaum.

Batson, C. D., Batson, J. G., Slingsby, J. K., Harrell, K. L., Peekna, H. M., & Todd, R. M. (1991). Empathic joy and the empathy—altruism hypothesis. *Journal of Personality and Social Psychology*, *61*, 413—426.

Batson, C. D., Batson, J. G., Todd, R. M., Brummet, B. H., Shaw, L. L., & Aldeguer, C. M. R. (1995a). Empathy and collective good: Caring for one of the others in a social dilemma. *Journal of Personality and Social Psychology*, *68*, 619—631.

Batson, C. D., Klein, T. R., Highberger, L., & Shaw, L. L. (1995b). Immorality from empathyinduced altruism: When compassion and justice confl ict. *Journal of Personality and Social Psychology*, *68*, 1042—1054.

Batson, C. D., Polycarpou, M. P., Harmon—Jones, E., Imhoff, H. J., Mitchener, E. M., Bednar, L. L., et al. (1997a). Empathy and attitudes: Can feeling for a member of stigmatized group involve feeling toward the group. *Journal of Personality and Social Psychology*, *72*, 105—118.

Batson, C. D., Sager, K., Garst, E., Kang, M., Rubchinsky, K., & Dawson, K. (1997b). Is empathyinduced helping due to self—other merging? *Journal of Personality and Social Psychology*, *73*, 495—509.

Batson, C. D., Lishner, D. A., Carpenter, A., Dulin, L., Harjusola—Webb, S., Stocks, E. L., et al. (2003). "… As you would have then do unto you": Does imagining yourself in the other's place stimulate moral action? *Personality and Social Psychology Bulletin*, *29*, 1190—1201.

Batson, C. D., Ahmad, N., & Stocks, E. L. (2004). Benefits and liabilities of empathy—induced altruism. In A. G. Miller (Ed.), *The social psychology of good and evil*(pp. 359 385). New York: Guilford Press.

Batson, C. D., Ahmad, N., Powell, A. A., & Stocks, E. L. (2008). Prosocial motivation. In J. Shah & W. Gardner (Eds.), *Handbook of motivational science*(pp.

135—149). New York: Guilford.

Baumeister, R. F. (2005). The cultural animal . New York: Oxford University Press.

Baumeister, R. F. , & Exline, J. J. (1999). Virtue, personality, and social relations: Self—control as the moral muscle. *Journal of Personality*, *67*, 1165—1194.

Baumeister, R. F. , & Leary, M. R. (1995). The need to belong: Desire for interpersonal attachments as a fundamental human motivation. *Psychology Bulletin*, *117*, 497—529.

Bernheim, B. D. , & Stark, O. (1988). Altruism within the family reconsidered: Do nice guys fi nish last? *The American Economic Review*, *78*(5), 1034—1045.

Bertalanffy, L. V. (1950). An outline of general system theory. *The British Journal for the Philosophy of Science*, *1*(2), 134—165.

Bible. (2007). *NRSV international catholic edition*. Washington, DC: Harper Collins Publications.

Bowlby, J. (1958). The nature of the child's tie to his mother. *International Journal of Psycho—Analysis*, *XXXIX*, 1—23.

Boyd, R. , & Richerson, P. J. (1985). *Culture and the evolutionary process*. Chicago: Chicago University Press.

Brown, R. (1988). *Little flowers of St. Francis*. New York: Doubleday Dell Publishing Group.

Brown, W. N. (1992). Some ethical concepts for the modern world from Hindu and Indian Buddhist tradition. In S. Radhakrishnan (Ed.), *Rabindranath Tagore: A centenary volume*, 1861—1961. Calcutta: Sahitya Akademi.

Brown, S. , Nesse, R. M. , Vonokur, A. D. , & Smith, D. M. (2003). Providing social support may be more beneficial than receiving it: Results from a prospective study of mortality. *Psychological Science*, *14*, 320—327.

Burtt, E. A. (1952). *The metaphysical foundations of modern science*. New York: Humanities Press.

Butterfi eld, H. (1997). *The origins of modern science*. New York: Free Press.

Campbell, W. K. , & Foster, J. D. (2007). The Narcissistic self: Background and extended agency model and ongoing controversies. In C. Sedikides & S. Spencer (Eds.), *Frontiers of social psychology: The self* (pp. 115—138). Philadelphia: Psychology Press.

Capra, F. (1999). *The Tao of physics: An exploration of the parallels between modern physics and Eastern mysticism* (4th ed.). New York: Shambhala Publication.

Caprara, G. V. , & Steca, P. (2005). Self—effi cacy beliefs as determinants of prosocial behavior conducive to life satisfaction across ages. *Journal of Social and Clinical Psy-*

chology, *24*, 191—217.

Chambers, J. H., & Ascione, F. R. (1987). The effects of prosocial and aggressive videogames on children's donating and helping. *Journal of Genetic Psychology*, *148*, 499—505.

Coate, S. (1995). Altruism, the samaritan's dilemma and government transfer policy. *The American Economic Review*, *85*(1), 46—57.

Colman, A. E. (1982). *Co-operation and competition in humans and animals*. Wokingham: Van Nostrand Reinhold.

Comte, A. (1891). *Catechism of positivism* (R. Congreve, Trans.). London: Kegan Paul. (Original work published 1852)

Cote, J. E., & Levine, C. (2002). *Identity formation, agency, and culture*. Mahwah: Lawrence Erlbaum Associates.

Cottingham, J., Stoothoff, R., Kenny, A., & Murdoch, D. (1988). *The philosophical writings of Descartes in 3 vols*. Cambridge: Cambridge University Press.

Culler, J. (1983). *On deconstruction: Theory and criticism after structuralism*. Ithaca: Cornell University Press.

Darley, J. M., & Latane, B. (1968). Bystander intervention in emergencies: Diffusion of responsibility. *Journal of Personality and Social Psychology*, *8*, 377—383.

Davis, M. H. (1983). Measuring individual differences in empathy: Evidences for a multidimensional approach. *Journal of Personality and Social Psychology*, *44*, 113—126.

Davis, M. H., Soderlund, T., Cole, j., Gadol, E., Kute, M., Myers, M., et al. (2004). Cognitions associated with attempts to empathize: How do we imagine the perspective of another. *Personality and Social Psychology Bulletin*, *30*, 1625—1635.

Dawkins, R. (1989). *The selfish gene* (2nd ed.). Oxford: Oxford University Press.

De Walls, F. B. M. (2008). Putting the altruism back into altruism: The evolution of empathy. *Annual Review of Psychology*, *59*, 279—300.

Deci, E. L., & Ryan, R. M. (1980). *Intrinsic motivation and self-determination in human behavior*. New York: Springer.

Deci, E. L., & Ryan, R. M. (2000). The 'what' and 'why' of goal pursuits: Human needs and the self-determination of behavior. *Psychological Inquiry*, *11*, 227—268.

Deci, E. L., & Ryan, R. M. (2002). *Handbook of self-determination research*. New York: University of Rochester Press.

Deci, E. L., La Guardia, J. G., Moller, A. C., Scheiner, M. J., & Ryan, R. M. (2006). On the benefits of giving as well as receiving autonomy support: Mutuality in close friendships. *Personality and Social Psychology Bulletin*, *32*, 313—327.

Delle Fave, A. (2004). Positive psychology and the pursuit of complexity. *Ricerche di Psicologia, Special Issue on Positive Psychology*, 27, 7—12.

Derrida, J. (1978). *Writing and difference* (A. Bass, Trans.). London/New York: Routledge.

Diener, E., Oishi, S., & Lucas, R. E. (2003). Personality, culture and subjective well—being: Emotional and cognitive evaluations of life. *Annual Reviews*, *54*, 403—425.

Dunn, E. W., Aknin, L. B., & Norton, M. I. (2008). Spending money on others promotes happiness. *Science*, *319*(5870), 1687—1688.

Eckstein, S. (2001). Community as gift—giving: Collectivistic roots of volunteerism. *American Sociological Review*, *66*, 829—851.

Einstein, A. (1929). Interview, October 26. Reprinted in G. S. Viereck. (1930). *Glimpses of the great*(p. 452). New York: The Macaulay Company.

Eisenberg, N. (1986). *Altruistic emotion, cognition and behaviour*. Hillsdale: Erlbaum.

Eliot, D. (1988). *Advaita Vedanta: A philosophical reconstruction*. Honolulu: University of Hawaii Press.

Emerson. (2001). *Essays by Ralph Waldo Emerson*. University Park: The Pennsylvania State University Publication.

Epstein, S. (1994). Integration of the cognitive and the psychodynamic unconscious. *The American Psychologist*, *49*, 709—724.

Feyman, R. P., Leighton, R., & Sands, M. (1965). *The Feyman lectures on physics*. Reading: Addison—Wesley.

Figley, C. R. (1995). *Coping with secondary traumatic distress disorder in those who treat the traumatized*. New York: Brunner/Mazel.

Finkelstein, M. A., Penner, L. A., & Brannick, M. T. (2005). An examination of role identity and motives among hospice volunteers. *Social Behavior and Personality*, *33*, 403—418.

Frankl, V. E. (1967). *Psychotherapy and existentialism: Selected papers on logotherapy*. New York: Washington Square Press.

Frankl, V. E. (1988). *The will to meaning: Foundations and applications of logotherapy*. New York: New American Library.

Fredrickson, B. L. (2004). Gratitude, like other positive emotions, broadens and builds. In R. A. Emmons & M. E. McCullough (Eds.), *The psychology of gratitude*(pp. 145—166). New York: Oxford University Press.

Frey, B. S. (1997). *Not just for the money: An economic theory of personal motivation*. Cheltenham: Elgar.

Frey, B. S. , & Jegen, R. (2001). Motivation crowding theory. *Journal of Economic Surveys*, *15*, 589—611.

Fromm, E. (1947). Man for himself . London: Routledge.

Galinsky, A. D. , & Moskowitz, G. B. (2000). Perspective—taking: Decreasing stereotype expression, stereotype accessibility, and in—group favouritism. *Journal of Personality and Social Psychology*, *78*, 708—724.

Gebauer, J. E. , & Maio, G. R. (2012). The need to belong can motivate belief in God. *Journal of Personality*, *80*(2), 465—501.

Gollwitzer, P. M. (1999). Implementation intentions: Strong effects of simple plans. *The American Psychologist*, *54*, 493—503.

Gollwitzer, P. M. , & Brandstaetter, V. (1997). Implementation intentions and effective goal pursuit. *Journal of Personality and Social Psychology*, *73*, 186—199.

Goody, J. (1997). *The domestication of the savage mind*. Cambridge: Cambridge University Press.

Gordon, M. (2007). *Roots of empathy: Changing the world child by child*. Toronto: Thomas Allen.

Graham, A. C. (1986). *Yin—Yang and the nature of correlative thinking*. Singapore: The Institute of East Asian Philosophies.

Guss, C. D. (2004). Decision making in individualistic and collectivistic cultures. *Online Readings in Psychology and Culture*. Retrieved fromhttp://scholarworks. gvsu. edu/orpc/vol4 /iss1/3

Haidt, J. , Rosenberg, E. , & Hom, H. (2003). Differentiating diversities: Moral diversity is not like other kinds. *Journal of Applied Social Psychology*, *33*, 1—36.

Harbaugh, W. T. , Mayr, U. , & Burghart, D. R. (2007). Neural responses to taxation and voluntary giving reveal motives for charitable donations. *Science*, *316* (5831), 1622—1625.

Hardin, R. (1982). *Collective action*. Baltimore: Johns Hopkins University Press.

Harris, A. H. , & Thoresen, C. E. (2005). Volunteering is associated with delayed mortality in older people: Analysis of the longitudinal study of aging. *Journal of Health Psychology*, *10*(6), 739—752.

Hazan, C. , & Shaver, P. R. (1994). Attachment as an organisational framework for research on close relationships. *Psychological Inquiry*, *5*, 1—22.

Hoffman, M. L. (2008). Empathy and prosocial behaviour. In M. Lewis, J. Haviland—Jone, & L. F. Barrett (Eds.), *Handbook of emotions*(3rd ed. , pp. 440—455). New York: Guilford Press.

Hofstede, G. (1980). *Culture's consequences: Inter—nations differences in work—relat-*

ed values. Beverly Hills: Sage.

Hofstede, G. (2001). *Culture's consequences: Comparing values, behaviours, institutions and organizations across nations* (2nd ed.). Thousand Oaks: Sage.

Hui, C. H. (1988). Measurement of individualism and collectivism. *Journal of Research in Personality*, *22*(1), 17—36.

Hunter, K. I., & Linn, M. W. (1980). Psychosocial differences between elderly volunteers and non— volunteers. *International Journal of Aging & Human Development*, *12*(3), 205—213.

Isen, A. M., & Levin, P. F. (1972). The effect of feeling good on helping: Cookies and kindness. *Journal of Personality and Social Psychology*, *21*, 384—388.

Iyengar, S. S., & Lepper, M. R. (1999). Rethinking the value of choice: A cultural perspective on intrinsic motivation. *Journal of Personality and Social Psychology*, *76*(3), 349—366.

Jablonka, E., & Lamb, M. J. (2005). *Evolution in four dimensions: Genetic, epigenetic, behavioural and symbolic variations in the history of life*. Cambridge, MA: MIT Press.

James, E. O. (1969). *Creation and cosmology: A historical and comparative inquiry*. Leiden: Brill.

Jones, R. H. (1986). *Science and mysticism: A comparative study of western natural science, Theravada Buddhism and Advaita*. London: Bucknell University Press.

Jung, C. G. (1975). Psychology and religion: West and East. In H. Read, G. Adler, & R. F. C. Hull (Eds.), *The collected works of C. G. Jung* (Bollingen series, Vol. 11). Princeton: Princeton University Press.

Kagitcibasi, C. (1996). The autonomous— relational self: A new synthesis. *European Psychologist*, *1*, 180—186.

Kagitcibasi, C. (2005). Autonomy and relatedness in cultural context: Implications for self and family. *Journal of Cross—Cultural Psychology*, *36*, 403—422.

Kalupaha, D. (1975). *Causality: The central philosophy of Buddhism*. Honolulu: The University Press of Hawaii.

Kemmelmeier, M., Jambor, E. E., & Lenter, J. (2006). Individualism and good works: Cultural variation in giving and volunteering across the United States. *Journal of Cross—Cultural Psychology*, *37*(3), 327—344.

Kerr, B., Smith, G. P., & Feldman, M. W. (2004). What is altruism? *Trends in Ecology & Evolution*, *19*(3), 135—140.

Keyes, C. L. M. (1998). Social well—being. *Social Psychology Quarterly*, *61*, 121—140.

Keyes, C. L. M. (2002). The mental health continuum: From languishing to flourishing in life. *Journal of Health and Social Behavior*, *43*(2), 207—222.

Keyes, C. L. M. (2009). The black—white paradox in health: Flourishing in the face of social inequality and discrimination. *Journal of Personality*, 77(6), 1677—1706.

Keyes, C. L. M., & Annas, J. (2009). Feeling good and functioning well: Distinctive concepts in ancient philosophy and contemporary science. *The Journal of Positive Psychology*, *4*(3), 197—201.

King, S. (2003). *Mosaic techniques and traditions*. New York: Sterling Publishing.

Kitayama, S., Markus, H. R., Matsumoto, H., & Norasakkunkit, v. (1997). Individual and collective processes in the construction of the self: Self—enhancement in the United States and selfcriticism in Japan. *Journal of Personality and Social Psychology*, *69*, 925—937.

Klen, K. J. K., & Hodges, S. D. (2001). Gender differences, motivation and empathic accuracy: When it pays to understand. *Personality and Social Psychology Bulletin*, *27*, 720—730.

Knee, C. R., & Uysal, A. (2011). The role of autonomy in promoting healthy dyadic, familial, and parenting relationships across cultures. In V. I. Chrikov, R. M. Ryan, & K. M. Sheldon (Eds.), *Human autonomy in cross — cultural context* (pp. 95—110). London: Springer.

Kohut, H. (1971). *The analysis of the self*. New York: International Universities Press.

Krehbiel, L. E., & MacKay, K. (1988). Volunteer work by undergraduates. Retrieved from *ERIC database*. (ED308801).

Krishnan, L., & Manoj, V. R. (2008). "Giving" as a theme in the Indian psychology of values. In R. K. Rao, A. C. Paranjpe, & A. K. Dalal (Eds.), *Handbook of Indian psychology* (pp. 361—382). New Delhi: Cambridge University Press.

Kunda, Z., & Schwartz, S. H. (1983). Undermining intrinsic moral motivation: External reward and self — presentation. *Journal of Personality and Social Psychology*, *45*, 763—771.

Kurman, J. (2003). Why is self—enhancement low in certain collectivist cultures? An investigation of two competing explanations. *Journal of Cross — Cultural Psychology*, *34*, 496—510.

Laham, S. M. (2009). Expanding the moral circle: Inclusion and exclusion mindsets and the circle of moral regard. *Journal of Experimental Social Psychology*, *45*(1), 250—253.

Latane, B., Nidas, S., & Wilson, D. (1981). The effect of group size on helping behaviour. In J. P. Rushton & R. M. Sorrentino (Eds.), *Altruism and helping behaviour* (pp. 287—317). Hillsdale: Erlbaum.

Lee, D. Y., Kang, C. H., Lee, J. Y., & Park, S. H. (2005). Characteristics of exemplary altruists. *Journal of Humanistic Psychology*, *45*(2), 146—155.

Leung, K., & Iwawaki, S. (1988). Cultural collectivism and distributive behaviour. *Journal of Cross—Cultural Psychology*, *19*(1), 35—49.

Levin, R. V., Norenzayan, A., & Philbrick, K. (2001). Cross—cultural differences in helping strangers. *Journal of Cross—Cultural Psychology*, *32*(5), 543—560.

Lowen, A. (1997). *Narcissism: Denial of the true self*. New York: Touchstone Books.

Luks, A. (1988). Helper's high: Volunteering makes people feel good, physically and emotionally. And like "runner's calm", it's probably good for your health. *Psychology Today*, *22*(10), 34—42.

Luks, A. (1991). *The healing power of doing good: The health and spiritual benefits of helping others*. New York: Columbine.

Lyubomirsky, S. (2007). *The how of happiness: A new approach to getting the life you want*. New York: Penguin.

Mahler, M. (1968). *On human symbiosis and the vicissitudes of individuation*. New York: International Universities.

Mahony, W. K. (1998). *The artful universe: An introduction to the Vedic religious imagination*. Albany: State University of New York Press.

Markus, H. R., & Kitayama, S. (1991). Culture and the self: Implications for cognition, emotion, and motivation. *Psychological Review*, *98*(2), 224—253.

McClelland, D., McClelland, D. C., & Kirchnit, C. (1988). The effect of motivational arousal through fi lms on salivary immunoglobulin A. *Psychology and Health*, *2*, 31—52.

McCullough, M. E., Tsang, J., & Emmons, R. A. (2004). Gratitude in intermediate affective terrain: Links of grateful moods to individual differences and daily emotional experience. *Journal of Personality and Social Psychology*, *86*, 295—309.

McLuhan, M., & Fiore, Q. (1968). *War and peace in the global village*. New York: McGraw—Hill.

Miller, J. G. (1994). Cultural diversity in the morality of caring: Individually oriented versus duty— based interpersonal moral codes. *Cross—Cultural Research*, *28*(1), 3—39.

Miller, P. A., & Eisenberg, N. (1988). The relation of empathy to aggressive and externalization/ antisocial behavior. *Psychological Bulletin*, *103*(3), 324—344.

Miller, J. G., Bersoff, D. M., & Harwood, R. L. (1990). Perceptions of social responsibilities in India and in the United States: Moral imperatives or personal decisions? *Journal of Personality and Social Psychology*, *58*, 33—47.

Moll, J., Krueger, F., Zahn, R., Pardini, M., de Oliviera—Souza, R., & Grafman, J. (2006). Human front—mesolimbic networks guide decisions about charitable donation. *Proceedings of the National Academy of Sciences*, *103*, 15623—15628.

Monroe, K. R. (1996). *The heart of altruism: Perceptions of a common humanity*. Princeton: Princeton University Press.

Morgan, D. (2010). *Buddha recognizes Buddha*. Hexham: Throssel Hole Press.

Moss, J. A., & Barbuto, J. E., Jr. (2010). Testing the relationship between interpersonal political skills, altruism, leadership success and effectiveness: A multilevel model. *Journal of Behavioral and Applied Management*, *11*(2), 155—174.

Musick, M. A., & Wilson, J. (2003). Volunteering and depression: The role of psychological and social resources in different age groups. *Social Sciences & Medicine*, *56*(2), 259—269.

Nedelcu, A. M., & Michod, R. E. (2006). The evolutionary origin of an altruistic gene. *Molecular Biology and Evolution*, *23*(8), 1460—1464.

Neusner, J., & Chilton, B. D. (2005). *Altruism in world religions*. Washington, DC: Georgetown University Press.

Newman, F., Milton, C., & Stroud, S. (1985). Community service and higher education: Obligations and opportunities. *American Association of Higher Education Bulletin*, *37*, 9—13.

Nisbett, R. E., & Wilson, T. D. (1977). Telling more than we can know: Verbal reports on mental processes. *Psychological Review*, *84*(3), 231—260.

Oakley, B., Knafo, A., Madhavan, G., & Wilson, D. S. (2011). *Pathological altruism*. New York: Oxford University Press.

Okasha, S. (2005). Altruism, group selection and correlated interaction. *The British Journal for the Philosophy of Science*, *56*, 703—724.

Oliner, S. P., & Oliner, P. M. (1988). *The altruistic personality: Rescuers of Jews in Nazi Europe*. New York: Free Press.

Oman, D. (2007). Does volunteering foster physical health and longevity? In S. G. Post (Ed.), *Altruism and health: Perspectives from empirical research* (pp. 15—32). New York: Oxford University Press.

Oman, D., Thoresen, C. E., & McMahon, K. (1999). Volunteerism and mortality among the community — dwelling elderly. *Journal of Health Psychology*, *4*, 301—316.

Pande, N., & Naidu, R. K. (1992). Anasakti and health: A study of non—attachment.

Psychology and Developing Societies, *4*, 89—104.

Panikkar, R. (2001). *The Vedic experience*: *Mantramañjari*. Bangalore: Motilal Banarsidass.

Pearson, C. (1998). *The hero within*: *Six archetypes we live by* (3rd ed.). San Francisco: Harper.

Peterson, C., & Seligman, M. E. P. (2004). *Character strengths and virtues*: *A handbook and classification*. New York: Oxford University Press.

Piliavin, J. A., & Charng, H. (1990). Altruism: A review of recent theory and research. *Annual Review of Sociology*, *16*, 27—65.

Piliavin, J. A., & Siegl, E. (2007). Health benefits of volunteering in the Wisconsin longitudinal study. *Journal of Health and Social Behavior*, *48*(4), 450—464.

Post, S. G. (2005). Altruism, happiness, and health: It is good to be good. *International Journal of Behavioural Medicine*, *12*(2), 66—77.

Pucca, R. M., & Schmalt, H. D. (2001). The influence of the achievement motive on spontaneous thought in pre and post decisional action phase. *Personality and Social Psychology Bulletin*, *27*, 302—308.

Rizzolatti, G., & Craighero, L. (2004). The mirror—neuron system. *Annual Review of Neuroscience*, *27*, 169—192.

Robb, C., & Swearer, H. (1985). Community service and higher education: A national agenda. *American Association for Higher Education Bulletin*, *37*, 3—8.

Rodin, J., & Langer, E. (1976). The effect of choice and enhanced personal responsibility for the aged: A fi eld experiment in an institutional setting. *Journal of Personality and Social Psychology*, *34*(2), 191—198.

Rokeach, M. (1973). *The nature of human values*. New York: Free Press.

Rozemond, M. (1998). *Descartes's dualism*. Cambridge: Harvard University Press.

Rushton, J. P. (1980). *Altruism*, *socialization*, *and society*. Englewood Cliffs: Prentice—Hall.

Rushton, J. P., Chrisjohn, R. D., & Fekken, G. C. (1981). The altruistic personality and the self— report altruism scale. *Personality and Individual Differences*, *50*, 1192—1198.

Ryan, R. M., & Connell, J. P. (1989). Perceived locus of causality and internalization: Examining reasons for acting in two domains. *Journal of Personality and Social Psychology*, *57*, 749—761.

Ryan, R. M., & Deci, E. L. (2000a). Intrinsic and extrinsic motivations: Classic definitions and new directions. *Contemporary Educational Psychology*, *25*, 54—67.

Ryan, R. M., & Deci, E. L. (2000b). Self—determination theory and the facilitation of intrinsic motivation, social development, and well—being. *The American Psychologist*, *55*, 68—78.

Ryan, R. M., & Deci, E. L. (2001). On happiness and human potentialities: A review of research on hedonic and eudaimonic well—being. *Annual Review of Psychology*, *52*, 141—166.

Ryff, C. D., & Singer, B. H. (2008). Know thyself and become what you are: A eudaimonic approach to psychological well—being. *Journal of Happiness Studies*, *9*, 13—39.

Ryff, C. D., Shmotkin, D., & Keyes, C. L. M. (2002). Optimizing well—being: The empirical encounter of two traditions. *Journal of Personality and Social Psychology*, *82*(6), 1007—1022.

Salzberg, S., & Kabat—Zinn, J. (2008). *Lovingkindness: The revolutionary art of happiness*. Boston: Shambhala Publications.

Saussure, F. (1916). Nature of the linguistics sign. In C. Bally & A. Sechehaye (Eds.), *Cours de linguistique générale*. New York: McGraw—Hill Education.

Schore, A. N. (1994). *Affect regulation and the origin of the self: The neurobiology of emotional development*. Mahwah: Erlbaum.

Schwartz, S. H. (1992). Universals in the content and structure of values: Theoretical advances and empirical tests in twenty countries. In M. P. Zanna (Ed.), *Advances in experimental social psychology* (Vol. 25, pp. 1—65). San Diego: Academic.

Schwartz, S. H. (1994). Beyond individualism/collectivism: New dimensions of values. In U. Kim, H. C. Triandis, C. Kagitcibasi, S. C. Choi, & G. Yoon (Eds.), *Individualism and collectivism: Theory application and methods*. Newbury Park: Sage.

Schwartz, S. H. (2010). Are there universal aspects in the structure and contents of human values? *Journal of Social Sciences*, *50*(4), 19—45.

Schwartz, C. E., Meisenhelder, J. B., Ma, Y., & Reed, G. (2003). Altruistic social interest behaviors are associated with better mental health. *Psychosomatic Medicine*, *65*, 778—785.

Sedikides, C., Skowronski, J. J., & Dunbar, R. I. M. (2006). When and why did the human self evolve? In M. Schaller, J. A. Simpson, & D. T. Kenrick (Eds.), *Evolution and social psychology: Frontiers in social psychology* (pp. 55—80). New York: Psychology Press.

Seligman, M. E. P., & Csikszentmihalyi, M. (2000). Positive psychology: An introduction. *The American Psychologist*, *1*, 5—14.

Sen, A. (1987). *On ethics and economics*. Oxford: Basil Blackwell.

Shaw, L. L., Batson, C. D., & Todd, R. M. (1994). Empathy avoidance: Forestalling feeling for another in order to escape the motivational consequences. *Journal of Personality and Social Psychology*, *67*, 879—887.

Sheldon, K. M., Elliot, A. J., Kim, Y., & Kasser, T. (2001). What's satisfying about satisfying events? Comparing ten candidate psychological needs. *Journal of Personality and Social Psychology*, *80*, 325—339.

Shelton, M. L., & Rogers, R. W. (1981). Fear—arousing and empathy—arousing appeals to help: The pathos of persuasion. *Journal of Applied Psychology*, *11*, 366—378.

Sherman, P. W. (1985). Alarm calls of Belding's ground squirrels to aerial predators: Nepotism or self preservation? *Behavioral Ecology and Sociobiology*, *17*, 313—323.

Shotland, R. L., & Stebbins, C. A. (1983). Emergency and cost as determinants of helping behaviour and the slow accumulation of social psychological knowledge. *Social Psychology Quarterly*, *46*, 36—46.

Sibicky, M., Schroeder, D., & Dovidio, J. F. (1995). Empathy and helping: Considering the consequences of intervention. *Basic and Applied Social Psychology*, *16*, 435—453.

Simon, H. A. (1993). Altruism and economics. *The American Economic Review*, *83* (2), 156—161.

Smith, G. (1996). Binary opposition and sexual power in paradise lost. *Midwest Quarterly*, *27*(4), 383—390.

Smith, T. (2007). *Most satisfying jobs*. Chicago: National Opinion Research Center/ General Social Survey 2006.

Snyder, C. R., & Lopez, S. J. (2007). *Positive psychology: The scientifi c and practical explorations of human strengths*. New Delhi: Sage.

Sobus, M. S. (1995). Mandating community service: Psychological implications of requiring prosocial behavior. *Law and Psychological Review*, *19*, 153—182.

Sorokin, P. A. (1941). *Crisis of our age*. New York: Dutton.

Sorokin, P. A. (1948). *The reconstruction of humanity*. Boston: Beacon.

Sorokin, P. A. (1950). *Altruistic love: A study of American "good neighbors" and Christian saints*. Boston: Beacon.

Spielman, D., & Staub, E. (2000). Reducing boys' aggression. Learning to fulfi ll basic needs constructively. *Journal of Applied Developmental Psychology*, *21*, 165—181.

Staub, E. (2003). *The psychology of good and evil: Why children, adults and groups help and harm others*. New York: Cambridge University Press.

Steger, M. F., Kashdan, T. B., & Oishi, S. (2008). Being good by doing good: Daily eudaimonic activity and well—being. *Journal of Research in Personality*, *42*, 22—42.

Swidler, A. (1986). Culture in action: Symbols and strategies. *American Sociological Review*, *52*(2), 273—286.

Talbot, M. (1993). *Mysticism and the new physics*(2nd ed.). London: Arkana (Penguin Books).

Tankersley, D., Stowe, C. J., & Huettel, S. A. (2007). Altruism is associated with an increased neural response to the perception of agency. *Nature Neuroscience*, *10*, 150—151.

Taylor, S. E., & Gollwitzer, P. M. (1995). Effects on mindset on positive illusions. *Journal of Personality and Social Psychology*, *69*, 213—226.

Thoits, P. A., & Hewitt, L. N. (2001). Volunteer work and well—being. *Journal of Health and Social Behavior*, *42*(2), 115—131.

Triandis, H. C. (1994). *Culture and social behaviour*. New York: McGraw—Hill.

Triandis, H. C., Chan, D. K. S., Bhawuk, D., Iwao, S., & Sinha, J. B. P. (1995). Multimethod probes of allocentrism and idiocentrism. *International Journal of Psychology*, *30*, 461—480.

Upton, W. E., III. (1974). Altruism, attribution and intrinsic motivation in the recruitment of blood donors. In *Selected readings in donor recruitment*(Vol. 2, pp. 7—38). Washington, DC: American National Red Cross.

Uyenoyama, M. K., & Feldman, M. W. (1992). Altruism: Some theoretical ambiguities. In E. F. Keller & E. A. Lloyd (Eds.), *Keywords in evolutionary biology*. Cambridge, MA: Harvard University Press.

Waite, R. G. L. (1977). *The psychopathic God: Adolf Hitler*. New York: Basic Books.

Waterman, A. S. (1993). Two conceptions of happiness: Contrasts of personal expressiveness (eudaimonia) and hedonic enjoyment. *Journal of Personality and Social Psychology*, *64*, 678—691.

Watkins, D., Mortazavi, S., & Trofi mova, I. (2000). Independent and interdependent conceptions of self: An investigation of age, gender, and culture differences in importance and satisfaction ratings. *Cross—Cultural Research*, *34*(2), 113—134.

Weinstein, J. (2004). Creative altruism: The prospects for a common humanity in the age of globalization. *Journal of Future Studies*, *9*(1), 45—58.

Weinstein, J. (2008). Giving altruism its due: A possible world or possibly no world at all. *Journal of Applied Social Sciences*, *2*(2), 39—53.

Weinstein, N., & Ryan, R. M. (2010). When helping helps: Autonomous motivation for prosocial behaviour and its infl uence on well—being for the helper and recipient. *Journal of Personality and Social Psychology*, *98*(2), 222—244.

Weintraub, S. (2011). The absolute, the relative and the colonel. *Inquiring Mind*, *28* (1) . http:// www. inquiringmind. com/Articles/AbsoluteRelative. html

Wilson, D. S. (1992). On the relationship between evolutionary and psychological defi nitions of altruism and selfi shness. *Biology and Philosophy*, *7*, 61—68.

Wojciech, G. , & Ryan, L. V. (1996). *Human action in business: Praxiological and ethical dimensions*. New Brunswick: Transaction Publishers.

Wuthnow, R. (1991). *Acts of compassion: Caring for others and helping ourselves*. Princeton: Princeton University Press.

Zahn—waxler, C. , Cummings, E. M. , & Lannotti, R. (1991). *Altruism and aggression: Biological and social origin*. New York: Cambridge University Press.

Zuckerman, M. , Porac, J. , Lathin, D. , Smith, R. , & Deci, E. L. (1978). On the importance of self— determination for intrinsically motivated behaviour. *Personality and Social Psychology Bulletin*, *4*, 443—446.

第4章　友谊在建设积极国家中的重要性

Graciela Tonon 和 Lía Rodriguez de la Vega①

友谊是一种美德，且是生活的最必需品。

（Aristóteles 2008，1155，a，1－3）

4.1 引言

这一章的目标是阐述友谊在建设积极国家中的重要性。国家是由两大要素构成的灵魂：共同拥有记忆遗产和期望生活在一起，保存所获得的遗产（Renan，1947）。

Brandt and Hauser（2011）认为，在我们当今世界的联系中，友谊作为社会范畴在人类生活中变得越来越值得注意。从高离婚率和离开家庭而普遍存在的居无定所看：已婚的个体可能提供互相的社会支持，但未婚的人可能会转向朋友。Liebler and Sandefur（2001）将物质的考虑因素引入这个主题，其中提到当今朋友间互相的社会支持比美国社会的其他时期可能更重要。Zurco（2011）关注青少年友谊，证实了友谊在青少年时期非常重要，那样的友谊是亲密关系之一，且被当作生活支持

①格拉谢拉·托农，阿根廷，布宜诺斯艾利斯，巴勒莫大学社会科学系；阿根廷，洛玛斯德萨莫拉，洛玛斯德萨莫拉国立大学，社会科学系，E-mail：gracielatonon@hotmail.com；莉亚·罗德里格斯·德拉维加，阿根廷，洛玛斯德萨莫拉，洛玛斯德萨莫拉国立大学，社会科学系，E-mail：liadelavega@yahoo.com《积极的国家和社区》 H. Águeda Marujo 和 L. M. Neto（编辑），6，DOI 10.1007/978－94－007－6869－7_4，Springer Science＋Business Media Dordrecht 2014

的重要源泉。在文化间友谊方面，Peng(2011)提到在原住民和移居人民的所有关系中，友谊是最重要的关系之一，而 Hendrickson 等(2010)认为友谊是个人生活中满足私人需求和情感需求中非常重要的成分。Ying(2002)还指出，人们相信在海外的留学生与当地人特别接近并建立友谊能降低他们的适应困难。

作者在阿根廷进行的质的和量的研究结果显示，受访者认为友谊是幸福感影响因素中排序最高的因素。2003 年，Tonon 用 PWI(个人幸福指数)调查了 192 位被试(包括 18－67 岁男女)，友谊在 0－10 维度上平均得分为 8.66。2005 年，Tonon 再次对年龄在 16－78 岁的人群进行调查，友谊在同样标尺上平均得分为 8.56。Toscono 在 2006 采用 PWI 调查 18－60 岁的被试共 276 人，友谊平均得分为 8.61。这些结果印证了 Argyle 和 Henderson(1984)认为的关于交朋友的回报中包括情感和社会支持，休闲活动中的陪伴、帮助和满足。

4.2 友谊

我们以厘清概念开始本章，引导我们反思，即：当我们谈论友谊和积极国家时，我们所暗指的友谊的理论概念是什么？

我们在亚里士多德的《尼各马可伦理学》中发现了西方先哲提出的第一个友谊概念，他将友谊定义为一种美德。

如果从 21 世纪的视角看，亚里士多德的友谊概念的非凡之处在于，友谊不是局限于朋友间的关系，更包含了亲戚和公民间的关系。

亚里斯多德认为的三种友谊是：

(a)因快乐而友谊，依每人的快乐而定。这样的友谊是偶然的，因为人们的爱不是因为人本身，而是因为友谊中所获得的快乐。当这样的关系不再令人快乐时，这样的关系容易结束。

(b)因兴趣而友谊，一个人从中寻求利益，为自己寻求最有利可图的东西的人尤为典型。

(c)因完美而友谊，建筑在美德基础上，比前两者更高级。有美德的人的友谊是为了他的朋友的利益。

对于亚里士多德(2008，1171，b33)，友谊存在于社区之中，所有的团体都是政治社区的一部分。不同的友谊对应不同的团体。这样,人们能称朋友为竞选或航海的伙伴。

Doyle 和 Smith(2002)提到,Stern-Gillet 认为起于快乐和兴趣的友谊可以被看作过程,而完美的友谊(属于美德的友谊)是活动,是美好生活的核心。只有完美的友谊才能存在于完人之间。Osborne(2009)支持道:正如亚里士多德所认为的,我们被引向关注我们的身外之物,这是通向满足的途径,因为是关注事物决定了我们思想的品质,我们有看待这个世界的不同方式,我们进行价值判断和分类。朋友使我们兼顾他人的视角和他人的观点。

Paul(2003)认为,品性正直的朋友能丰富彼此的道德体验,而 Kochin(2005)认为亚里士多德所期望的与特定人群(同类的那种——philesis)成为朋友,是不理性的。

从主体的现代理论看,Adams 和 Allan(1998)提到,到 20 世纪 90 年代,人际关系的新研究范式受到来自各种不同领域的相当多的关注,涉及不同的研究进展和文献发表,并承认人际关系(诸如父母和朋友关系)有其各自的特征,而不是将人际关系看作个体特质的作用和结果,即行为者带来的互动。

一方面,Kurth(1970)区分了友好关系和友谊间的差异;另一方面,Brandt 和 Hauser(2011)指出,区分友谊和其他社会关系是有问题的。他们建议明晰"友谊"的概念,认为需要提出有关友谊的理论。

与 Allan(1989)一样,有的学者将友谊定义为人与人之间平等的自愿的关系,而 Beer(2001)将友谊定义为基于自由意愿和选择的非正式社会关系,常常被看作情感的关系,尽管其情绪内容可能发生变化。他进一步认为,关键内容之外的友谊概念相当易变。

但是 Brandt 和 Hauser(2011)建议对这个存在多侧面的社会现象要有包容性理解。根据语境、兴趣和参与其间的行动者的价值观,这样的理解允许概念领域包含多种甚至存在冲突的友谊概念共存、重叠甚至竞争。他们认为,正如 Gratz 等(2003,引自 Brandt 和 Hauser,2011)所指出的,西方观察者眼中所不被认可为友谊的社会关系可能包含着友谊"固有的"范畴,而这"固有的"范畴在此前的理论中被忽略了,甚至被认为是不相关的。Krappmann(1996)归纳性地认为尽管不同社会中的友谊概念存在相似性,友谊在其概念意义和功能方面还存在着文化差异。Gudykunst (1985)指出,考虑到友谊所蕴含的原则、它的持续性和扩散性及朋友的共同信心方面,友谊存在文化差异。最后,Gareis(1995)认为文化要素,如社会结构、价值体系和性别角色,同样影响着关系的形成。

Keller(2004)认为,非西方工业化社会和更传统的社会对友谊的真正意思知之甚少。从社会的非同质性看,友谊的概念因社会的不同而不同,因性别的不同而不同。她和她的同事研究在特定文化情境中"父母—孩子"和友谊关系两方面的发展。她们的研究结果显示,在发展、内容与推理领域和文化方面存在着复杂的相互作用。

Adams 和 Allan(1998)指出:"友谊不发生在脱离情境的抽象的世界中。如同其他的人际关系,友谊是由情境中的行动者个体发展、改善、培育和终结的。"这些情境直接影响到关系的构建,从而塑造行为,让人以多种方式理解朋友。他们认为,情境是具体关系发展和结束的外部条件,围绕友谊的非本质因素,Adams 和 Allan 认为归入情境的东西至少部分依赖于分析者的视角。他们指出,情境不是一个侧面,它们的结构和文化特点以及时空组织是理解友谊及其所有特点的重点。并且,他们认为友谊是动态和互相作用的。他们还认为,不同的研究者已经研究出情境的不同层面:

(a)个体的个人环境层面——经济环境、家庭责任、劳动承诺和娱乐取向。(Kaplan 和 Keys,1997;Rawlins,1992)

(b)社会网络层面(包括每个人拥有的个人关系网络)(Allan,1989;Milardo 和 Allan,1997)

(c)社区/次文化层面(Crow 和 Allan,1994;Stack,1974)

(d)社会层面(特别是经济和社会结构)(Litwak,1989;Lopata,1991)

4.3.积极的国家

国家是一种灵魂,是一种精神原则(Renan,1947),包括两个要素:共同拥有记忆遗产,希望生活在一起并保持所获的遗产。这就是种族、语言、宗教亲和力、地理或者军需不足以创造这样的精神原则的原因。成为国家的一部分需要不懈努力，也需要日常的效忠，因为国家给予的归属快感不是无端的，而是必须去赢得的。安全的际遇是一种获得的确定性，而不仅仅是既成事实(Bauman，2003)。根据 Renan(1947)的表述，“国家的存在是公民每天的表态”。

国家已预设于过去，而为了赞成并清楚表达继续共同生活的愿望，为了业已获得和那些将要获得的奉献感所形成的巨大相互支持，一旦需要，国家可在当下完成累积(Renan，1947)。根据 Lechner(2002)的看法，“一个国民的社会仍然是习惯的日常生活”。

为了能够探讨积极国家，有必要追溯到积极心理学领域的源头。赛里格曼(2002)提出了获得满足生活的三条途径：积极的情绪(快乐生活)、责任(参与生活)和寻求在更广泛全球情境中被理解的意义(有意义的生活)。后来，在 2009 年，赛里格曼增加了第四条途径——积极的关系(社会生活)。

如何成为积极国家？我们将运用 Peterson 的视角(2006)，认为“积极”这个词不是运用在句子中的简单的形容词，而是一种素质。作者向我们提出问题：“积极？为了什么？”这样，作者引入“使……能够”的概念，认为是某些组织而不是另一些组织使某种(积极的)结果成为可能。当谈到“积极国家”，我们会这样定义，相对于另一个国家，这个国家有可能使其公民有更好的生活，从对构成社会的大部分人是最好的这一视角来下定义，这样社会上好的东西就保留下来。

4.4 现代社会的特征

当今影响人们的问题是不确定性、不安全感和没有保护。当人们感到不安全，就担心未来会给他们带来什么，当他们担心自身的安全时，他们就不可能真正自由地面对集体行动中的风险。生活中的不安全，加上身旁陪伴的人没有安全感，不可能让人们对社区放心(Bauman，2006)

有必要定义获得自信和独立的三个前提性要素：安全感、确定性和保护。安全感是增加感或获得感，并将以我们的力量持续增加和获得，而使外部世界被认为是稳定的和可依赖的。诚信的关系形式有助于那种安全感。确定性指清楚下列成对东西间的差异:合理的东西和愚蠢的东西、可信赖的和欺骗的、有益的和危害的、正确的和不正确的、有利的和有害的和其他所有日常选择,这样帮助我们做出决定。最后,保护是基于公正,相信如果我们的行为正确的话,没有危险威胁我们的生活(Bauman,2006)。

对于 Castel (2004),我们最近的社会是 Beck(1992)所命名的“风险社会”,以不确定性为特征,并主宰着文明的未来。这些风险是可控制的生活中的意外事件,因为社会可能发展一些机制使社会免遭风险。从媒体的覆盖而导致的传统社会的弱化和广泛感受到的对可能威胁的无助两者考虑,今天的安全变得难以实现(Castel,2004)。

Lechner(2002)指出,“不安全使社会关系产生异常状态,日常社交的逐渐削弱反过来突出了人们彼此间的恐惧”。如果有可能谈及不信任社会和社会纽带的逐渐削弱,那么有必要限制不确定的范围或增加对不确定的忍耐。而 Lechner(2002)认为,有可能将主体间的联系作为机制增加对障碍的不容忍,因为如果人们将不确定性看作共同的问题,而是在他们间建立信心和合作网络,他们可能会产生某种确定性的图景。

如今,两种文化转型已经发生:一是来自社会共存的经历在发生变化,导致人们去建立更灵活的关系从而产生一个更脆弱的社会组织;二是人们常常解释的社会表征在发生变化,因为早先人们想象的社会是一个连贯和衔接着的实体,而现在他们感到一切皆有可能,没有东西是安全的,这样他们难以感到自己是共同体的一部分(Lechner,2002)。

另外,我们生活在全球化进程中的另一个明显的特征是联系方式(交通和通信手段)的巨大便利和人们的不断迁移将他们原初情境的独特性带入他们现居住地的情境中。结果,他们将不得不交换文化要素,使联系过的所有参与者以不同的形式和不同的规模发生转型。同样地,Li(2010)指出,不同的文化要素对缔结跨文化友谊是非常重要的,在某些案例中,必须面对诸如语言障碍的挑战(Chen,2002,Gareis,1995)。

一些学者已经关注到友谊和现代性的关系。关于这方面,Litwak(1989)认为,在官僚组织主导的社会中非正式关系需要更多的灵活性,友谊因现代性而变得更有意义。Oliker(1989)指出,现代性的成果产生有具体结果的友谊。但是,正如 Adams 和 Allan(1998)所指出的,社会关系破碎的观点似乎与那些支持现代社会关系转型为后现代社会关系的观点相容，其中友谊和团结关系将是重要的。

从对我们国家当下时代特征的简单描述看，友谊是作为将人们聚拢在一起的一种积极要素、美德和价值观而被发现的。那么，让我们看看我们在阿根廷进行的研究中，被试是如何看待友谊的。

4.5. 友谊对阿根廷人生活质量的价值

始于 2001 年的国家危机以来，为研究阿根廷人的生活质量，我们采用了幸福指数（WBI）（国际幸福组，2001）[①]。这个指数有两套分量表：个人幸福指数（PWI）和国家幸福指数（NWI）。

个人幸福指数（PWI）是基于综合生活质量的量表（ComQol），由 Cummins 和他的同事们研发的（Commins 等，1994）。ComQol 通过对生活质量的主观和客观测量，其主要生活领域一开始通过综述文献而被确定下来。然后通过三阶段处理（Cummins 等，1994）和实验确认从而生成 7 个主要的项目并构成量表（Cummins，1997）。个人幸福指数（PWI）的量表包括 8 项条目，每一条对应一个生活质量领域，如生活水平、健康、生活成就、关系、安全性、社区联系、未来保障和精神/宗教。理论上八个领域是互相内嵌的，代表了总体问题的第一层面："你总体上对你的生活满意吗？"（PWI 手册，2006）。国家幸福指数在国家层面上，几乎反映出了同样的生活领域（Tonon，2011）。

2003 年，我们对居住在大布宜诺斯艾利斯地区，年龄在 18 至 67 岁的 192 名男女被试进行了幸福指数的调查[②]，在 2005 年对同一地区的年

①注：Graciela Tonon 是第一个在阿根廷应用这一幸福指数的人。她是国际幸福组的主要研究成员。这个项目是由澳大利亚 Deakin 大学的澳大利亚中心研究生活质量的 Robert Cummins 博士组织的。Lia Rodriguesz de la Vega 是项目研究人员。

②注：大布宜诺斯艾利斯地区是围绕阿根廷的地理区域。根据 2010 年的调查，这里有 9 916 715 的常住人口。

龄在16至18岁的314名男女被试进行了幸福指数调查①。在第一个研究中，友谊的平均得分是8.66。在第二个研究中，友谊的平均得分是8.56。个人幸福指数（PWI）变量汇总是测量"整体对生活的满意度"的一个指标。在两个研究项目中值得注意的是，幸福指数（WBI）的应用显示，得分最高的变量是对朋友的满意。如果我们认为在这个时间段阿根廷必须度过开始于2001年的国家危机（政治的、社会的和经济的）和确保总统更替顺利进行，我们试图反思并认为，作为国家生活质量发展的积极要素，从国家和社区价值层面看，友谊具有重要性。

从社区视角看亚里士多德的友谊观，有个学者在区分和谐和友谊时说出，友谊被定义为一种公民友谊，与便利相关，因而影响社区中人们的生活（Aristotle，2008）。

Lechner（2002）所定义的社会关系的观点这里似乎代表知识和习惯传承，代表社会积累、再生产和代际转化的实际经历和心理倾向。社会关系需要为了发展而积极获得信心和合作，以及就共同感兴趣的话题进行交流。社会关系在植入语言的过程中，利用了在公共环境中产生和再生的特定符号化形式（Lechner，2002）。"只要行为建构了社会关系，所有的行为都是政治的。上述提到的社会领域的建设，是通过群体的自我决定而争取来的一种形式，其中社会作为一种主体而被建立起来（Lechner，2002）。

有一个对阿根廷年轻人的政治和社会参与情况进行的质性研究，通过对两种性别的年龄在18至28岁的，居住在布宜诺斯艾利斯地区的大城市的年轻人发放半结构问卷来调查友谊现象，论证友谊的构成和转移。

有一个例子，C，是个28岁的男性受访者，他谈到虽然他有人生的不同时期（学生时代、教员时期、政治行动主义战斗时期）的朋友，但常常见面的朋友都是与政治有关的朋友，因而有损于其他朋友。正如他所说的，他对政治有热情。

---

①注：研究项目由阿根廷洛马斯德萨莫拉国立大学社会科学系的Graciela Tonon博士牵头，生活质量研究项目有"布宜诺斯艾利斯南区年轻人生活质量"和"布宜诺斯艾利斯南区年轻人生活质量：公共参与和健康获得"。

同样，M，一个26岁的男性受访者，虽然有其他生活领域的朋友，但他参与的主要是政治活动，多数时候是与那些志同道合的朋友共度时光。

这些证明了Bidart和Degenne(2005)的观点：

朋友承载历史，显示情境和行为间的关系是如何随着时间的变化而变化的。每一段友谊关系都是一个建构并随着时间的推移再重构的过程。这个过程是形成友谊网络的原因。友谊网络是友谊纽带的增加、消失、分裂或形成的结果。

同时，Tampubolon (2005)认为，作为个人行为的表达，部分作为个人与志愿行为间关系处理的技能表达，友谊是为道德所赞美的。

另一证据证明社会化在社会文化情境和多维生活经历中不仅承载多重认同，而且为社会技能习得做出贡献，这样的社会化对跨文化友谊的建立是必需的；友谊的非正式本质允许一定程度的灵活性，而这样的灵活性存在于掺杂着差异性和相似性的建构中(Brandt和Hauser，2011)。这是M.案例，一个18岁女孩，属于阿根廷原住民，她除了记得和那些不属于同样种族群体的人们就不同的历史事件交流不同观点的情形之外，还记得她中学的那几年期间遇到其他伙伴和朋友，这些人直到现在还一直与她保持联系，在学生组织中一起交流思想，参加军训，后来由于所有人共同的决定而创建了一个社会组织。这个组织有一些基本原则：职位平等、反权威主义、自主管理、自治、独立和决策、集体讨论后形成引导团体的价值观等。她还指出，这个过程构成了她和朋友们人生的一个转折点，这是共同成长的空间。再次，我们有必要增加Brandt和Hauser (2011)建议的“超越差异”的概念。这个概念拥有高度灵活性，行动者在与他人的互动中赞赏彼此的相似和差异。在多层次、多样化的社会文化情境中解释多种文化认同，意味着文化差异是社会行动者建立跨文化友谊的资源。证据证明，受访谈者当下所参与的空间构成了强大友谊关系的空间，这样的空间与生活中其他阶段的友谊关系共存。这些参与空间主要关注访谈的兴趣和行为，投入了他们的大部分时间和注意力，因此强化了他们之间的友谊关系。

在“质性方法”课程中，我们与学习心理学的大学生进行了对“友谊”

这个单词意义的讨论[①]。数据分析显示，即使人们认为这个概念能被清晰理解，大学生仍认为“友谊”难以定义。对这些大学生的回答的归类显示有三种可能的定义：

(a)主观结构的友谊：基于密切的社会互动；

(b)人类关系的友谊：包含情绪和尊重、人们的情感和自由；

(c)一组需要共享感觉和价值观的友谊。

不同的文献作者已经提出了友谊开始的三个原因：

(a)与另一个人的初步或私人接触(Berscheid 和 Walster，1991)；

(b)相似的信仰和价值观(Osbeck 和 Moghaddam，1997)。对此，Dod(1991，引自 Li 2010)补充了年龄、性别、教育、兴趣等的相似性；

(c)自我敞开心扉或互相真诚(Berg 和 Archer，1980)。

4.6 结论

如前所述，赛里格曼(2009)认同实现满意生活的四条路径：积极情绪(快乐生活)；承诺(诺言生活)；在更广泛的情境中寻求所理解的意义(有意义的生活)；积极的关系(社会生活)。

关于积极国家，如果我们将其理解为有可能为她的公民创造更好的生活的国家，而不是理解为其社会的好的一面对大多数人来说是最好的这样的国家(Perterson，2006)，那么与上述量化研究的结果一致，除了受访者所提到的友谊的重要性，有必要思考一下阿根廷创造的积极社会关系，如友谊成为可能的环境。

另一方面，我们所提到的质性研究显示，如 Roseneil(1999，引自 Brandt 和 Hauser，2011)提及的，人们以某种方式用他们的友谊建构他们自己和他人的个人和群体身份；而且对国家本身、人们的财产和私人关系来讲，不仅受到社会文化过程的影响，而且通过行动者与他人的互动而不断更新。

如我们所知，身份暗示属于一个社会群体，允许其成员在我/我们和

①注：“质性方法”是由 Dra. Graciela Ronon 依据阿根廷巴勒莫大学 2012 年春的心理学教学计划而实施的课程教学。

他人/他们之间做出区分。身份也是不同社会角色的承担者，不同情境中将体现身份的不同方面。另一个荟萃的是交际关系，其本身包含着社会边际和符号边际的构形和嵌入当下社会和文化群体中的价值论范畴的区别性评价。这个交际关系，是身份所固有的，构成一个现象学空间。这个空间的主体，当谈论他们自己时就在谈论他们群体的归属和他们置身其中的现实；如我们访谈的案例，当谈论他人时，他们以思变和共同建设社会的目的为基础建立社会认可。

质性研究显示，如我们所说的，不同文献作者所提到的开始友谊的两大原因：与他人的近似性和私人接触（在许多案例中是年龄的相似性），根本地是兴趣和观念的相似性。从这一观点看，我们归为参与的一个特征，也是第一本质，是相似性。参与变得清晰如空间的界限和参与地点，因为这暗示日常现实和每个受访者的社会实践。再者，预示着共同建设。同样，与受访者所提到的参与的主要空间有关，友谊的建立和友谊关系的坚固两者的相似性，允许参考共同道德，显示了个人幸福和集体幸福的紧密关系。

这就是说，参与的空间和友谊的空间与逻辑视角相关联，这表明了“建立参与”的存在，是源于主体的存在主义需要和价值论需要，且与日常社会活动相关。另一方面，所有这些似乎揭示了通往完满生活的路径，赛里格曼（2002）是这样阐述的。

最后，重提亚里士多德的“友谊”概念，他并没有限制友谊为朋友间的友谊，而是包括亲戚和公民间的关系，因为每个人所思考的是：他的存在或他们活着的意义，是他们想为他们的朋友做点儿什么。我们能将共同道德与受访者所提到的积极情绪、他们的承诺、积极关系和寻求在更宽广情境中所理解的意义联系起来，这显示了私人和群体幸福与他们的“建立参与”的紧密关系。这将他们与国家的共同建设联系在了一起。

参考文献

Adams, R. G., & Allan, G. (1998). Contextualizing friendship. *In Placing friendship in context*(pp. 1—17). Cambridge: Cambridge University Press.

Allan, G. (1989). *Friendship: Developing a sociological perspective*. Hemel Hempstead: Harvester—Wheatsheaf.

Argyle, M., & Henderson, M. (1984). The rules of friendship. *Journal of Social and Personal Relationships*, *1*(2), 211—237.

Aristóteles. (2008). *Etica Nicomaquea*. Barcelona: Gredos.

Bauman, Z. (2003). *Modernidad líquida*. México: Editorial Fondo de Cultura Económica.

Bauman, Z. (2006). *En busca de la política*. Buenos Aires: Fondo de Cultura Económica.

Beck, U. (1992). *Risk society: Towards a new modernity*. London: Sage.

Beer, B. (2001). Anthropology of friendship. In *International encyclopedia of the social and behavioral sciences* (pp. 5805—5808). Kidlington: Elsevier.

Berg, J. H., & Archer, R. L. (1980). Disclosure or concern: A second look at liking for the norm breaker. *Journal of Personality*, *48*, 245—257.

Berscheid, E., & Walster, E. (1991). Self—esteem and attraction. *Journal of Personality and Social Psychology*, *17*, 84—91.

Bidart, C., & Degenne, A. (2005). Introduction: The dynamics of personal networks. *Social Networks*, *27*(4), 283—287.

Brandt, A., & Hauser, E. A. (2011). Friendship and socio—cultural context. Experiences from New Zealand and Indonesia. In B. Descharmes et al. (Eds.), *Varieties of friendship. Interdisciplinary perspectives on social relationships* (pp. 145—174). G. ttingen: V&R Unipress.

Castel, R. (2004). *La inseguridad social¿Quées estar protegido?* Buenos Aires: Manantial.

Chen, L. (2002). Communication in intercultural relationships. In W. Gudykunst & B. Mody (Eds.), *Handbook of international and intercultural communication* (pp. 241—258). Thousand Oaks: Sage.

Crow, G., & Allan, G. (1994). *Community life: An introduction to local social relationships*. Hemel Hempstead: Harvester—Wheatsheaf.

Cummins, R. (1997). *Comprehensive quality of life scale— Adult manual* (5th ed.). Melbourne: School of Psychology, Deakin University.

Cummins, R., McCabe, M., Romeo, Y., & Gullone, E. (1994). The comprehensive quality of life scale: Instrument development and psychometric evaluation on tertiary staff and students. *Educational and Psychological Measurement*, *54*, 372—382.

Doyle, M. E., & Smith, M. K. (2002). Friendship: Theory and experience. *The encyclopaedia of informal education*, Last update: December 01, 2011. http://www.infed.org/biblio/friendship.htm

Gareis, E. (1995). *Intercultural friendship: A qualitative study*. Lanham: University

Press of America.

Gudykunst, W. B. (1985). An exploratory comparison of close intracultural and intercultural friendships. *Communication Quarterly*, *33*(4), 270—283.

Hendrickson, B., Rosen, D., & Aune, K. (2010). An analysis of friendship networks, social connectedness, homesickness, and satisfaction levels of international students. *International Journal of Intercultural Relations*, *35*, 281—295.

Kaplan, D., & Keys, C. (1997). Sex and relationship variables as predictors of sexual attraction in cross—sex platonic friendships between young heterosexual adults. *Journal of Social and Personal Relationships*, *14*, 191—206.

Keller, M. (2004). A cross—cultural perspective on friendship research. *ISBBD Newsletter*, *46*(2), 10—14.

Kochin, M. S. (2005). *Friendship beyond reason*. http://www. geocities. ws/mskochin/ workinprogress/ friendship55. pdf

Krappmann, L. (1996). Amicitia, drujba, shin—yu, philia, Freundschaft, friendship: On the cultural diversity of human relationship. In W. M. Bukowski, A. F. Newcomb, & W. W. Hartup (Eds.), *The company they keep: Friendship in childhood and adolescence*(pp. 19—40). New York: Cambridge University Press.

Kurth, S. B. (1970). Friendships and friendly relations. In G. McCall, M. McCall, N. Denzin, G. Suttles, & S. B. Kurth (Eds.), *Social relationships*(pp. 136—170). Chicago: Aldine.

Lechner, N. (2002). *Las sombras del mañana. La dimensión subjetiva de la política*. Santiago de Chile: LOM Editorial.

Li, Z. F. (2010). *Bridging the gap: Intercultural friendship between Chinese and Americans*. Master Thesis. School of Communication, Liberty University, Lynchburg, VA.

Liebler, C. A., & Sandefur, G. D. (2001). *Gender differences in the exchange of social support with friends, neighbors, and coworkers at midlife*(CDE Working Paper No. 2001—12). Center for Demography and Ecology University of Wisconsin—Madison. http://www. ssc. wisc. edu/wlsresearch/ publications/fi les/public/LieblerSandefur_Gender. Differences. in. the. Exchange. of. Social. Support. with. Friends. Neighbors. and. Coworkers at. Midlife_CDE_2001—12. pdf

Litwak, E. (1989). Forms of friendship among older people in industrial society. In R. G. Adams & R. Blieszner (Eds.), *Older adult friendships: Structure and process*(pp. 65—88). London: Sage.

Lopata, H. Z. (1991). Friendship: Historical and theoretical introduction. In H. Lopata & D. Maines (Eds.), *Friendship in context*(pp. 1—19). Greenwich: JAI Press.

Milardo, R. M., & Allan, G. (1997). Social networks and marital relationships. In S. Duck et al. (Eds.), *Handbook of personal relationships* (pp. 502—522). London: Wiley.

Oliker, S. (1989). *Best friends and marriage: Exchange among women*. Berkeley: University of California Press.

Osbeck, L. M., & Moghaddam, F. M. (1997). Similarity and attraction among majority and minority groups in a multicultural context. *International Journal of Intercultural Relations*, *21*, 113—123.

Osborne, C. (2009). Selves and other selves in Aristotle's Eudemian ethics vii 12. *Ancient Philosophy*, *29*(2), 349—371.

Pahl, R. (2003). *Sobre la Amistad*. Madrid: Siglo XXl.

Peng, F. (2011). *Intercultural friendship development between Finnish and international students*. Master Thesis. Department of Communications, Humanities Faculty, University of Jyväskyl., Jyväskyl..

Peterson, C. (2006). *A primer in positive psychology*. Oxford: Oxford University Press.

Rawlins, W. (1992). *Friendship matters: Communication, dialectics and the life course*. New York: Aldine de Gruyter.

Renan, E. (1947). *¿Qué es una nación? Cristianismo'y judaísmo*. Contemporáneos ilustres. Consejos del sabio. Buenos Aires: Editorial Elevación.

Roseneil, S., & Seymour, J. (1999). *Practicing identities. Power and resistance*. Basingstoke Hampshire/London/New York: MacMillan press LTD./St. Martin's Press Inc.

Seligman, M. (2002). *La auténtica felicidad*. Barcelona: Vergara.

Seligman, M. (2009, June). *Special lecture. First world congress on positive psychology*. Philadelphia: International Positive Psychology Association.

Stack, C. (1974). *All our kin*. New York: Harper & Row.

Tampubolon, G. (2005). *Fluxes and constants in the dynamics of friendships*. ESRC Research Methods Program (Working Paper No 25). Centre for Research on Socio—Cultural Change. University of Manchester. http://www.ccsr.ac.uk/methods/publications/documents/WP25.pdf Accessed 12 Jan 2012.

The International Well—Being Group (2001) *WBI*. Manual Australian Centre on Quality of Life. Deakin University Australia. http://www.deakin.edu.au/research/acqol/bibliography/ The International Well—Being Group. Personal well—being—adult (PWI—A) Manual 2006.

Tonon, G. (2011). Quality of life in Argentina. In K. C. Land et al. (Eds.), *Handbook of social indicators and quality of life research*(pp. 547—554). Dordrecht: Springer Science + Business Media.

Ying, Y. W. (2002). Formation of cross-cultural relationships of Taiwanese international students in the United States. *Journal of Community Psychology*, *30*(1), 45—55.

Zurco, M. (2011). Friendship during adolescence: The necessity for qualitative research of close relationships. *Polish Journal of Applied Psychology*, *9*(1), 21—38.

第5章 布道：幸福感在特定文化下的具体实践

Kamlesh Singh，Anjali Jain 和 Dalbir Singh①

5.1 引言

就文化的视角而言，我们在考虑西方文化中"幸福和幸福感"的概念与亚洲文化中"喜(ananda)"和"乐受(sukha)"的概念时会产生近似的理解。积极心理学的宗旨之一在于改善生活质量。在提高幸福感方面，既可有意地引入积极的干预方法，也可在评估现行的积极实践后进而加以推广。瑜伽和冥想是众所周知的方法。然而，类似于布道这种更为本土化的方式却还尚未开展有效的探索。本章将会介绍三个连续研究，以助于了解布道这一印度乡村的本土性治疗方法。质性访谈分析以及焦点小组讨论指出，重要论题表明，在幸福感、亲社会行为和精神成长方面有量的提升；与此同时，压力和冲突会有所降低。

5.2 文化特异性

很多研究者把研究重心放在了对幸福感概念的跨文化理解上，他们采用了包括量化研究方法(Diener 等，2003；Park 等，2006)以及混合方

①卡姆利什·辛格(Kamlesh Singh)，阿佳丽·杰恩(Anjali Jain)，印度 德里，印度理工学院 人文与社会科学系，E-mail：singhk.iitd@gmail.com；singhk@hss.iitd.ac.in；anjalij.iitd@gmail.com；达尔比尔·辛格(Dalbir Singh)，印度 哈里亚纳邦；罗塔克，Pt. N R S 政府学院地理系，E-mail：dlbrhooda@gmail.com；H. Águeda Marujo 和 L.M. Neto (编辑)，《积极的国家和社区》，DOI 10.1007/978－94－007－6869－7_5，Springer Science＋Business Media Dordrecht 2014

法(Delle Fave 等,2011)。Hwang(2004)讨论了两种微观世界:西方人对于知识的态度属于科学的微观世界,亚洲人对于智慧的传统态度则聚焦于日常生活。本研究则更关注日常生活方面。一直以来,印度都因其极其多元的文化以及丰富的古老传统习俗而与世界上其他的国家和地区不同。在他们的文化中,人们致力于寻求有意义且令人满意的生活,努力为家庭做到最好,并使日常生活充满着愉悦的体验。

在印度乡村中,有一种很具有文化敏感性的习俗——布道,这是很值得研究的。个体是不能从文化中孤立出来的。因此,理解文化对于理解个体至关重要(Varjas 等,2005)。这也表明,东方文化的个体幸福感影响指标与西方文化特征下的幸福感影响指标应该是不同的。例如,在印度乡村社群中,他们的文化会提倡以不同的方式来表示感谢、善意以及利他的行为,而不像西方社会那样以行为来表达善意或是写感谢信之类,在西方社会中类似于反思自己的优点和缺点这样的自我关注行为才是更主流的。在印度,每 50 万居民中只有 1 位心理咨询师,考虑到这一点,他们的心理咨询服务无法满足居民们巨大的心理健康需求也就不足为奇了(Dalal,2007)。这与印度独有的文化特性有关,与性别相关的健康问题成了医疗保障中的一大障碍(Davar,2001)。具体从印度的传统来说,家庭教育、经济限制、社会身份、对于社会支持的强烈依赖,这些因素在决定医疗体系时都起了重要的作用(Patel 等,1999)。同时,印度乡村地区的集体主义倾向要比城市地区更高(Duggal Jha 和 Singh,2011)。所有这些因素都表明,有必要去区别和评估印度亚文化中的社会文化要素。

5.3 快乐与幸福:西方视角

Diener(1984)曾将主观幸福感定义为:“个体对自身生活的评估性反应,或是从生活满意感(认知角度)入手,或是从情感(持续的情感反应)入手。”Ryff 和 Keyes(1995)提出了一个多维度模型,在该模型中幸福感包括六个维度:自我接受、持续成长与发展感、对生活目的性和意义性的信念、与他人的积极关系和环境掌控感。与此类似,Keyes(1998)提出了一个社会幸福感的模型,其中包括五个关键要素,分别是:社会整合、社会贡献、社会凝聚、社会实现、社会接受。此后，他把主观幸福感/情绪幸福感与 Ryff(1989)模型中的心理幸福感概念相结合，并将其扩展到了心理健康维度。最近，Seligman(2011)也提出了幸福的五个可测量要素：积极情感、参与、关系、意义与目的、成就(PERMA)。

5.3.1 印度文化中的幸福

印度传统强调，人类行为可从空间(desh)、时间(kala)和个体(patra)三个维度加以理解(Sinha，2002)。在印度，积极的心理健康不只是没有心理疾病，还需要个体精神和谐及灵性的成长(Wig，1990)。印度人持有这样一种广义的本体论概念，即每一个器官都是心灵、身体和灵魂的复合体。要获得至高的个人平静与愉悦，可以通过学习来获得那些具有文化特殊性的本土方法的相关知识，以及从那些鼓吹放弃欲望、遵从灵性的古鲁(gurus)身上来学习(Bhawuk，2010)。

印度人的心理学和积极心理学其实是同源之物(Kumar，2010)，它们都有着追求幸福的共同目标。意义、关系、对快乐的追求，都是心理学和哲学思考中的古老命题(Halbfass，1997)。印度哲学家 Sri Aurobindo 提出，真正的快乐是要建立在精神、心灵和身体和谐的基础上的(Pande 和 Naidu，1992)。梵文中表示快乐的词是 sukham("su"表示足够的，"kham"表示空间)，它指的是一种自然的无限制的空间。在《薄伽梵歌》(*Bhagavad Gita*)中，"快乐的状态"指的是在个体的内心形成一种更大的"适宜的精神空间"(Menon，1998)。有人曾提出，人类会寻找一种内部快乐，也叫 satcitananda("sat"即真实的，"cit"：指觉知，"ananda"指极乐)(Srivastava 和 Misra，2011)。他们后来又在《利耶奥义书》(*Taittiriya Upanishad*)中重申，快乐和幸福即那些能够毫无障碍地感受到极乐的时刻。

印度心理学观点认为，每个人都有自己独有的特质或原质(prakriti)；气质或自性(svabhava)是由被称为自然三属性(Tri－gunas)的三种基本特征组成的，分别是善性(sattva)、动性(rajas)和暗性(tamas)(Verma 和 Verma，1989)。善性代表的是纯洁、智慧、赐福、平静、求知欲、卓越的灵性。动性(rajas)包括自我主义、活动、不安定、对财富的渴望、能量、安慰(外部控制点)。而暗性(tamas)则与偏见、否定、惰性，昧觉、思想及行为的扭曲有关系(Das,1991)。造成障碍或抑郁的是暗性,而与快乐和启示有关的是善性。善性越多,喜(ananda)的体验也就越多(Kumar,2010)。Kumar还表示,积极心理学可以被重新定义为研究悦性(sattva guna)的学问,利用动性的功德(rajas guna)来管理暗性的功德(tamas guna)(Kumar,2010),则会颇有成效。

有一项研究调查了印度8个主要城市的被试,其中有75%的受访者表示,他们的当前状态可以说是“快乐的”,其组成元素包括宁静(52%)、健康状况良好(50%)、工作成功(43%)、家庭(40%)、金钱(38%)、爱(33%)(Outlook,2005)。在东亚地区,快乐总是和人际和谐、工作成功、生活满意相关(Kitayama等,2000;Lu等,2001)。Anasakti在梵文中代表无执、平衡、无私的责任导向、不计回报地付出努力,它可以被看成印度人理想中的快乐人格集合(Banth和Talwar,2012)。Anasakti,是一种对于当下结果和欲望所分离的一种状态,其特点是努力导向、情绪平衡且很少关注外部奖励(Pande和Naidu,1992)。研究表明,从事瑜伽运动的人,anasakti得分更高,anasakti与有意义的生活、幸福感的相关,都较普通人群更高(Banth和Talwar,2012)。Anasakti能使人远离关于成败的焦虑。这一观点源自《薄伽梵歌》,书中认为,人生的意义在于从苦难中解脱,并且在尊重终极实相的前提下认识到自我的真正身份。在拜赞歌(bhajans)以及布道(satsang)中的信息会提升这些人类美德,并以此提升幸福感。印度文学中也谈到了五大烦恼(kleshas)或精神折磨:无知(avidya)、自我主义(asmita)、诱惑(raga)、厌恶(dvesa)、对生活的贪欲(abhinivesa)。在18 Puranas Vyasa中,行动可以被理解成正法(dharma),这是由如下内容构成的:帮助他人(paropkar);福(punya),良好的行为;伤害他人是罪(paap)或罪行;牺牲(tyaga);非暴力主义(ahinsa);慈善行为(dana)(Krishnan,2005)。布道的民歌中会反复出现那些倡导人们戒除五大精神折磨,多去帮助他人、遵从良好的行为或是做出牺牲的内容。幸福可以被概括为主观的“对于个体的生活经验、在工作中的角色、对于成就、效用、归属感的舒适与满意程度,以及没有悲伤、不满或是担忧的状态”(Verma和Verma,1989)。

5.3.2 提升幸福感的策略:干预还是现存

积极心理学的目标之一是繁荣社群,这可以从两个方面来理解:采用干预以提升幸福感或系统性地评价惯例在社会中的效用(Singh，2009；Singh和Dangi，2011)。积极心理治疗干预的有效性已获多项研究的支持(Diener和Diener，1995；Gilman和Huebner，2000；Park和Huebner，2005；Seligman等，2005；Singh和Choubisa，2009)。对印度市民享有的现存系统，如精神道场、瑜伽和冥想，也已开展了广泛的探索(Feldman等，2010；Jain，2007；Rauscha等，2006；Smith等，2007；Smith，2000)。然而，居住在农村地区的人们只能继续奉行当地的宗教习俗，这或许会有助于提升他们的福祉。当地的习俗被称为布道(即聚集在一起唱诵当地融入宗教性或精神性元素的歌曲)，但其效用在提升幸福感方面的作用与当地居民的其他行为一样，都缺乏科学文献的支持。因此，印度乡村地区现存的特有文化风俗——布道，被认为是提升幸福感的方式之一。本地文化的具体影响也体现于对独有文化的信仰、价值观和语言的尊重之中。

带来"改变"的努力也不应忽视文化在振兴和流传中对行为模式的影响(Nastasi，1998)。此外，研究结果可能受到诸如人口流动的增长、心理幸福感和幸福等因素的影响，此类涉及社会文化的敏感因素在集权制社会中往往被忽视了。结合这一因素，有助于理解传统的西方式心理疗法在印度本土文化中的应用不太理想的现状(Singh和Singh，2010)。

5.3.3 提升幸福感的疗法

音乐是一种在精神、生理、情感和社会方面治愈创伤并促进心理健康的方式(Chiang，2008)。与传统干预方法有所不同，创造性治疗方法如积极艺术治疗(positive art therapy，简称"PAT")与音乐治疗，作为非传统的治疗方法，都致力于积极调节并治疗大脑的核心功能(Perry，2008)。PAT将艺术治疗、积极情绪、积极的个性、积极的社群串联在一起，从而增进愉快的体验、经验的流动，提升个人与社会的幸福感，使得生活更具有吸引力和价值感(Chilton和Wilkinson，2009)。PAT也对增强以社群为基础的模型的敏感度有所贡献(从本土的视角出发)。类似的情况可在印度北部使用"神圣的音乐治疗"的乡村治疗师中观察到(Cook，1997)。音乐的歌词也起到关键的作用。相较于中性歌词的歌曲，听蕴含亲融社会信息的歌曲可促进亲社会性的想法和利他行为的产生(Greitemeyer,2009a)。独特的宗教信仰、历史、地理、风俗和音乐传统使得传统文化衍生出的治疗方法成效各有不同(Moreno,1995)。“唱诵宗教歌曲”或可被认为是音乐和艺术行为。传统治疗方法的成功也加强了各自的宗教信仰。

专注的系统练习也被称为“冥想”,可带来意识的显性和隐性的变化。一些实证研究认为,任何形式的冥想都有助于降低认知性的、身体性的和一般的状态性焦虑(Rauscha 等,2006);提高心理健康水平(Brown 和 Ryan,2003);为社会性疏离者带来社会与情感方面的益处(Lindberg,2005)。还有一些研究显示,超觉静坐(Transcendental Meditation)在增强身心健康和减少压力与焦虑方面较其他疗法的疗效更为显著(Grosswald 等,2008)。瑜伽通常有助于抑制心灵的不稳定性。所以,为了实现这一目标,通过修习(abhyasa)或不断的练习及离欲(vairagya)等以脱离世俗的欲望是必须的。体位或身体姿势是瑜伽练习中的重要元素。凝神(Dharana)、禅定(Dhyana)与三昧(Samadhi),这三个阶段形成的一个连续的过程,大致可等同于冥想(Kapur,2011)。这些均有助于净化心灵(Jain,2007)、促进身心健康(Hadi 和 Hadi,2007),并增加主观幸福感(Malathi 等,2000)。

5.3.4 布道

印度文化视角下的心理学中最富吸引力的核心要素是对内向性和灵性的强调。希望所有人获得幸福,这是印度文化的核心要素与普世观的关联之处。“布道”这一术语在上下文中多处出现,意味着“义人的陪伴”——既为“愚蒙”,也为灵性的追寻者。早在远古时期,圣人(“先知”或“智者”)就曾传播布道的思想。布道引用了不懈追寻神圣者的英勇传说。据信,开明之人的英勇传说会传递积极的或灌注精神力量的思想,从而促使成员们取得精神的进步,这与愚昧(tamas)是完全相反的(Goel,2008)。成员参加讲道时幸获古鲁、长者或其他进步成员的指导,从而能够以统一协调和完整的形式认识到他/她的思维、行动、综合感觉的能力。布道是远比听从宣讲(pravachan)更为广泛的术语。投身布道时,开明的或知识渊博的高贵之人(satsangati)的英勇传说为所有的成员提供了转变的范例。从最初团体的多样化自动地凝集到一起,到讲道唱诵促进个人和精神的成长。生活、世界和经验模式得以积极转化。鉴于所涉甚多，在本研究中我们将把布道定义为“成群地唱诵宗教歌曲”，这是印度乡村普遍存在的一种风俗。在每一种独一无二的文化中，民俗通过不同的媒介传播着自身文化的信息。民歌或 lokgeet 在妇女中不仅起到净化和庆典的作用，同时也影响着感知、加工过程和交流经验及对团体中其他成员的感受。在乡村社群中，妇女们会在结婚庆典、孩子诞生和宗教活动时唱诵多种多样的民歌。唱诵民歌或更好地理解宗教意味的歌曲，这种成群的唱诵活动长期以来已成为印度乡村妇女们娱乐的一部分，也是从日常的压力中获得解脱的根源，并借此投入到神思之中。不使用任何乐器的、按照特定的节奏风格唱诵民歌在印度哈里亚纳邦尤为突出。歌词简单易懂，反映着普通百姓多种多样的情绪、思想、逸事及对整个社会系统的启示。

5.3.5 其他提升幸福感的本土做法

印度几乎所有的吉庆活动都以万字符(swastika)的创作而开始。万字符或普世福祉指幸运、安全、丰饶和繁荣昌盛(Kamat，2013)。万字符(swastika)由两部分组成，“swasti”意指每个人的福祉，“ka”是指象征。万字符的四角代表人生的四重目标，即法(dharma)、外境(artha)、业(kama)、开悟(moksha)及象征平衡的理想结构。人一生的四个阶段——梵行期(brahmacharya)、家居期(grihastha)、隐居期(vanaprashta)和出世修行期(sanyasa)，构成万字符的四角并终生连接在一起(Kamat，2013)。经由庆祝文化韵味深厚的节日，如洒红节(Holi)和排灯节(Diwali)，促进了印度文化中的亲社会行为、利他主义及和谐的理念。女人节(Karwa Chauth)和兄妹节(Raksha Bandhan)等节日鼓励并加强人际关系；宗教性的节日如耆那教中的宽恕日(Kshama day)及地域性的特殊丰收节庆，如哈里亚纳邦的风筝节(Makar Sankranti)，这些节庆活动均推动着积极的美德如宽恕、无私、感恩，强力的家庭关系和幸福感。虽然对这些问题的欣赏性调查或许有助于文艺作品的创作，不过作为本上实践的布道才是本章的中心主题。

以广泛传播为特征的宗教/精神机构似乎与应用积极心理学有着一致的目标。注册为灵魂科学中心的国际机构 Radha Soami Satsang Beas

由来自欧洲和美国的约200万成员构成(Wolfe,2002),该机构宣扬每个人都被赋予了特定的人生意义(Sachdev,2001)。该机构宣扬圣人的教诲(Sant Mat)和古鲁的宣讲,一种通过古鲁的引导来实现和平和幸福,反映了希望、信念和博爱的方法(Sand,1993);并建立了一套包括素食、道德主义的生活、与神合一的信仰及戒烟戒酒的规章制度。每日的冥想是强制性的。另一个此类组织 Brahma Kumaris 由来自不同种族的超过250万名成员组成。这个组织实行专业的教学计划,教授积极的思考、积极思考原则下的压力管理、生活价值观、平和与谦卑的全面自我管理课程。不幸的是,灵性的语言,如苦难、信仰、博爱、宽容、奉献和转变,这些对于心理学家来说仍然是陌生的(Pargament 和 Mahoney,2002)。一些慈善医院和社会福利中心也设有布道和禅修中心(Larsen,2007)。其他修行场所还有生活艺术(Art of Living)、希瓦瑜伽(Shiva Yoga)和奥罗宾多道场(Sri Aurobindo Ashram)。Sri Ravi Shankar 领导的"生活艺术"聚焦于过程,如净化呼吸瑜伽(Sudarshankriya)、瑜伽(Yoga)和冥想,以缓解压力,改善人际关系,增进健康和幸福感,启迪智慧。在"所有的生活都是瑜伽"(all life is Yoga)这一格言的指导下,奥罗宾多道场(Sri Aurobindo Ashram)强调意识的发展,"在每一次活动中发自内心地觉察想法、内心、生命力和全身",从身体、生命力(pranic)、情感、心理和精神水平上练习瑜伽净化呼吸(yogic kriya)("Research Program Framework," 2012)。综上可见,多种多样的精神和宗教团体均吸引人们借由本土式修习以追寻智慧和生命的意义。

5.4 相关研究

在这一章中将探讨一个特定的文化研究课题:作为一种音乐治疗的圣歌唱诵(bhajans,拜赞歌)是否有助于提高农村女性的幸福感?尽管农村女性在权利和社会地位方面相较于社会其他成员而言仍存在巨大的劣势,但这一研究课题在现有文献研究领域仍为空白。例如,据观察发现,社会中存有男性歌手唱诵的大量圣歌,在互联网上也可搜索到一部分;与此同时,在互联网社交媒体上没有任何由农村女性参与圣歌唱诵活动的记录(Singh 和 Singh,2010)。这意味着在乡村文化中,相较于女性而言，男性不仅拥有更多的闲暇时间，在时间安排方面也有着更大的自由（Puchner，2003）。

Sinha（2011）报道，在印度文化背景中，当研究者想跟单独的一个人谈话时，回应者往往不止一个人，其他人可能会插进来打断谈话、纠正、添加内容，通过增加新的信息以示积极响应，指出之前的影响因素并描述行为的后果。这与西方的隐私观是截然不同的。在过去的10年中，从实验研究到采用定性法进行的相关文化研究，研究方法发生了明显的转变。此外，盲目复制西方的研究方法可能对印度社会研究而言是无效的（Misra和Paranjpe，2012）。Misra（1990）曾指出，在印度的城乡分别构成了两个独立的子系统，数据的采集和分析工具参数应有所区别，适用于城市样本的原则和参数在对乡村人口进行分析时会产生误导。“研究者采用的研究方法必须符合研究问题的需要，而不是拘泥于遵守实验方法论，那样反而会引发问题”（Bhawuk，2010）。在明白以上因素与提升农村女性幸福感的具体文化治疗实践相关联的先决条件下，当前的研究调查已开始关注某些本土的实践或讨论对参与者感知可能存在的影响。拜赞歌或布道中的唱歌祈祷是个人娱乐中永存的一部分。实证研究表明，这一仪式的意义已远远超越了单纯的娱乐活动，已是人们长久以来参加群体冥想并在不知不觉中得以治愈的一种形式。

针对这一现象开展了三项独立研究。研究1的目的是了解参与者对宗教活动——布道和古鲁的态度。研究2的目的是探讨唱圣歌（拜赞歌）作为音乐疗法对印度农村女性的影响，最后在研究3中以焦点小组讨论（Focused Group Discussion）的形式开展，在主持人的引导下评估印度农村女性对布道的感受和受到的影响。

5.4.1 研究1

研究1旨在了解印度农村女性对宗教活动——布道和古鲁的态度。

参与者

被试样本由150名来自哈里亚那邦（印度）乡村地区的印度农村女性构成。平均年龄为39岁（SD＝16岁），年龄范围为17～85岁。人口统计资料表明，其中大多数女性均已成婚，并接受过中等教育。大部分女性参与者是核心家庭的家庭主妇，并育有3～4个孩子。家庭收入范围为每月 1000～3000 卢比。

基于研究目的，参与者被问及参加布道和对古鲁宣讲的感受。问题在自然情况下被直接提出，受访者的反馈见表 5.1。回答以书面和口头的方式进行收集。

表 5.1　对宗教活动——布道和古鲁的态度

问题	肯定(%)	中性(%)	否定(%)	缺失值(%)
参加布道活动	37.7	6.1	52.8	3.3
听宗教古鲁的宣讲(通过电视或其他媒体)	47.6	7.5	42.5	2.4
相信通过布道可获得心灵的平静	73.1	10.8	14.2	1.9
参加布道可减少问题/焦虑	64.2	14.2	19.3	2.4
信仰宗教仪式	83.0	8.5	5.7	2.8
相信古鲁指引着正确的道路	59.9	17.0	20.3	2.8
古鲁是骗子	18.9	14.6	63.2	3.3

结果与讨论

蕴含精神或宗教导向信息的民歌被称为拜赞歌，集体唱诵拜赞歌即布道。拜赞歌传颂着神、罗摩、克里希纳和湿婆的宠爱与其他精神信息。表 5.1 表明，37.7%的女性都曾参与布道活动。这可以解释为由于参与者的年龄跨度很大(17～85 岁)，年轻的参与者虽然对布道感兴趣，但繁重的日常生活使她们只有很少的时间可以参加布道。这一结论受到研究 2 的支持，大多数参与布道的女性均来自年长的年龄组，她们解释说自己拥有相对较多的自由时间来参加这样的集体活动。47.6%的参与者参加宗教古鲁的宣讲，与此相对的是，42.5%的参与者从不定期参加宗教古鲁的宣讲。这些数据表明，大多数女性遵循信条持续聆听古鲁的精神宣讲，但也有部分处于困境的人不再遵循古鲁的说教。73.1%的参与者认为参加布道可能带来心灵的平静。64.2%的参与者相信布道可以减少各种各样的问题或焦虑。

问及对古鲁的可信度时，参与者表现出积极的态度。当被问到是否

“相信古鲁能够指引正确的道路”时，59.9％的参与者对此坚信不疑，而20.3％的参与者根本不相信古鲁所传授的智慧。63.2％的参与者确信古鲁并不是骗子。然而，18.9％的参与者认为古鲁是骗人的，14.6％的参与者对此未发表意见。这一结果反映了巨大的困惑，或许人们仍然担忧印度古鲁的可行性。这或许是因为，在今天的印度出现了不同背景流派古鲁（专业的或宗教的）数量大幅上涌的高峰，而普通大众还无法确信古鲁的信誉。印度治疗传统强调“支持－建议”的流程。在印度传统中，古鲁的角色被公认为情感和身体痛苦的双重治愈者。这可以理解为，在弟子与古鲁建立一段关系后，弟子实际上是与最好的自我建立了连接。表 5.1 中对宗教仪式的信仰程度的统计结果显示，83％的参与者相信宗教仪式的效力。尽管人们对布道这一活动抱有积极的态度，但依然不确定是否应盲目地相信古鲁。人们对古鲁指引正确道路的能力仍不确定，这或许是印度传统面临的一个严重问题。

5.4.2 研究 2

在研究 1 的基础上开展了研究 2，旨在探讨“民歌－布道”作为音乐疗法对印度农村女性的影响。

参与者

本组的被试由每天都参加布道的 25～30 名女性构成，参加布道的时间为 10～15 年不等。平均年龄为 55 岁，年龄范围为 45 岁（8 名被试）至 85 岁（4 名被试）。50％的参与者曾接受高中阶段教育（10 年级），25％的参与者的受教育程度为 8 年级，剩余的 25％的参与者没有接受过教育。大多数参与者是家庭主妇，部分参与者是学校退休教师。

过程

参与者们被问及参加布道对她们的生活有怎样的影响。收集数据的形式是半结构化访谈和焦点小组讨论。

主要的小组活动

小组活动在被试组进行一些活动的同时开展。在某些地区，信息是比较敏感的。一些民歌传播着特定的宗教信仰，这部分民歌属于拜赞歌的形式。这些民歌有的咏叹个人生活中的起起落落（收获与失去），告诉我们一个人不应在顺境中过于得意，也不应在面临困境时过于沮丧。一些广泛流传的民歌主题包括：祈祷幸福与和平（om shanti）、暮祭（om jai jagdeesh）、祈求神的庇佑、降服于神（nahi bhagat ki haar）、高喊口号并邀请其他人加入布道（sathanaao）。

布道团体每天聚集在一起，在下午（当地时间 3：30—5：30）唱诵蕴含精神/宗教意味的民歌。她们也会在布道结束时对所有的参加者分发祭余（prasada）。这是令人愉快的互动，并能促进个体与自身内心的连接。此外，布道团体也会筹集用于宗教活动，如月圆日祭（Purnima）、风筝节（Sankranti）、洒红节（Holi）、排灯节（Diwali）及其他地方节日的奉献/捐款。筹集到的捐款也会用于孤儿院（Aanathaashram）、圣牛牧场（Gaushala）和老年之家（Vridha-Aashram）及其他慈善机构，也会对处境不佳的人进行资助。捐款遵从个人自愿，金额从 50 卢比到 500 卢比不等，每次活动的捐款总额往往有 3000 至 5000 卢比之多。参与者们表示在进行奉献和祭余分发的过程中会感受到巨大的喜悦。布道会引领大家定期聚会以分享各自家庭的悲欢离合。团体成员还会拜访丧亲的家庭以为其提供必要的社会支持。

结果与讨论

据聚焦小组讨论（FGD）的大量感受信息的分析，一年四季均有各种团体活动可供参加。

布道活动的歌词中蕴含了精神性/宗教性的信息。宗教歌曲基于多姿多彩的神话故事，如 Gopi Chand、Shivji-Parvati、Raja Mordawj、Savitri-Satyavan 和 Sri Krishna 的生平事迹。拜赞歌有时也会从《薄伽梵歌》、《巴拉特之战》（*Mahabharat*）和《罗摩传》（*Ramayan*）等史诗中取材，唱诵不同的神迹与史诗故事。每一位参加者都能从中汲取智慧，得以在日常生活的琐碎中稍作喘息，并学会应对家庭纷争和精神困扰的方法。

参与者报告，唱诵能缓解压力。部分参与者甚至认为这是每天的娱乐活动。

研究发现，祭余（甜品）分发这一形式是拜赞歌或布道活动的重要部分。参与者们认为祭余分发是布道结束时必定会举行的活动。仔细思考这一情况可以认为，对于参与者们来说，祭余不仅仅是分发甜品，更是一种宗教信仰，象征着神借由甘美的祭品赐予爱和庇佑，通过分享祭品也使得信徒们愈加虔诚；从本质上来说，这体现了神对信徒的庇佑。另一方面，从实用社会主义的角度而言，祭余也可视为激励积极的参与者们持续进行愉快的交流和互动的一种形式。

布道建构了更为健康的人际交往关系，并提供了强大的社会支持。在某些情况下，女性们会带着自己的孙儿孙女们一起参加，这有助于家庭责任的维系。

在本项研究中，特意组织的团队在宗教庆典（如月圆日祭、风筝节、洒红节和排灯节及其他地方节日）中参加募集捐款的活动，并与募捐志愿者们一起为孤儿院、圣牛牧场、老年之家和其他需要帮助的人提供服务。据观察，在这些活动中民歌提供了一个平台，起到了帮助成员们分享欢乐和悲伤的额外作用。

在乡村社群如本次研究选取的哈里亚纳邦乡村地区，心理幸福感由以下成分组成：积极参与同龄团体的分享活动，有意义感的生活，积极参与亲社会行为模式的活动，允许女性外出的乡村社区，健康的人际关系，唱诵帮助人们舒缓压力的民歌。民歌可以理解为特定文化下音乐疗法的一种形式（Singh 和 Singh，2010）。为确认已有结论并开展进一步的研究，在研究 2 的基础上我们设计了研究 3。

5.4.3 研究 3

研究 3 的目的是深入探索印度农村女性对布道在她们生活中的影响和感受的评估。

参与者

参与者分为 6 个组，每组含 15～20 名女性。研究采用聚焦小组讨论（FGD）的形式，分别在哈里亚纳邦的一个城镇（Mansarover Park，Rohtak）和 4 个村庄（Kahni、Jasiya、Chhoti Bahu 和 Singhpura）开展。参加本次研究的女性年龄为 18～80 岁，分为 6 组（其中 2 组来自 Rohtak，其余 4 组分别来自 4 个村庄）。所有参与者均已成婚。大部分参与者来自中等社会经济阶层。一半以上的参与者为家庭主妇，小部分参与者在外工作。在本次实验的被试中，半数以上的参与者未受过教育，这部分人的数据以口头交谈的形式采集；而接受过正规教育（至少达到 12 年级）的被试则建议将参与讨论的问答进行逐字记录。所有参与者均定期参加布道，并对这一活动有明确的认识。

过程

以随机抽样的方式选取被试。在城镇地区的女性按区域聚集在一起参加小组访谈，或由主要调查员在布道活动中取得联系。征得被试的同意后，会详细解释本次研究的目的。在安加瓦第（Anganwadi）中心工作人员的协助下，调查人员得以联系农村女性并寻求她们的同意来参加研究活动。焦点小组访谈（FGD）的内容会被全程记录。研究者组织女性参与者们充分自由地进行互动，了解布道对她们生活的影响和她们的感受。研究人员围绕两个前期研究中已明确的问题和目标，进行了深入的探讨和研究。

主持人围绕以下主题展开讨论：布道对于受访者的意义，她们加入这个小组的原因，是否参加/曾参加过相同目的的类似活动或不同形式的活动。受访者被问及在布道期间她们对参与布道的得失的看法，或是否曾从任何类似形式的活动中获得了相似的益处。此外，要求受访者对之前的两项研究的结论进行评判，看她们是否认同之前研究的结论，即在进行布道活动时主观上认为从日常的琐事中暂时解脱出来，是否沉迷于与同年龄参与者的小组分享，这些活动是否是有意义的，持有宗教/精神信仰是否有助于她们获得心灵的平静及增强幸福感。

结果与讨论

事先已征得参与者记录小组讨论的许可。以分享讨论的形式开展焦点小组讨论（FGD）。聚焦小组“分享会”有助于大多数女性无拘无束地公开分享她们的认识、感受和观点。在讨论的气氛进入融洽的阶段时，参与者的别扭感和不适感有所降低，能更为积极地投入到讨论中来。数据分析的编码转录参考了所聚焦的每一个目标和主题。

1.所有的受访者均认同布道不仅是单纯的活动，布道使她们从日常的琐碎生活中得以解脱。毫无疑问地，布道使得她们与自己“更高的自我”和神联系在一起。

2.受访者提到布道可以帮助自己减少嫉妒。这指的是布道可以减少参加者的报复心理或破坏欲等。布道使得参加者更为积极乐观，能更好地接纳并包容差异。她们能够更好地理解不同的观点并整合到自身的体系之中。

3. 受访者感到内心平和，感受到丰富的情感体验。

4. 受访者还透露作为虔奉宗教的团体的一员，在布道中参加教习、向精神伙伴们学习，这些帮助她们养成了良好的习惯，并免受流言蜚语与诽谤所害，也可避免与其他村民发生无益的争吵。

5. 有几名受访者表示她们不时需要从家里偷偷溜出来参加布道，在一个父权制的社会中，她们不被允许公开地、纯粹地把时间花费在自己身上。与此同时，一些女性分享说，在参加布道时不用害怕禁止她们自由活动的丈夫或婆婆。

6. 参与者们普遍认为净化灵魂是布道活动另一常见的益处。她们发现布道唤醒了自身纯净的灵魂。Sat ka sang 教导她们宽恕、学会放手，帮助她们认识到自身的力量和个性。她们学着在必要的情况下坚持反抗压迫，对差异更加宽容，并且学会相信自己，因为灵魂是纯粹而大胆的，也是最有力量的存在。对于一个发展中的社会来说，在物质生活水平依然较低的情况下，布道可为人们提供精神和心灵上的慰藉。

7. 此外，成员们分享说参与布道活动不仅促进了自我的成长，她们的家庭也受益匪浅。所有的思想（vichar）、天性（prakriti）和情感（bhav）由母亲向孩子一代又一代地传递下去，圣洁和智慧必然会由参加布道的她们传递给自己的孩子和家庭。另外，好些受访者还分享说，她们已经成功地发动了邻居们一起参加到布道中来。

8. 布道不仅是自我疗愈的土壤，也加强了成员之间的情感联接。

9. 每一位新成员都将自己的价值观、拜赞歌（民歌）带入团体之中。多元化使团体获得了个体的支持并激发出了超凡的凝聚力。

10. 所有的成员会在预定的时间聚集到一起。在节日和特殊情况下，布道也会在成员的个人居所举行。自由而开放的会员资格、灵活的弹性考勤和退出时间使得布道成为纯粹的仁慈与毫无私心的干预措施。

11. 唱诵宗教歌曲给成员们带来了快乐。大家在自身和自己的生活中体验到流动、统一和满足。人们为了无私的事业团结在一起，有意或无意地忘记了自己的悲伤和烦恼。她们能够集中精力并获得力量和智慧来应对干扰，并找到解决问题的方法。

12. 多数受访者表示布道是很有吸引力的，是促进她们提升幸福感的媒介。她们能够表达自己，摆脱自身的缺点和“邪恶”的想法，学会守护自己心灵的秘密。

13. 通过布道传播。拜赞歌宣扬身心健康的理念，并通过具体的方法促使她们学习爱与宽恕。她们学到应该在自身的利益之前先考虑"别人的"利益，应该试着为其他人祝福并放弃"我"(自我)。

14. 布道的逐渐灌输激励着她们进步并改进自己的行为，这将提升她们自身和家庭成员的身体及精神健康状况。

15. 布道不仅可以促进受访者的未来的改变，也可促进其日常生活的改善。例如，有一位参加了10～12年布道的受试者报告，定期参与布道改善了她的睡眠质量。现在每当她午夜醒来时，注意力都会自然而然地回到布道之中，任何干扰和烦恼都无法侵扰她的心灵。

16. 相信自己，深信神能赐予心灵的平和及兄弟般的情谊。

17. 所有的成员都乐于参与布道，即便是家务繁杂或天气糟糕，她们也不会错过那一天的布道。她们清楚地把这样的信息传达给了家人，即在一天中的某些时间，她们希望与自己和自己的布道伙伴共度，而家人们也渐渐地理解并配合这一意愿。这也坚定了她们自以为义(self－righteousness)的信念，她们也学会了自信，懂得了与自身共度时光的重要性。这可以理解为在印度文化的背景下，女性的角色更多地被定义为一个供养人而非一个接受者；她们被希望在所有的场合和所有时间都出现。尤其在婚后，女性自身的需要自然而然地沦为最后一位。在印度乡村地区的社群中，女性在家庭中扮演的角色往往是自我忽视的多重角色，而不仅仅是"自我否定"那么简单。

18. 参与布道允许女性们培养静养的习惯。这可以增长知识并从本质上帮助她们减轻沉重的负担，使得生活更加轻松。她们报告说，现在她们已领悟到，快乐和悲伤仅仅是人生的一段经历，她们能够设法回避或最大程度地缓解其影响。

19. 她们获得了应该共同帮助他人的灵感(启示)。这意味着虔诚博爱的思想帮助她们减少了自我中心的想法，并促发善行。

20. 据观察，在布道中有时人们也会唱诵季节性的歌曲。她们说在村里这是经常发生的事情，有助于唤起她们的热爱和欢喜的感情及对神的奉献和信仰。

21. 女性参与者们包括媳妇(bahu)和婆婆(saas)。其中的大多数表示她们关系良好，但极少会坦诚地表达分歧和冲突。不过她们承认参与布道可帮助她们温和地处理彼此之间的冲突并培养无私和宽容的心态。

22. 此外，布道综合比较了年轻与年长参与者在参加活动和会员时间方面的情况。例如，相较于那些参加时间为 2 年或更少的人而言，布道对参加活动时间长达 5 年以上的人更有益处。所有的小组均包含参加布道 2～5 年及 25 年以上的成员；所有的参与者均拥有类似的分享与不同的体验。尽管如此，她们都把各方面、各种程度的受益归因于布道。大家一致认为从布道中获得了积极的修行。有一名年约 60 岁的寡妇是小组的高级成员之一，在她还未长大成人前便已结婚（童婚），她遭遇了早年丧偶，目前住在自己弟弟家。她分享说布道帮助她逐渐成长并学会了接纳从小遭受的苦难。

23. 参与者也被问及相比于其他方式（如冥想和宗教宣讲）布道的效果如何这一问题。所有的成员均认为布道同样有效，而且在某些方面更好；鉴于布道的集体性本质，它能更好地提升积极幸福感。

5.5 总讨论

总而言之，对三项研究的分析可见：所有的农村女性在参加布道后均感到更有力、更自由。任何形式的音乐均被公认是有助于放松精神的，并对人们的精神、身体、情感和社会进行疗愈（Chiang，2008），结果表明此结论同样适用于布道。反复参与到团体之中并唱诵蕴含宗教信息和积极美德的歌曲可增强参与者们的幸福感。民歌或带有地域性宗教含义的歌曲将信仰和价值观传递给成员们。歌曲与特别的地区联系在一起，这意味着其构成往往与地域的同一性通过诸如本地事件、人物和景观紧密相连（Storey，2001）。此外，各项研究均认为音乐作为一种治疗方式，也体现在音乐是积极情感和幸福感的源泉（Gilboa 和 Sagit，2009；Hills 和 Argyle，1998；Laukka，2007）。民俗音乐在社会结构的同一性中扮演着重要的角色，音乐使人们沉浸于感性之途（Yarwood 和 Charlton，2009）。我们的心理幸福感研究的结果也支持 Greitemeyer（2009b）的研究结论，他提出，相较于中性歌词，聆听含有亲社会信息的歌曲可提升亲社会想法的可及性并引发更多的帮助行为。更值得注意的是，无限制环境下的集体歌唱促进了女性幸福感的提升，并可减少消极情感，这一情形在布道中尤为突出——布道在其中起到了积极信念强化系统象征和宣泄媒介的作用（Singh 和 Singh，2010）。布道呈现出的社群的整体感知，其本质上是集体主义文化的反映。对比集体主义文化与个人主义文化，Diener 和 Oishi（2000）提出，尽管集体主义的大家庭对个体的干涉更为显著，但也会在困难时期为个体提供更好的社会支持，让个体“自生自灭”的情况在集体主义的社会大家庭中极少出现。

在所有的三项研究中，参与者一致声明在歌唱时感到压力得以缓解，布道帮助她们滋养了更为健康的人际关系，增强了家庭的纽带，并建立起了良好的社会支持。部分研究支持，相较于其他影响幸福感的因素，社会支持是幸福和主观幸福感最为重要的影响因素（Diener 和 Seligman，2002）。观察结果表明，参与到布道这一与“团队劳作”紧密结合的任务时，主动的亲社会性支出（为穷人的福祉而集体捐助）、与同年龄组成员的分享、参加宗教活动均可增强幸福感。亲社会的利他性付出有助于带来幸福感和快乐（Dunn 等，2008）。关于利他行为和态度表现是否可引发促进人类繁荣发展的广泛社会协作，学界依然争论不休（Henrich 和 Henrich，2006；Tomasello，2009）。Punia 和 Punia（2004）曾报告，民间歌曲有助于理解社会文化的范畴及调整个体对自身文化世界的建构。

本研究中的参与者也报告说，对于她们而言布道是“一天中的休闲娱乐”活动。这与回顾好的事件会使人们感到快乐的研究结果是一致的（Seligman 等，2005）。“积极的情绪和情感”不单单显示出当前的健康状况，也促成了进一步的积极健康（Fredrickson，2001）。

参与布道使得农村女性冲破家庭制约的界限去接触“外部世界”，争取家庭重要成员对自身个体性的支持，找到联接“内在世界”的时间和空间，并展开对生活的意义和目的的探索。积极的人际关系和人生目标已确知是构成幸福感的关键性维度（Ryff，1995；Seligman，2011）。值得注意的是，听从布道中的古鲁宣讲和灵性之路的指引也可提升主观幸福感。在所有的治疗机构，如 Pir of Patteshah Dargah, Balaji, Shamana, Lama of Mcleodganj, Radha Soami sect, and Mata Nirmala Devi along with the Ayurveda and tantra systems 中，神圣的作用是其首要价值

(Kakar,1978)。开明之人(古鲁们)宣扬的积极或精神活力促成了成员们的精神升华(Goel,2008)。

传统观点认为，基于“东方的生命哲学”和较低的工业化水平及与之相应的紧密家庭关系，在这样的保护性因素的影响下，精神疾病在印度的患病率远低于西方国家(Prabhu 和 Raghuram,1987)。生物医学范式对精神健康的诊断方式在很大程度上依赖于躯体和心理因素，却几乎不考虑社会文化和社会人口统计因素(Haslam,2000)。因此，在印度一些问题无法报告或被低估了(Haslam,2000)。另一个导致此现象的因素是穷人的自尊心。自我控制感的匮乏和无望感(Srivastava 和 Misra,2003)阻止了人们寻求帮助。布道作为本土实践既已现存于社会之中，如得到有力的调节和加强，或能以其他方式促进一种形式“尚待明确”的治疗改革。

5.6 结论

音乐作为一种治疗方法被公认为具有文化特性。地方性音乐的疗愈根据信仰、宗教和信息的不同呈现出多变性。传统治疗的成功也加强了文化中核心的宗教信仰和信念(Moreno,1995)。印度的文化和宗教习俗是丰富多样的。西式疗法直接应用于东方种群必然会导致歪曲和非典型性的结果。此外，在印度，特别是对印度乡村的人群而言，疗法使用的便捷性和负担能力是重要的考虑因素。健康的模式应根植于文化共享的观点、伦理道德观念、推论形式和感受性(Khare,1996)。同时，就乡村背景的人群来说，不依赖于语言、阅读和写作技巧及认知意识的干预也被认为可提升幸福感。Vella-Brodrick(2009)指出，对适用于特定人群，如儿童或受限于书写能力者的干预方法的研究依然很匮乏。在这样的背景下，上述研究支持，布道是提升印度乡村地区女性幸福感的一种强有力的工具。据观察，布道的治疗效果不仅仅体现在音乐、娱乐和激发团体凝聚力的团体活动之中。无论是以古鲁为代表还是对神的崇拜，其精神本质均在于铺平了自我和内在自我之神性联接的道路。

参考文献

Alexander, C. N., Langer, E. J., Newman, R. I., Chandler, H. M., & Davies, J. L. (1989). Transcendental meditation, mindfulness, and longevity: An experimental study with the elderly. *Journal of Personality and Social Psychology*, *57* (6), 950—964.

Banth, S., & Talwar, C. (2012). Anasakti, the Hindu ideal, and its relationship to well-being and orientations to happiness. *Journal of Religion and Health*, *51*(3), 934—946. doi: 10.1007/s10943-010-9402-3.

Bhawuk, D. P. S. (2010). Methodology for building psychological models from scriptures: Contributions of Indian psychology to indigenous and universal psychologies. *Psychology and Developing Societies*, *22*, 49—93.

Brown, K. W., & Ryan, R. M. (2003). The benefits of being present: Mindfulness and its role in psychological well-being. *Journal of Personality and Social Psychology*, *84*(4), 822—848.

Chiang, M. M. (2008). *Research on music and healing in ethnomusicology and music therapy*. Unpublished Master's thesis.

Chilton, G., & Wilkinson, R. A. (2009). Envisioning the intersection of art therapy and positive psychology. *Australian New Zealand Journal of Art Therapy*, *4* (1), 27—35.

Cook, P. M. (1997). Sacred music therapy in North India. *The World of Music*, *39*, 61—84.

Dalal, A. K. (2007). *Folk wisdom and traditional healing practices: Some lessons for modern psychotherapies*. New Delhi: Pearson.

Das, R. C. (1991). Standardization of the Gita inventory of personality. *Journal of Indian Psychology*, *9*(1&2), 47—54.

Davar, B. (2001). *Mental health from a gender perspective*. New Delhi: Sage.

Delle Fave, A., Brdar, I., Freire, T., Vella-Brodrick, D., & Wissing, M. P. (2011). The eudaimonic and hedonic components of happiness: Qualitative and quantitative fi ndings. *Social Indicators Research*, *100*, 185—207.

Diener, E. (1984). Subjective well-being. *Psychological Bulletin*, *95*(3), 542—575.

Diener, E., & Diener, M. (1995). Cross-cultural correlates of life satisfaction and self

—esteem. *Journal of Personality and Social Psychology*, *68*, 653—663.

Diener, E., & Oishi, S. (2000). Money and happiness: Income and subjective well—being across nations. In E. D. E. M. Suh (Ed.), *Culture and subjective well—being* (pp. 185—218). Cambridge, MA: MIT Press.

Diener, E., & Seligman, M. E. P. (2002). Very happy people. *Psychological Science*, *13*, 81.

Diener, E., Oishi, S., & Lucas, R. E. (2003). Personality, culture, and subjective well—being: Emotional and cognitive evaluations of life. *Annual Reviews of Psychology*, *54*, 403—425.

Duggal Jha, S., & Singh, K. (2011). An analysis of individualism—collectivism across Northern India. *Journal of the Indian Academy of Applied Psychology*, *37*(1), 149—156.

Dunn, E. W., Aknin, L. B., & Norton, M. I. (2008). Spending money on others promotes happiness. *Science*, *319*(5870), 1687—1688.

Feldman, G., Greeson, J., & Senville, J. (2010). Differential effects of mindful breathing, progressive muscle relaxation, and loving—kindness meditation on decentering and negative reactions to repetitive thoughts. *Behaviour Research and Therapy*, *48*, 1002—1011.

Fredrickson, B. L. (2001). The role of positive emotions in positive psychology: The broadenand—build theory of positive emotions. *American Psychologist*, *56*, 218—226.

Gilboa, A., & Sagit, B. (2009). Sowing seeds of compassion: The case of a music therapy integration group. *The Arts in Psychotherapy*, *36*, 251—260.

Gilman, R., & Huebner, E. S. (2000). Review of life satisfaction measures for adolescents. *Behaviour Change*, *17*, 178—205.

Goel, M. S. (2008). *Devotional Hinduism: Creating impressions for God*. Bloomington: iUniverse.

Greitemeyer, T. (2009a). Effects of songs with pro—social lyrics on pro—social behavior: Further evidence and a mediating mechanism. *Personality and Social Psychology*, *35*, 1500—1511.

Greitemeyer, T. (2009b). Effects of songs with prosocial lyrics on prosocial thoughts, affect and behavior. *Journal of Experimental Social Psychology*, *45*, 186—190.

Grosswald, S. J., Stixrud, W. R., Travis, F., & Bateh, M. A. (2008). Use of the transcendental meditation technique to reduce symptoms of Attention Deficit Hyperactivity Disorder (ADHD) by reducing stress and anxiety: An exploratory study. *Current Issues in Education*, *10*(2).

Hadi, N., & Hadi, N. (2007). Effects of hatha yoga on well—being in healthy adults in

Shiraz, Islamic Republic of Iran. *East Mediterranean Health Journal*, *13* (4), 829—837.

Halbfass, W. (1997). Happiness: A Nyaya—Vaisesika perspective. In P. Bilimoria & J. N. Mohanty(Eds.), *Relativism, suffering, and beyond: Essays in memory of B.K. Matilal*(pp. 150—163). Delhi: Oxford University Press.

Haslam, N. (2000). Psychiatric categories as natural kinds: Essentialist thinking about mental disorder. *Social Research*, *67*(4), 1031—1058.

Henrich, J., & Henrich, N. (2006). Culture, evolution and the puzzle of human cooperation. *Cognitive Systems Research*, *7*(2—3), 220—245.

Hills, P., & Argyle, M. (1998). Musical and religious experiences and their relationship to happiness. *Personality and Individual Differences*, *25*, 91—102.

Hwang, K. (2004). The epistemological goal of indigenous psychology: The perspective of constructive realism. In B. N. Setiadi, A. Supratiknya, W. J. Lonner, & Y. H. Poortinga (Eds.), *Ongoing themes in psychology and culture*. Melbourne: International Association for Cross— Cultural Psychology.

Jain, A. (2007). Reformation of psyche through yogic discipline. *Yoga Varsha*, *4*, 28—29.

Kakar, S. (1978). *The inner world: A psychoanalytic study of childhood and society in India*. Delhi: Oxford University Press.

Kamat, J. (2013, February 20). Swastika In Indian Culture. *Indian Culture*. Retrieved July 15, 2009.

Kapur, R. L. (2011). Yoga and the state of mind. In A. K. Dalal & G. Misra (Eds.), *New directions in health psychology*(pp. 249—258). New Delhi: SAGE.

Keyes, C. L. M. (1998). Social well—being. *Social Psychology Quarterly*, *61*, 121—140.

Keyes, C. L. M. (2002). The mental health continuum: From languishing to fl ourishing in life. *Journal of Health and Social Behavior*, *43*, 207—222.

Khare, R. S. (1996). Dava, daktar and dua: Anthropology of practiced medicine in India. *Social Science & Medicine*, *43*, 837—848.

Kitayama, S., Markus, H. R., & Kurokawa, M. (2000). Culture, emotion, and well—being: Good feelings in Japan and the United States. *Cognition & Emotion*, *14*, 93—124.

Krishnan, L. (2005). Concepts of social behavior in India: Daan and distributive justice. *Psychological Studies*, *50*, 21—31.

Kumar, S. K. K. (2010). Indian indigenous concepts and perspectives: Developments and future possibilities. In G. Misra (Ed.), *Psychology in India: Theoretical and methodological developments* (Vol. 4). New Delhi: Dorling Kindersley (India) Pvt. Ltd.

Larsen, B. (2007). Room for 2000 philosophers. Many volunteers keep the faith on huge project. *The Peace Arch News*, 3.

Laukka, P. (2007). Uses of music and psychological well-being among the elderly. *Journal of Happiness Studies*, *8*(1), 215—241.

Lindberg, D. A. (2005). Integrative review of research related to meditation, spirituality, and the elderly. *Geriatric Nursing*, *26*(6), 372—377.

Lu, L., Gilmour, R., & Kao, S. (2001). Cultural values and happiness: An eastwest dialogue. *The Journal of Social Psychology*, *141*, 477—493.

Malathi, A., Damodaran, A., Shah, N., Patil, N., & Maratha, S. (2000). Effect of yogic practices on subjective well being. *Indian Journal of Physiology and Pharmacology*, *44*(2), 202—206.

Menon, S. (1998). The ontological pragmaticity of karma in Bhagvad Gita. *Journal of Indian Psychology*, *16*(1), 44—52.

Misra, G. (1990). *Applied social psychology in India*. New Delhi: Sage.

Misra, G., & Paranjpe, A. C. (2012). Psychology in modern India. In *Encyclopedia of the history of psychological theories* (pp. 881—892). New York: Springer Science, Business Media, LLC.

Moreno, J. J. (1995). Ethnomusic therapy: An interdisciplinary approach to music and healing. *The Arts in Psychotherapy*, *22*, 1—10.

Nastasi, B. K. (1998). A model for mental health programming is schools and communities: Introduction to the mini-series. *School Psychology Review*, *27*, 165—174.

Outlook. (2005, January 10). Kya hai khusi ka khazana (What is the secret of happiness). *Outlook*.

Pande, N., & Naidu, R. K. (1992). Anasakti and health: A study of non-attachment. *Psychology and Developing Societies*, *4*, 89—104.

Pargament, K. I., & Mahoney, A. (2002). *Spirituality*. New York: Oxford University Press.

Park, N., & Huebner, E. S. (2005). A cross-cultural study of the levels and correlates of life satisfaction among children and adolescents. *Journal of Cross-Cultural Psychology*, *36*(4), 444—456.

Park, N., Peterson, C., & Seligman, M. E. P. (2006). Character strengths in fifty-four nations and the fifty US states. *The Journal of Positive Psychology*, *1*(3), 118—129.

Patel, V., Ricardo, d. L., Mauricio, L., & Ana, T. C. (1999). Women, poverty and common mental disorders in four restructuring societies. *Social Science & Medicine*, *49*, 1461—1471.

Perry, B. (2008). *Lecture*. Paper presented at the The American Art Therapy, Cleveland.

Prabhu, G. G., & Raghuram, A. (1987). Mental health in India. In *Encyclopaedia of social work in India*(Vol. 2, pp. 188—189). New Delhi: Ministry of Welfare.

Puchner, L. (2003). Women and literacy in rural Mali: A study of the socio－economic impact of participating in literacy programs in four villages. *International Journal of Educational Development*, *23*, 439—458.

Punia, D., & Punia, R. K. (2004). Gender discrimination in Haryanvi folk songs. In B. Rama Raju(Ed.), *Folklore*. New Delhi: The New Millennium Research India Press.

Rauscha, S. M., Gramlinga, S. E., & Auerbacha, S. M. (2006). Effects of a single session of largegroup meditation and progressive muscle relaxation training on stress reduction, reactivity, and recovery. *International Journal of Stress Management*, *13*(3), 273—290.

Research Programme Framework: Action R&D on body, c. a. t. i. i. a. f. o. i. l. (2012). Retrieved September 3, 2012. http://www. sriaurobindoashram. org/research/research. php

Ryff, C. D. (1989). Happiness is everything, or is it? Explorations on the meaning of psychological well－being. *Journal of Personality and Social Psychology*, *57*, 1069—1081.

Ryff, C. D. (1995). Psychological well－being in adult life. *Current Directions in Psychological Science*, *4*(4), 99—104.

Ryff, C. D., & Keyes, C. L. M. (1995). The structure of psychological well－being revisited. *Journal of Personality and Social Psychology*, *69*, 719—727.

Sachdev, N. (2001). The Radha Soami way of god realization. *The Times of India*, January 2001.

Sand, R. (1993). Of faith, hope & charity. *The Times of India*.

Seligman, M. E. P. (2011). *Flourish: A visionary new understanding of happiness and well－being*. New York: Free Press.

Seligman, M. E. P., Steen, T. A., Park, N., & Peterson, C. (2005). Positive psychology progress: Empirical validation of interventions. *American Psychologist*, *60*(5), 410—421.

Singh, K. (2009). Intervention module for restructuring socio－ cultural issues in Indian framework. In G. Sankar (Ed.), *Psychotherapy & yoga traditions*(pp. 180—194). Sagar: Pranjal Prakashan.

Singh, K., & Choubisa, R. (2009). Effectiveness of self focused intervention for enhancing student's wellbeing. *Journal of the Indian Academy of Applied Psychology*, *35* (Special issue), 23—32.

Singh, K., & Dangi, S. (2011). Married migrant women in Haryana: A pilot study. *The Journal of Psychosocial Research*, *6*(2), 265—273.

Singh, K., & Singh, D. (2010). *Development and socio—cultural changes in rural areas of Haryana*. Paper presented at XX annual convention of National Academy of Psychology, New Delhi: JNU.

Sinha, D. (2002). Culture and psychology: Perspective of cross—cultural psychology. *Psychology and Developing Societies*, *14*(11), 11—25.

Sinha, D. (2011). Concept of psycho—social well—being: Western and Indian perspectives. In A. K. Dalal & G. Misra (Eds.), *New directions in health psychology* (pp. 95—107). Delhi: Sage.

Smith, S. (2000). Geography of music. In R. Johnston, D. Gregory, G. Pratt, & M. Watts (Eds.), *The dictionary of human geography* (pp. 530—531). Blackwell: Oxford.

Smith, C., Hancock, H., Blake—Mortimer, J., & Eckert, K. (2007). A randomised comparative trial of yoga and relaxation to reduce stress and anxiety. *Complementary Therapies in Medicine*, *15*(2), 77—83.

Srivastava, A. K., & Misra, G. (2003). Going beyond the model of economic man: An indigenous perspective on happiness. *Journal of Indian Psychology*, *Andhra University*, *21*, 12—29.

Srivastava, A. K., & Misra, G. (2011). In A. K. Dalal & G. Misra (Eds.), *New directions in health psychology* (pp. 109—131). New Delhi: Sage.

Storey, D. (2001). *Territory: The claiming of space*. Harlow: Prentice Hall.

Tomasello, M. (2009). *Why we cooperate*. Cambridge, MA: MIT Press.

Varjas, K., Nastasi, B. K., Moore, R. B., & Jayasena, A. (2005). Using ethnographic methods for development of culture—specific interventions. *Journal of School Psychology*, *43*(3), 241—258.

Vella—Brodrick, D. T. (2009). *Interventions for enhancing well—being: The role of person—activity fit*. In Workshop presented at the First World Congress on Positive Psychology, Philadelphia.

Verma, S. K., & Verma, A. (1989). *Manual of P. G. I. general well—being measure*. Lucknow: Ankur Psychological Agency.

Wig, N. N. (1990). Indian concepts of mental health and their impact on care of the mentally ill. *International Journal of Mental Health*, *18*, 71—80.

Wolfe, R. (2002). Spiritual lessons at service. *The Press Democrat*.

Yarwood, R., & Charlton, C. (2009). Country life? Rurality, folk music and "show of hands". *Journal of Rural Studies*, *25*, 194—206.

第6章　课程活动与学生发展：积极国家如何激励学生追求心理学的生涯发展

Mercedes A. McCormick, Grant J. Rich,
Deborah Harris O'Brien 和 Annie Chai①

在积极的国家和社区中，大学生可以在课堂内外通过辅助课程活动来学习。自 1929 年以来，Psi Chi，心理学国际荣誉社会已经成长为世界上最大的心理学组织，通过发展一系列的辅助课程项目，美国学生和国际学生都从中获益。这一章将回顾以下内容：(1)辅助课程活动的背景及其与积极心理学的联系；(2)Psi Chi 的任务和世界各地 60 万成员的成长；(3)Psi Chi 辅助课程项目的多样性；(4)如何通过让心理学专业的学生受益来促进整个国家或其他相关领域受益(Denmark 和 Heitner，2000；Takooshian 和 Landi，2011)。

6.1 引言

"在积极的国家和社区，如何使心理学专业的学生在未来的职业发展中受益?"在这一章节中，我们采用积极心理学的取向，从四个方面来讨论问题：(1)课外活动的价值(CCA)；(2) Psi Chi 成为唯一最大的辅

①M. A. McCormick，美国，纽约州，佩斯大学，心理学系，E-mail：mmccormick2@pace. edu；G. J. Rich 美国，阿拉斯加州，朱诺市，美国心理学会国际心理学第 52 部，E-mail：optimalex@aol. com；D. H. O'Brien，美国，华盛顿特区，华盛顿圣三一大学，E-mail：harris－obriend@trinitydc. edu；A. Chai，美国，纽约州，佩斯大学，心理学系、联合国心理学家国际理事会，E-mail：annic. chai5@gmail. com；H. Águeda Marujo 和 L. M. Neto(编辑)，《积极的国家和社区》，DOI 10. 1007/978－94－007－6869－7_6，Springer Science＋Business Media Dordrecht 2014

助课程活动的推动者；(3) Psi Chi 课程活动的例子；(4) Psi Chi 课程如何影响心理学及其他专业学生的职业发展。

从 20 世纪 90 年代开始，积极心理学旨在用“积极体验的科学、积极个体的特质、积极的机构”，以“提升生活质量，防止贫乏和无望的生活带来心理疾病”，来平衡心理学历史中对于人性弱点的探索(Seligman 和 Csikszentmihalyi，2000)。当积极心理学进入成长的第二个十年，非常多的心理学者专注于积极的个体体验和特质的研究。事实上，在积极心理学运动中学者们提出了制定积极人格的分类系统。Peterson 和 Seligman(2004)的《人格优势和美德手册及分类》(*Character Strengths and Virtues*)，提出了跨文化研究背景下的六种美德：智慧、勇气、人性、公平、节制和卓越。这本手册可以被看成对美国心理学会编制的《精神障碍诊断与统计手册》的补充。它用关于心理疾病的分类方式对人的积极人格和美德进行分类和鉴定。研究已经记录了这些品质在青年时期的特征。从理论上说，从创造力、好奇心和思维开阔到爱学习、洞察力，24 种人格优势的任何一种都可能发展成辅助课程活动。辅助课程活动能让学生发挥这些优点。同样地，一些人格优势，比如正直、美德、友善、社会智力、公平和希望，可以让学生在参与辅助课程活动中得到提升。

依据本章作者的经验来看(作者曾加入 Psi Chi，获得了“服务”)，辅助课程活动能促进公民意识、领导力和感恩的品质等人格力量的发展，甚至诸如勇敢、幽默和爱等品质也可能在辅助课程活动中得到提升，将英语作为第二语言的学生能够克服公共演讲的恐惧。当孩子用幽默来应对尴尬的时刻，或者当孩子发展忠诚意识、喜爱和学会照顾班级同学和社区成员时，不仅不会让孩子之间的关系变淡，反而能增进感情。虽然现在的研究没有直接研究 24 种人格优势和辅助课程活动的联系，但大量的研究讨论了辅助课程活动对于年轻人的有效性。

然而，10 年来的研究都集中探讨了积极心理学的两个问题：积极心理感受和积极的品质。对另一个问题的讨论却相对较少，即积极的组织。例如，积极心理学课程的一项问卷调查(Rich，2011)发现了：在 6 本关于积极心理学的课本中，都涉及了幸福(积极的主观体验)和积极的情绪(特质)，只有一本教材附了完整的一章介绍积极的文化，6 本书里的 3 本介绍了积极的组织(Compton，2005；Peterson，2006；Snyder 和 Lopez，

2007）。

虽然积极心理学在建立初期就提及积极组织的价值和社会道德特征，积极心理学家对于这个研究的响应仍是比较慢的，原因有以下几点：第一，历史上心理学家总是专注于个体的体验，而社会学家则倾向于关注群体和组织；第二，群体研究的工具——方法论面临许多挑战，并不符合心理学家所制定的标准分析工具和研究设计的要求；第三，不是所有的心理学家都同意测评工具的价值和应用是解决问题的唯一方法。比如，早在 2001 年，Rich 就提出了一个问题，心理学家怎么检验积极心理学体验、积极特质和积极组织？Rich 接着说："传统的计量方法够格吗？"我们是否能通过方差分析、幸福回归或者方程式建模来理解创造力？或者，积极心理学是否因为存在一些问题而不使用质性研究？比如访谈、观察和田野考察，当检验很多心理学现象时，这样的定量研究似乎非常有限。

Psi Chi 以及它的辅助课程活动是一个倾向于积极的组织，这样的辅助课程活动可以被描述为集体过程。在缺少心理组织的研究和相关的社区和组织建设的前提下，检验 Psi Chi 以及相关的活动是一个有价值的举措。关注文化敏感度进程这样的探索，甚至比 Psi Chi 继续国际化的探索更有价值。

6.2 辅助课程活动的背景和价值

辅助课程活动，也被称为课外活动，是一种辅助标准课堂的教学组织。这样的活动是非常重要的，研究证明 50% 的学生称课堂无聊（Steinberg 等，1996）。然而，学生参与度和快乐常常与学业成绩相关（例如，Csikszentmihalyi 和 Schneider，2000）。一些研究以美国年轻人为例子，认为与常规的课程活动相比较，如传统的课堂教学，年轻人更容易参与到课外活动中。原因之一便是年轻人更容易接受课外活动，如俱乐部、运动队，可以一边学习一边玩。相反，多数的课程活动被称为学习，有利于未来规划但不是很有趣（Schmidt 和 Rich，2000）。社交活动充满了快乐和娱乐，但是和未来没有关联，有一项关注课堂投入度的研究以许多年轻人为样本以探讨情境认知的现象，结果发现，比起听课和看视频，在教室中学生更容易融入团队合作(Shernoff 等，2003)。更多的支持证据来源于大学生志愿者参与板手球运动。Walker(2010)发现，当年轻人不是一个人，而是选择和其他人一起展示时，有了更多的享受度，Csikszentmihalyi (1990)把它命名为"福流"(flow)。

另一个被称为辅助课程活动的学习形式是"服务学习"(Colby 等，2003)，目前正越来越受关注。这个教育名词旨在通过社区服务增加社会责任感，提升公民的参与度，这和学术阅读、讲座和讨论息息相关。服务学习项目可能是一对一的，比如一个学生教一个孩子；也可能是团体协作，比如一个班级的同学在一个厨房一起工作。一些积极心理学研讨班把个体和群体社区学习活动和学业结合起来。在一个研讨班中，一组大学生和来自不同国家、宗教、人种的孩子一起相处，学生们提升了多元文化问题的意识，更赞赏多样化的价值，有了更高的自尊感，提升了领导技能、社会智力、乐趣和参与度(如 Rich，2002)。一些研讨班的学生，如咨询心理学和社会工作专业的学生也体会到了职业探索中的兴趣。积极心理学运动发展不到 10 年，建立了更为稳固的社会工作优势层面，积极心理学提升个体和社区幸福感的实践方法似乎补充了新积极心理学的研究方法，这些成就都是很显著的(Saleeby，2002)。其他的研究也证明了服务学习参与度和更好的学业成绩有关，也可能和更高的自尊和未来成为志愿者有关(Hart 等，2008)。事实上，美国的一项对于亚洲、非洲和拉丁美洲年轻人的研究发现，服务学习能够极大地降低辍学率(Bridgeland 等，2008)。虽然很多研究表明，超过四分之一的高中生要求服务学习，这样必修的服务学习反而在大学里更少见(Metz 和 Youniss，2005)。除此之外，关于是否要把服务学习看作必修课引起了广泛的讨论。但是，我们认为两种类型的服务学习——必修与自愿——能够为年轻人提供学习机会，能使学生通过参与活动而学到系统的意义，这两种类型的服务都可以产生效用。这项研究又提出，从教育政策的概念出发，当学校能够更有计划地组织活动，并且把服务纳入学业课程中时，学校能够在最大限度上帮助到学生(McLellan 和 Youniss，2003)。

几乎没有研究探讨学生在课外活动中的参与度对学生的学习和领导力的影响。Pascarella 和 Terenzini(2005)认为，大学生的成功与否取决于个体在学业、人际和课外活动方面的参与度。Toyokawa 和

Toyokawa(2002)发现，日本学生在美国课外活动学习的参与度和学业投入度及生活满意度成正比。

Krause(2008)对澳大利亚滞留学生的研究表明，在第一年就有辍学风险的学生不会对课外活动感兴趣。未表明会离开大学的学生，他们认为自己是团体的一员，认为自己属于大学生群体，并且积极参与大学的课外活动。相似的是，Bringle一行人(2010)发现了大一第一学期的服务学习增强了保持率，甚至延续到下学期和下一年。Krause(2008)的研究发现了那些参与更多的有偿工作的学生有更高的辍学率，他们必须去工作以满足基本生存的需要，其经济背景也比辍学倾向低的同学更弱。积极压力是一个调节因素，因为拥有较少资源的孩子必须通过工作来养活他们自己，并没有太多的时间参与到课外活动中去。大学的辅助课程活动需要将学生的局限性考虑在内，以帮助学生看到参与辅助课程活动能够使他们收获技能和能力，这些在未来都能转换成领导力和学生的职业发展能力。因此，课程活动的领导者有义务给学生展示参与的益处，并且组织一些会议教学生怎么参与到工作中去。

当学生投入到令人满意的辅助课程活动中的时候，他们普遍提升了自信心、个人组织性、时间管理技能和成熟感、灵活性、适应性以及幸福感(Harvey等，1992)。正如Rich在2009年指出的，“除了服务学习的工作以外，最近更多工作被用于评估有组织的青年活动”。Rich进一步比较了非正式同伴社交和学业课堂的正式学习。他的研究证明了系统化的青年活动可能是帮助青年探究身份、获取管理愤怒压力的技能、发展团队合作和领导技能的重要途径。

重要的是，辅助课程活动要植根于社会要素。辅助课程活动常常是教职工发起的学生领导行为，允许学生获取有价值的领导力经验。辅助课程活动对于培养学业和个人成长有很大的帮助。这样的成长对于实现职业目标有很大的帮助。发表于2003年*Journal of Adolescent Research*的一项研究表明，那些参与辅助课程活动的8～12年级的学生更可能有成功的学业生涯和亲社会行为(Zaff等，2003)。学生被鼓励去参加各个层面的辅助课程活动来提升自己。和之前的公民参与度研究结果一致的是，研究揭示了参与学校俱乐部的活动及政治活动预测了成年早期更高的政治和社会参与度(例如Youniss等，1997)。

Youniss 和 Yates (1997)提出假设，辅助课程活动让学生接触到组织的准则和价值，可以帮助学生在今后的生活中提升人际交往技巧。课外辅导活动能够引领学生学习政治和哲学思想，还可以让学生学到人际交往和领导技巧，这样可以帮助学生在今后的生涯中提升政治和公民活动的参与度(Glanville，1999；Hanks 和 Eckland，1978)。除此以外，还有一些研究表明，课外活动促进了学生与学校的联系，提供了社会资源和场域归属感(Eccles 等，2003)。辅助课程活动的参与能够加强学生与学校的联系，让他们与志同道合的人交往，在学校社区中认识自我(Eccles 和 Barber，1999；Eccles 等，2003)。Jordan 和 Nettles(1999)研究发现，参与了辅助课程活动的成年人会与学校建立更紧密的联系，会因为有更大的成就动机而变得与众不同。

关于学生如何学习才最好，已成为全世界关注的焦点。我们看到辅助课外活动在国际社会上生根发芽。比如，在 20 世纪 80 年代末期和 90 年代早期，满意度问卷在伯明翰的英格兰中部大学发展起来。这些问卷建立在群体聚焦讨论其学习经验的基础上。有关结果揭示了课外活动与相应辅助课程活动的重要性。

世界各国基于向学生提问“你在课堂之外学习到了什么?”而采用了新的学习方法。Peixoto(2004)探讨了葡萄牙语学校系统中课外活动的效果，各种类型的活动，比如运动，确实存在，但并没有被视为培养性格的因素。Peixoto(2004)分析了课外活动的效应对于学业调整、自我概念、对学校的态度以及学业成绩的效用。研究表明，参与了辅助课程活动的后进生通过提高自我概念和学业成绩的方式获益。

其他国家应用了伯明翰的调查结果，来理解青春期和成年期辅助课程活动对于学生学习和性格培养的优势。国际上，意大利博洛尼亚、新加坡、中国、葡萄牙里斯本都把辅助课程活动纳入教育政策之下。已有的信息表明辅助课程活动能够提升团队合作水平，团队合作常常需要准确的管理和组织技巧，在提升学生的自我概念、自尊和领导力的过程中适应未来职业发展的需要。

高校文学社团、带希腊字母的联谊会是最早的辅助课程活动，在美国大学范围内建立并且依旧存在。之后的辅助课程活动在 20 世纪一直得到发展，包括了运动队、荣誉社团以及大量的艺术史社团。在 21 世纪，辅助课程活动促进了心理学专业学生的学业、个体和职业的发展，得到了 Psi Chi 和国际心理学荣誉协会的认证。

在过去的 60 年里，心理学教育在美国大学突飞猛进，心理学已经成为美国校园里最流行的专业（Takooshian 和 Landi，2011）。在美国，比较 1950 到 2008 年的入学率，心理学学士学位增长了 967%，从 1950 年的 9569 到 2008 年增长为 92 587。硕士学位有 1628%的涨幅，从 1950 年的 1316 增至 2008 年的 21 431。博士学位有 1871%的涨幅，从 1950 年的 283 增至 2008 年的 5296。美国高中在 1929 年引进了心理学预修课程（Advanced Placement，AP），涨幅为 2858%，学生人数从 1992 年的 3914 快速增至 2010 年的 151 006。自从 1990 年以来，心理学教育在美国以外的国家甚至发展得更快（Stevens 和 Gielen，2007）。美国心理学荣誉协会 Psi Chi 的会员从 1985 年的 157 812 个增长到 2010 年的 605 000 个，增幅为 400%。在 2009 年，Psi Chi 执行协会提议的“走向世界”目前已经扩展到了北美以外的区域。

伴随着国际上和美国心理课程的增多，辅助课程活动也随之增长。由 Psi Chi 和荣誉心理学协会所赞助的辅助课程活动，使得国际学生和美国学生受益，学生们因此变得更卓越，得到了锻炼领导力的机会，同时在心理学领域进行了职业探索（Takooshian 和 Landi，2011）。

即使在 20 世纪 30 年代，心理学家 Theodore Newcomb 经典的本宁顿大学系列研究之前，我们知道大多数大学生都是在课堂之外学习的（Newcomb，1943），这能产生毕生的影响（Alwin 等，1991）。正如 Thomas Merton（2009）指出的，“在课堂中学到的其实是最少的”。就如学生在课堂中学习心理学一样，他们在现场工作、研究和其他辅助课程活动中会学到更多。

6.3 Psi Chi：国际心理学荣誉组织

6.3.1 Psi Chi 的使命和成长

早在 1929 年的 9 月 4 号，Psi Chi 在耶鲁大学由两位学生——Edwin Newman 和 Fred Lewis——在历史上第 9 个国际心理学会议上建立(Hogan 和 Takooshian,2004)。在过去的 80 年时间里,Psi Chi 已经成长为世界上最大的荣誉组织,在美国跨越 1100 个校园,拥有 600 000 个成员,有许多国际分会,包括了加拿大地区、加勒比地区、俄罗斯、爱尔兰、埃及和新西兰。中央办公室每月都会收到来自世界各地的大学要求成立国际分会的申请。这些就是辅助课外活动项目的资源,包含了会议、出版物、奖项、专利、服务活动等。Psi Chi 联合会的分支机构分布在各个大学或学院里,中心办公室在美国南部田纳西州的查特怒加市。

自从创始以来,Psi Chi 成了世界上最大的心理学荣誉组织,并且发展了一系列的辅助课外活动,使得美国和国际上的心理学学生受益。2009 年,Psi Chi 已经变成国际心理学荣誉组织,并且每个季度都有大量的分支机构在增长。31 个著名的心理学家已经被 Psi Chi 授予杰出贡献奖。这些获奖者其实都是一些领袖级的人物,比如前 APA 主席 Philip Zimbardo(菲利普・津巴多),Florence Denmark(福罗伦斯・丹马克),和 Raymond D. Fowler(雷蒙德・D. 佛罗),还有创新研究家,如 Rollo May(罗罗・梅),Robert Sternberg(罗伯特・斯滕伯格)和 J. P. Guilford(J. P. 吉尔福特)。再比如一些加拿大学者 Albert Bandura(阿尔伯特・班杜拉),Puerto Rico's Guillermo Bernal(普陀・瑞可・吉力莫・本纳尔)和 Jerome Bruner(吉若米・布鲁纳),Elizabeth Loftus(伊丽莎白・罗夫塔斯),以及美洲大陆的 Cacioppo(卡西欧普)。

Psi Chi 最主要的目标在于为成员进行学术认证,以及培养他们去获得更大的成就动机,协会在背后提供创新发展的土壤。为了实现这一目标,Psi Chi 分支提供一些机会鼓励专业发展,通过一些项目和辅助课外活动,扩大常规的课程设计,通过和分会的连接给学生带来现实的体验和友情。除此以外,Psi Chi 的国际组织积极发展这些项目以推动这些目标的实现。每年 Psi Chi 和心理学协会保持良好的例行联系,为本科生和研究生提供无数个参与研究、发表论文和学术同伴评论的机会。而且,这个协会创立了一份季度刊物 *The eye on Psi Chi*,发表了一些特色新闻,并且肯定了分支部门和成员的成绩。

为了建立 Psi Chi 的分会,大学、部门和学生都必须满足一定的准则。这些准则的细节由 Psi Chi 中央办公室发布。总体来讲,大学必须是 4 年制的高等学府,并且能够提供本科生和研究生心理学学位。本科生必须满足一定的课堂排名和平均等级绩点（GPA）的要求，要求学生来自心理学专业或者辅修过心理学专业。Psi Chi 承认了成绩制度和心理学项目在不同国家差异很大，因此，Psi Chi 执行主任将会协助国际教职工来探讨怎么制定要求和标准。

6.3.2 Psi Chi 分会的活动

Psi Chi 的目的在于通过多种辅助课程活动来积极鼓励和促进学生的成长。Psi Chi 国际荣誉心理学协会提供许多辅助课程活动，包括会议、刊物出版、奖项颁发、津贴和服务学习体验。诸如此类的课程活动激励学生寻找那些可能激发他们在心理学领域得到就业机会的实习经历。

那么 Psi Chi 分会到底开展哪些具体的活动呢？Psi Chi 分会开展的活动的性质通常是有教育意义的，包括：邀请演讲者演说一个关于心理学的问题或主题，集体聆听一位母校教授关于研究的讲座或者共同参加校园专题讨论会，参加研究所或者备考 GRE 的研讨会，在会议上点评学生的研究报告并提供意见，或者考察走访高校社区中的心理学试验点。其他一些流行的教育活动包括邀请发言人就心理学学科的一些职业方向进行演说，开展一些与心理学有关的实习研讨会，以及针对一些持有心理学本科学位的学生的就业过程开展讨论。

Psi Chi 分会的活动包括对社区的个体和团体提供帮助的服务型学习计划。举个例子，服务型学习中出名的活动包括辅导年轻学生，组织参与一些环保活动（如：一次沙滩清扫活动），组织和领导诸如捐赠服装、献血、捐赠玩具和书本给收容所的孩子们（特别是在节假日）。其他普遍的活动包括作为研究助理，带领资金筹集人为慈善机构和“仁爱之家”志愿者团队集资，后者为需要帮助的人建造简单的、负担得起的房子。Psi Chi 已特别地确定了三个活动作为国家服务型项目，分别是食物捐赠、“仁爱之家”和收养计划，以多种形式为他们所在的社区提供服务。Psi Chi 分会有大量志愿服务的机会和受欢迎的地点（帮助老人的养老院、药物康复中心、儿童医院、庇护所、监狱、高危儿童和青少年收容所）。一些分会已经演变成涉及美国的“大哥哥大姐姐”组织，这些组织的任务是通过一对一的辅导支持关系来帮助儿童激发他们全部的潜力。“大哥哥大姐姐”组织是全美最大的青年辅导组织之一。

Psi Chi 分会致力于开展大范围的活动，除了一些较有名的教育、服务和志愿工作，学生组织也经常参与促进社会联结、友谊发展和群体团结的团队建设活动。这些活动可能包括野餐、烤肉聚餐、电影之夜（以经常播放心理学主题的电影为特色）和正念练习。除了提升社会凝聚力，这些活动也是非常愉悦身心的。一些 Psi Chi 分会已经发现和其他学生组织一同参与活动是十分有价值的。举个例子，分会可能会和其他学生组织一同（比如那些帮助特定少数民族的组织）参加多样性培训。这一活动加强了学生对多元文化的理解，并且培养了学生的沟通技能。

6.3.3 Psi Chi 导师的角色

每一个 Psi Chi 的分会都由导师带领，他的主要任务是辅导学生成员在心理学领域中取得优异的学业和发展领导能力。总的来说，每一位分会的导师和合作导师会为其分会建立心理学系、制度和社区，并与其他 Psi Chi 分会的心理学系建立重要的联系。领导者对于 Psi Chi 来说是极其重要的，因为他们为所有的学生成员提供经验和建议。如前所述，心理学系分会的导师必须持有博士学位（比如哲学博士、教育学博士或者心理学博士）以及需要成为 Psi Chi 的成员。Psi Chi 的中央办公室为导师在一系列研究专题的选择上提供丰富的资源——从奖励、会议、出版物发表，到政策和工作活动。

然而，Psi Chi 分会导师的职责可能会根据他们分会的需要而不尽相同，通常他们会遇到大量的任务。系部导师要确保对合格成员的恰当选择、促进积极的同伴文化和加强支持性的团队动力建设。导师需要保留成员的详细记录，定期将分会的活动报告给中央办公室。当然，出席和参与分会的会议和其他 Psi Chi 活动也是同样重要的。其中要紧的是 Psi Chi 通过要求其他分会加入它们来得到奖励，以此鼓励服务型活动，这一奖励不仅仅涉及了荣誉，更是一份实在的奖金。

系部导师是一个重要的角色，因为他们指导学生成员拥有更高的领导能力和对心理学相关职业获得更加成熟的理解。作为这一角色的其中一部分，导师可能需要通过和学生分享他们自己的领导力和学术成果，或者通过和学生一起合作完成实验报告或出版刊物来在实际应用中规范自身的专业行为。很多在 Psi Chi 中成功的系部导师对他们的领导角色采取一种优势为本的积极心理学方式。举个例子，通过申请 Psi Chi 研究津贴来鼓励学生成为这方面的专家，发展分会的服务项目或者参与分会活动和组织专业会议，这些领导者将力图为内在动机和流动性创造适合的环境。学生们被鼓励去参加 Psi Chi 和分会的活动，因此他们能够了解心理学领域并能为了个体内在的收获而去从事心理学工作，比如智慧的积累、学生在研究中得到的个体满足感，和在加入服务型学习计划或志愿服务中辅导他人来帮助其改进学业或生活技能，并在这个过程中提升的幸福感。

当社会日益繁荣，比较于过往的几代人，一些学生逐渐将焦点更多地投注于高薪水或享有社会声望的职业，胜过对个体意义、价值或哲学问题的叩问。然而积极心理学研究表明，即使社会日益繁荣、个体日益富足，他们的幸福感和生活满意度并未得到增长（Peterson，2006）。相比于在诸多西方文化中滋长的消费主义心态，精通积极心理学的系部导师能够帮助年轻人更好地理解发展个体特长和美德的活动，将使学生获得长期的工作满意度（Peterson and Seligman，2004）。举个例子，难道从酗酒和非法药物使用中可以提升生活满意度和得到意义吗？当个体需要更多更好的科技产品和药物但获得更无趣的情感体验，难道这些活动不是正如很多积极心理学家所建议的导致空虚更甚于美好的生活？（Seligman，2011）

积极心理学研究认为，Psi Chi 辅助课程活动的开展可以提高学生的参与度，完善导师制，发展个体特长，增强流动性、内在动机和提升幸福感。这些 Psi Chi 活动带来了成就，提升了创造力、学业能力和专业才干。举个例子，在科学和数学学科中获得高分的青少年报告，他们并没有享受到这些学科的乐趣，并极其不希望将这些学科作为终身性的研究志向（Csikszentmihalyi 和 Schneider，2000；Rich，2003）。此外，这些积极心理学家声称，年轻人通常根据职业能提供个体满足感的程度来选择职业，并不是为了外部认可和经济获益（Csikszentmihalyi，1996；Csikszentmihalyi 和 Rich，1997）。

因此，Psi Chi 学业导师的领导方式需要强调学生成员的心理社会发展、分会的福流和学生在未来职业追求上的内在动机。除此以外，积极心理学关于领导力、创造性和才能发展的知识认为，一个有意义的领导者角色是为了帮助将一个对的人和一个对的领域或项目联系在一起。举个例子，Howard Gardner(2011)的众多脑力工作以及 Mihaly Csikszentmihalyi 和其他人关于系统模式的创造性工作表明，一个导师或者领导者的角色可以促进学生对该领域的理解(Csikszentmihalyi，1996；Nakamura 等，2009)。对于一位 Psi Chi 导师而言，这一研究可能表明导师应该给学生介绍该领域的领导者，比如常接触的心理学家、系部里拥有开放实验室或研究机会的同事。社区领导者和组织者之间的连接对未来可能利用这些关系网络的学生来说十分重要。

然而，同样重要的是 Psi Chi 导师所设立的在社区中被团队所开发的为其他人服务的承诺。当然，对 Psi Chi 来讲不仅仅系部导师作为有效的领导者是一种财富，同样重要的是，Psi Chi 也促进学生领导力的发展。由 Psi Chi 所提供的领导职位授权给学生，并赋予他们成为一位成功的且有能力的领导者的技能。这些技能是可转化的，并能使学生在职业生涯中受益匪浅。Psi Chi 的学生领导者可成为分会的官员，这一职位使他们有大量的机会发展各种技能，包括协商、矛盾处理、优化团队沟通和建立共识等。其他为 Psi Chi 学生提供发展领导力的机会通常出现在前文提到的服务活动的过程中，比如 Psi Chi 团队所参与的“仁爱之家”项目或帮助慈善团体组织食物捐助和筹措基金。

辅助课程活动的重要性丝毫没有被夸大描述，特别体现在鼓励学生们在心理学领域中追求其职业发展方面。甚至那些不打算在未来从事正规教育和心理学培训的学生通常也能发现，他们在 Psi Chi 的活动中以多种方式受益，比如：将他们和与职业相关的辅助专业、学业科目联系在一起，或发展他们长久的领导力才能和洞察力。这些案例被视为 Psi Chi 的成功所在，因为它们实现了促进学生领导力发展和培养个体价值及学业能力的承诺。

6.4 结论

总而言之，作为国际心理学荣誉团体，Psi Chi 对国家和社会有大量的积极帮助。高校学生不仅能够在教室里学到很多，而且能够在校外——社区里有所收获。从 1929 年成立伊始，Psi Chi 已经在全美开展了一系列辅助课程项目以使心理学专业的学生获益，从而成为国际上最大的荣誉团体。从 2009 年起，Psi Chi 已经在全球范围内高速扩展，将分会拓展至加拿大、加勒比海地区、爱尔兰及新西兰等地。

该分会将研究和证据描述为一些背景和辅助课程活动的价值，比如一些由 Psi Chi 分会所提供的活动。有关积极心理学的研究和一些具有优势的方法得到了特别的关注。此外，一个组织的优秀案例是采用辅助课程活动的，Psi Chi，这一国际心理学荣誉组织就是如此。有关 Psi Chi 的历史、任务和发展是非常复杂的，包括对开启一个分会和成为一位成员或系部导师的解释。许多 Psi Chi 分会所涉及的关于一些活动案例的描述清楚地展示了当地社区被一些其他组织举办的服务活动所掩盖的价值。最后，Psi Chi 导师的角色被广泛讨论，关于系部导师和 Psi Chi 成员积极领导力的心理学研究被广泛展示。对于内在动机、流动性和积极心理学理念的融合给予特别的关注，这对 Psi Chi 和辅助课程活动有巨大的影响。

在 Psi Chi 辅助课程活动中所涉及的集合程序通过让学生获益的方式让一个国家受益，这些学生未来将会从事与心理学相关的工作（Denmark 和 Heitner，2000）并在该行业中的相关领域提供帮助（Takooshian 和 Landi，2011）。研究和经验表明，Psi Chi 所提供的辅助课程项目类型能鼓励学生从事心理学方面的职业以及其他一些相关服务类职业。学生参与并在专业会议上演讲、写作和收到研究津贴能成为他们一次有用的学习经历，这可以培养学生对于心理科学的欣赏之情。由 Psi Chi 分会所提供的服务项目可使学生在实际的团队环境中收获有价值的经历，使学生在帮助专家的事业中获得发展。因此，这些辅助课程活动能在鼓励学生从事心理学职业的过程中一开始就创造积极的国家和社区。即使已有研究已经显示这些辅助课程活动在提升学生参与度、专业发展方面具有价值，未来的研究应该能对集体过程中如何涉及多元文化、多种国家进行更系统的检验与调查。在这方面，Psi Chi 在国际化背景下的近期扩张能保障学生成员在职业发展中得到专业成长、有趣的研究机会、领导机会，以及为他们的社区提供帮助的机会。

附录

定义

学生辅助课程活动促进学生积极成长并使学生变得更社会化、更有道德、情感更丰富以及认知能力更强。

最优人类技能(OHF)是一门使人类发展的科学。OHF 是关注建立更强大的人类而不是修补人类缺陷的心理学分支之一。

权利赋予:给他人以权威或能力。授权促进个体和社区的精神、政治、社会化或经济的增长。授权的结果能够使个体获得洞察力的发展以及增强他/她的自信心。

增强:提升可以使一些东西更加适合。

丰富:改进或提升质量。

注解:增强和丰富被列入具有同一性的词汇,并且可以交替使用。

积极社区:在一定程度上通过建立局部区域(包括大学、学校以及当地荣誉分会)的积极制度来鼓励、培养和支持个体的成长。

积极国家:在国际区域中通过积极制度的建立来鼓励、培养和支持个体的成长。

积极心理学:一种被 Martin Seligman 和 Mihaly Csikszentmihalyi 提出的研究取向,关注实证研究并将积极情绪、特质和组织作为研究的三大主要内容。

积极大学/学院/学校:关注个体特别是年轻一代积极成长和发展的学业环境。

参考文献

Alwin, D. F., Cohen, R. L., & Newcomb, T. M. (1991). *Political attitudes over the life span: The Bennington women after fifty years*. Madison: University of Wisconsin Press.

Bridgeland, J. M., Dilulio, J. J., & Wulson, S. C. (2008). *Engaged for success.* Washington, DC: Civic Enterprises.

Bringle, R. G., Hatcher, J. A., & Muthiah, R. N. (2010). The role of service learning in the retention of first year students to second year. *Michigan Journal of Community Service Learning*, *16*, 38—49.

Colby, A., Erhlich, T., Beaumont, E., & Stephens, J. (2003). *Educating citizens: Preparing America's undergraduates for lives of moral and civic responsibility.* San Francisco: Jossey—Bass.

Compton, W. C. (2005). Positive institutions. In W. C. Compton (Ed.), *Positive psychology*(pp. 217—249). Belmont: Wadsworth.

Csikszentmihalyi, M. (1990). *Flow.* New York: Harper & Row.

Csikszentmihalyi, M. (1996). *Creativity.* New York: Harper Collins.

Csikszentmihalyi, M., & Rich, G. (1997). Musical improvisation: A systems view. In K. Sawyer (Ed.), *Creativity in performance*(pp. 43—66). Greenwich: Ablex.

Csikszentmihalyi, M., & Schneider, B. (Eds.). (2000). *Becoming adult.* New York: Basic Books.

Denmark, F. L., & Heitner, E. (2000). The impact of Psi Chi on eminent psychologists. *Eye on Psi Chi.* Psi Chi, The National Honor Society in Psychology. Retrieved from http://www.psichi.org/awards/winners/hunt_reports/heitner.aspx Eccles, J. S., & Barber, B. L. (1999). What kind of extracurricular involvement matters? *Journal of Adolescent Research*, *14*, 10—43.

Eccles, J. S., Barber, B. L., Stone, M., & Hunt, J. (2003). Extracurricular activities and adolescent development. *Journal of Social Issues*, *59*, 865—889.

Gardner, H. (2011). *Leading minds.* New York: Basic Books.

Glanville, J. L. (1999). Political socialization or selection? Adolescent extracurricular participation and political activity in early adulthood. *Social Science Quarterly*, *2*, 279—291.

Hanks, M., & Eckland, B. (1978). Adult voluntary associations and adolescent socialization. *The Sociological Quarterly*, *19*(481—490), 509—520.

Hart, D., Matsuba, M. K., & Atkins, R. (2008). The moral and civic effects of learning to serve. In L. Nucci & D. Narvaez (Eds.), *Handbook of moral and character education.* New York: Psychology Press.

Harvey, L., Burrows, A., & Green, D. (1992). *Total student experience: A first report of the QHE national survey of staff and students' views of the important criteria of quality.* Birmingham: University of Central England QHE.

Hogan, J. D., & Takooshian, H. (2004). Psi Chi, the National Honor Society in Psychology: 75 years of scholarship and service. *Eye on Psi Chi.* Psi Chi, The National

Honor Society in Psychology. Retrieved from http://www.psichi.org/Pubs/Articles/Article_432.aspx

Jordan, W., & Nettles, S. (1999). *How students invest their time out of school: Effects on school engagement, perceptions of life chances, and achievement* (Report No, 29). Baltimore: Center for Research on the Education of Students Placed at Risk. [ERIC Document Reproduction Service No. ED 428 174].

Krause, K. L. (2008). *Student engagement and retention in the first year: Challenges and opportunities*! Presentation for the Moving Forward Project. Glasgow Caledonian University. Retrieved from http://www.academy.gcal.ac.uk/movingforward/docs/GCUkrause2008.pdf

McLellan, J. A., & Youniss, J. (2003). Two systems of youth service: Determinants of voluntary and required youth community service. *Journal of Youth and Adolescence*, *32*(1), 47—58.

Merton, T. (2009). *Bridges to contemplative living*. Bethany Spring: The Merton Institute for Contemplative Living.

Metz, E. C., & Youniss, J. (2005). Longitudinal gains in civic development through school—based required service. *Political Psychology*, *26*, 413—437.

Nakamura, J., Shernoff, D. J., & Hooker, C. H. (2009). *Good mentoring*. San Francisco: Jossey—Bass. M. A. McCormick et al. 115

Newcomb, T. M. (1943). *Personality and social change: Attitude formation in a student community*. Fort Worth: Dryden Press.

Pascarella, E., & Terenzini, P. (2005). *How college affects students: A third decade of research* (Vol. 2). San Francisco: Jossey—Bass.

Peixoto, F. (2004). What kind of benefits students have from participating in extracurricular activities? Lisbon: Higher Institute of Applied Psychology (ISPA).

Peterson, C. (2006). Enabling institutions. In J. Rappaport (Ed.), *A primer in positive psychology* (pp. 275—304). New York: Oxford.

Peterson, C., & Seligman, M. E. P. (2004). *Character strengths and virtues*. Oxford: Oxford University Press.

Rich, G. (2001). Positive psychology: An introduction. *Journal of Humanistic Psychology*, *41*(1), 8—12.

Rich, G. (2002). *Teaching positive psychology: A seminar*. Poster presented at National Institute on the Teaching of Psychology, St. Petersburg, FL.

Rich, G. (2003). The positive psychology of youth and adolescence. *Journal of Youth and Adolescence*. doi: 10.1023/a10210—17—4214—13.

Rich, G. (2009). Character education. In S. J. Lopez (Ed.), *The encyclopedia of positive psychology*. London: Blackwell Publishing.

Rich, G. (2011). Teaching tools for positive psychology: A comparison of available textbooks. *The Journal of Positive Psychology*, *6*(6), 492—498.

Saleeby, D. (Ed.). (2002). *The strengths perspective in social work practice*(3rd ed.). Boston: Allyn & Bacon.

Schmidt, J., & Rich, G. (2000). Images of work and play. In M. Csikszentmihalyi & B. Schneider(Eds.), *Becoming adult: How teenagers prepare for the world of work* (pp. 67—94). New York: Basic Books.

Seligman, M. E. P. (2011). *Flourish*. New York: Free Press.

Seligman, M. E. P., & Csikszentmihalyi, M. (2000). Positive psychology: An introduction. *American Psychologist*, *55*, 5—14.

Shernoff, D. J., Csikszentmihalyi, M., Schneider, B., & Shernoff, E. S. (2003). Student engagement in high school classrooms from the perspective of fl ow theory. *School Psychology Quarterly*, *18*(2), 158—176.

Snyder, C. R., & Lopez, S. J. (2007). Positive environments. In C. R. Snyder & S. J. Lopez (Eds.), *Positive psychology*(pp. 377—472). Thousand Oaks: Sage.

Steen, T. A., Kachorek, L. V., & Peterson, C. (2003). Character strengths among youth. *Journal of Youth and Adolescence*, *32*(1), 5—16.

Steinberg, L. D., Brown, B. B., & Dornbusch, S. M. (1996). *Beyond the classroom*. New York: Simon & Schuster.

Stevens, M. J., & Gielen, U. P. (2007). *Toward a global psychology: Theory, research, intervention, pedagogy*. Mahwah: Erlbaum.

Takooshian, H., & Landi, G. (2011). Psychological literacy: An alumni perspective. In J. Cranney & D. Dunn (Eds.), *The psychologically literate citizen: Foundations and global perspectives*(pp. 306—321). New York: Oxford University Press.

Toyokawa, T., & Toyokawa, N. (2002). Extracurricular activities and the adjustment of Asian international students: A study of Japanese students. *International Journal of Intercultural Relations*, *26*(4), 363—379.

Walker, C. J. (2010). Experiencing fl ow: Is doing it together better than doing it alone? *The Journal of Positive Psychology*, *5*(1), 3—11.

Youniss, J., & Yates, M. (1997). *Community service and social responsibility in youth*. Chicago: The University of Chicago Press.

Youniss, J., McLellan, J. A., & Yates, M. (1997). What we know about engendering civic identity. *American Behavioral Scientist*, *40*, 620.

Zaff, J. F., Moore, K. A., Papillo Romano, A., & Williams, S. (2003). Implications of extracurricular activity participation during adolescence on positive outcomes. *Journal of Adolescent Research*. doi: 10.1177/074355—840—3254—779.

第7章　积极盛宴欧洲杯：性格优势在2008瑞士欧洲杯前、中、后的变化

Rene T. Proyer，Fabian Gander，Sara Wellenzohn 和 Willibald Ruch①

积极心理学的内容也可以被简单定义为：研究人类最好的品质，研究那些能让人们充分发展的特质，机构或是条件（详见 Seligman 和 Csikszentmihalyi，2000）。在这一领域，运动心理学的相关研究比较少。Brent 和 Leslie－Toogood（2009）认为，在积极心理学和运动心理学之间有着一定的相似性，因为它们的主旨都是"塑造人的优势，追求巅峰体验"（Gould，2002）。比方说，帮助人们找寻意义，获得参与感（心流），能促进个人成长并且有更好的表现（参见 Newburg 等，2002）。在本研究中，我们假设，不仅仅是进行运动，观看运动比赛（足球锦标赛）也能够对人的优势产生影响。

说得更直白一些，即使是看体育比赛对人也是有影响的，例如，由于对获胜队伍的高认同感而带来积极情感，或是由于对失利队伍的低认同感而带来消极情感（Wann 等，1994）。有研究已经证明，高球队认同度与很多积极心理功能是有联系的，例如社会幸福感、更高的活力程度（能量）或是开放性（详见 Wann 等，2011）。此外，这些研究结果在控制了被试对运动的总体兴趣之后，所得出的结果仍然稳定（Wann 等，2003）。

从国际足联世界杯中我们还能找到更多的数据来证明。以 2006 年

---

①本章内容的准备得到了瑞士国家科学基金会的帮助（SNSF；100014_132512）
R. T. Proyer（＊）· F. Gander · S. Wellenzohn · W. Ruch 瑞士，苏黎世，苏黎世大学心理系，E-mail：r. proyer@psychologie. uzh. ch；f. gander@psychologie. uzh. ch；s. wellenzohn@psychologie. uzh. ch ；w. ruch@psychologie. uzh. ch
H. Águeda Marujo 和 L. M. Neto（编辑），《积极的国家和社区》，DOI 10. 1007/978－94－007－6869－7_7，Springer Science＋Business Media Dordrecht 2014

德国世界杯为例，在德国队的比赛中，情感压力会随着比赛时间的推移而增加，其反映指标是在世界杯期间突发心脏疾病的数量要比其他时间更多(Wilbert－Lampen 等,2008)。此外，还有实证研究数据表明，主办足球锦标赛可以提升主办国人民的整体幸福感(足球强国的研究结果)，至少有短期的效果。锦标赛所带来的效果与其他的社会人口因素相比还要显著(Kavetsos 和 Szymanski,2010)。不过，研究者也承认，对某些社会经济因素的测量误差，或许会弱化它们的效果。有趣的是，主办国球队的表现相对于主办赛事来说反而不那么重要了。其原因可能在于：享受参与事件；作为志愿组织者的参与感；尽管不能亲身体验，但是能够近距离感受文化传播和国家自豪感(Kavestos 和 Szymanski,2010)。这么看来，就算不看比赛，人们似乎也能通过各种方式参与到赛事当中。

7.1 逆境中的性格优势

在本研究中，我们想了解足球锦标赛对于主办国人民的性格优势是否有影响。Peterson 和 Seligman(2004)曾反思说，心理学长期以来一直忽视了人的特质。他们把性格优势看成在道德上有积极价值的品质，并且将其分成了 24 项(例如好奇心、热情、自律)。这 24 项性格优势又被他们归入了 6 大基本美德之中(智慧与知识、勇气、人道、正直、节制、卓越，VIA 性格优势分类)。他们的这一分类使得人们可以去研究那些“好的品质”。从定义上看(Peterson 和 Seligman,2004)，每一种特质都是有助于个人实现的，并且都可能对个体幸福感有积极影响。被试可以通过性格优势量表(VIA－IS)去测量自己的性格优势(Peterson 等,2005)。许多研究使用了性格优势量表，结果发现性格优势与很多影响主观幸福感的因素存在着正相关(例如，Brdar 等，2011；Gander 等，2012；Gusewell 和 Ruch,2012；Littman－Ovadia 和 Lavy,2011；Park 和 Peterson,2006a,b；Park 等,2004；Peterson 等,2007；Proyer 等,2011；Ruch 等,2010a,b；Weber 和 Ruch,2012)。

积极心理学研究人们的积极体验。当然，也会涉及逆境，以及在逆境中性格优势有着怎样的作用。例如，有研究涉及了创伤后成长、身心疾病恢复过程中性格优势的作用(Peterson 等,2006,2008；Wadey 等,

2011)。为了研究 2001 年“9・11”恐怖袭击给美国人民带来的余波，Peterson 和 Seligman(2003)研究了这种重大事件是否对人们的性格优势有影响。他们比较了在“9・11”事件之前做过量表的被试(906 人)与在“9・11”事件 1 个月及 2 个月之后完成量表的被试(分别为 295 人和 195 人)的得分(横断研究)。感恩、希望、善良、领导力、爱、灵性、团队合作这几项的得分都有了提高。研究者把他们的发现与所谓的宗教美德(例如，信念、希望、慈善)联系了起来(Aquinas 翻译，1966)。在把这些特质的得分加到一起分析后，研究者发现在“9・11”事件发生后 0—2 个月，2—4 个月，4—10 个月这三段时间内，相关得分有了显著的提高。再往后 3 个月得分虽然略有下降，但是和 0—2 个月的得分相比，仍然是有显著提高的。尽管这些数据不是纵向的，但是研究者认为，它们反映出的平均值变化与访问网址人群的人中统计学特征在任何时候都是相似的。

该研究的主要成果之一在于，它证明了性格优势是可以反映“真实世界”中的变化与事件的。然而，另一个问题又出现了，性格优势是不是只会在逆境中产生变化？积极的事件对它是否也会有影响呢？迄今为止，这一问题还没有被实证研究过。积极的事件才应该是性格优势研究的真正归宿。有研究者提出，积极特质是在积极环境中得到促进的。本研究的主要目的在于了解在国家维度上，积极特质是否会因为积极的事件而变化，是不是会像在“9・11”事件过后那样。

7.2 “积极盛宴”，欧洲足球锦标赛

当我们在选取那些潜在的积极的事件时，会发现似乎没有那么多的事件能对整个国家有所影响。或许像人类第一次登月、民主政治巨变、经济形势突然转好这样的事件才能被算在内(参见 Inglehart 等，2008)。不过，重要性稍微差一些的事件(可能在时间持续性或吸引力上有所差异)也可能对人们有潜在的影响。

欧洲足球锦标赛就可能是这样的事件，2008 年欧锦赛是在瑞士和奥地利举办的，从 6 月 7 日持续到 6 月 29 日。该项赛事每 4 年在不同的国家举办一次。球队想要晋级到正赛阶段，需要从 2006 年 8 月起参

加预赛(52 支参赛球队中有 16 支能晋级)。欧锦赛被认为是欧洲最盛大的体育赛事。这也是瑞士举办过的最大型的体育赛事。瑞士首都伯尔尼的 12 万居民在那个夏天,接待了超过 100 万球迷(参见 Martinolli 等,2011)。想要被选中成为东道主,也是要经过激烈竞争的(14 个国家参与角逐,最后获胜的是瑞士和奥地利)。这项赛事有着充分的媒体曝光度。在瑞士卢塞恩举行的小组赛抽签仪式被 138 个国家播出了(其中 37 个是直播),观众有大约 1.2 亿人。

甚至连那些对足球不感兴趣的人,也会受到该项赛事的影响。比如说,瑞士的几大主要赛事举办地(巴塞尔、伯尔尼、日内瓦、苏黎世)都张灯结彩来欢庆赛事。在许多地方都能看到露天大屏进行赛事直播。人们会把车子漆成自己喜欢的球队的颜色。比赛期间报纸头条几乎都被赛事报道所占据。东道主球队瑞士和奥地利也参与了赛事。媒体对赛事进行了详尽的报道(所有 31 场比赛都在全国甚至全世界范围内有直播,另外还有许多额外报道)。电视、广播、报纸上的广告都因赛事而做出了调整。商家们都推出了与欧锦赛相关的打折活动或是特别活动(例如,瑞士队每进一个球,商品价格就相应降低某个百分比)。人们在茶余饭后,也都会对赛事进程进行讨论。此外,政治家和经济代表们都把赛事与各自的关注点联系了起来(例如,让世界展现瑞士风采;对旅游业的积极促进)。还有一个更为直观的证明:在瑞士国内有 160 万人(瑞士全国人口不到 800 万)观看了,市场占有率达到了 79.2%。2008 年欧锦赛的官方宣传口号是“渴望激情”,这恰好暗示比赛给观众所带来的潜在情绪变化。因此,可以认为该赛事对于球迷和旁观者们都会有所影响。在本研究中,2008 年欧锦赛被看成一场“积极盛宴”,不仅仅会影响足球比赛本身,对于主办国也会有影响。

7.3 “积极盛宴”中的性格优势

在本研究中,我们想了解性格优势量表得分是否会随着 2008 年欧锦赛这样一个潜在积极事件的进行而发生变化(我们会对开赛前、赛事中、赛事后的得分进行对比)。性格优势量表可以进行不同水平的测试:(1)可以对 24 项优势分别进行评分;(2)可以对 5 大优势因素进行评分

（人际、情感、约束、智能、宗教），这些因素在对量表进行因素分析时常常会出现（Gusewell 和 Ruch，2012；Littman－Ovadia 和 Lavy，2011；Muller 和 Ruch，2011；Peterson 和 Seligman，2004；Ruch 等，2010a）；(3)通过对自比得分因素分析得到的两对维度（Peterson，2006；Ruch 等，2010a），即头脑（开放性、自律）与内心（感激、爱），以及自我（好奇心、创造力）与外部（团队协作、公平）来进行研究。

Peterson 和 Seligman(2004)认为性格优势是独一无二的、充实的、有道德价值的、类似特质的、明显的、可测量的个体差异。他们还假设，性格优势是可塑的（在特殊的条件下，如持续的训练）。有证据表明，性格优势是可以通过外部事件改变的（Peterson 和 Seligman，2003；Peterson 等，2006，2008），也可以通过主动干预进行改变（Proyer 等，2013；Seligman 等，2005）。我们期待看到锦标赛（作为外部事件）能够提升情感、人际、智力方面的性格优势。

情感优势（如：爱、社会智力、幽默）和与他人在一起的时间是相关的（Peterson 和 Seligman，2004；Ruch 等，2010a）。假设欧锦赛是一个社会事件（例如，在大屏幕前看比赛，与朋友、同事讨论比赛），情感优势是可能增加的。喜欢观看体育赛事，与群居性存在正相关（Appelbaum 等，2012）。性格优势在足球比赛中是被高度重视的（在团队运动中都是如此），例如公平、团队协作、仁慈（参见 Lee 和 Cockman，1995）。此外，在足球运动中还有特定的仪式来培养这些特质，例如握手、交换礼物（如赛前两队交换吉祥物），或是在锦标赛或赛季结束时嘉奖公平竞赛程度最高的球员。在比赛中，裁判员也会对违反规则的球员进行处罚。媒体也会对此（如故意伤害对手）进行讨论。总的来说，欧锦赛就是一个与他人公平交往的模型。另外，它也包括了与他人交往的不同方式（如面对其他球队的支持者）。总的来说，人际方面的性格优势在锦标赛的进程中应当是有所增长的。

与他人分享经历、了解外国人和外国文化（例如在城市中与其他球队的支持者相遇，或是在媒体报道中关注其他国家的相关信息）对于表达性的智能优势（如好奇心、开放性）是有影响的。如果将其归纳到两种更为广义的因素中的话，心灵和其他指向的优势得分是应当有所增加的。每种性格优势得分都被纳入统计。尽管从广义因素的角度看，优势得分更有可能变化，但是某些可能具有推动作用的性格优势，如公平、热情、真诚也是有可能在锦标赛的进程中得到提升的。

本研究的目的主要在于，了解在2008年瑞士欧洲杯前、中、后，性格优势平均得分是否有所变化。

7.4 方法

7.4.1 被试

样本总量为1253名成年人，年龄范围从18岁到84岁，平均年龄42.13岁（标准差13.80）。被试中约1/3是男性（33.8%），2/3是女性（66.2%），都是瑞士人。在第一个时间段内，即欧洲杯之前51到26天，97名被试（35.1%是男性）完成了量表。在赛事开始前26天到正式开始这段时间内，258名被试（29.5%是男性）完成了量表。在赛事过程中，128名被试（28.1%是男性）完成了量表。134名被试（34.3%是男性）在赛事结束后1个月内完成了量表。在赛事结束后1－2月之间，636名被试（36.5%是男性）完成了量表。

7.4.2 实验材料

性格优势量表（VIA－IS，Peterson等，2005；德语修订版，Ruch等，2010a）包含240个题项（每种优势10道题目），用来测试性格优势。计分方式为5点李克特计分法（从1分，非常不像我，到5分，非常像我；例题如，“在完成任务前，我从来不放弃”，毅力特质）。Ruch等（2010a）发现该量表的内部一致性信度和重测信度（6，9个月）都很高。此外，他们还提供了德文版量表的因素效度和相容效度（如，Gander等，2012；Gusewell和Ruch，2012；Proyer和Ruch，2009，2011；Proyer等，2011；Ruch等，2010b）。该样本的克隆巴赫系数从0.78到0.91不等（平均0.78）。

7.4.3 程序

被试在实验人员建立的网站上完成性格优势量表。该网站在2008

年欧洲杯开始前51天建立（不过与欧洲杯相互独立），并且在报纸及互联网上以多种方式进行传播。研究者对直到欧洲杯结束两个月之内瑞士公民完成量表的情况进行分析。该网站是免费的，被试也会得到性格优势的分析结果。被试只需要填写一些基本的人口统计学数据，并且可以在多种积极心理学量表中选择完成（如关于幽默、工作满意度、生活满意度的），性格优势量表是其中之一。根据填写速度不同，完成性格优势量表大约要花费35－45分钟。所有问卷都是以德文形式呈现的。有人曾批评过网上取样的方式（可能存在样本偏向）。不过，同样有实证证据表明，网上取样的数据与传统取样的数据也是有可比性的（详见Gosling等，2004）。本研究的计划和实施都遵循网上测试典范指南（Coyne和Bartram，2006）。

性格优势数据从2008年4月17日起开放，开赛前的51天被分成了两个部分，分别是26天和25天。由于数据收集是从开赛前51天才开始的，这样一种分组办法更多是基于实用性角度考虑的。之后的一个时间段是在赛事进行过程中，共计23天。锦标赛结束后的两个月也被分成了两个时间段，每段一个月。由于研究是从赛事开始前51天才开始收集数据，赛事前后的数据收集时间长度并不是完全一致的。

7.5 结果

7.5.1 预处理

男女在全部时间段内都是可以比较的（$\chi^2|4, N=1,253|=6.14$，$p=.19$）。不同时间段被试的年龄间存在显著差异（$F[4,1284]=15.63$，$p<.001$）。因此，在后面的数据分析过程中，对年龄因素进行了控制，以排除其影响。

和Ruch（2010a）的研究一样，首先进行了因素分析（包含所有被试数据），抽取得到了6个因素（特征值分别是9.10，2.50，1.85，1.22，1.14，1.05，0.77）。和他们在德国版性格优势量表中得到的与自我、他人相关的因素相同（Ruch等，2010a）。在旋转后得到5个因素。该结果与其他使用德国版性格优势量表的研究一致度非常高（本研究与Ruch

等人研究的 Tucker's Phi 系数分别是.99,.99,.99,.99,.89)。这几个因素也分别被命名为:情感优势(热情、希望);人际优势(领导力、团队协作);克制优势(审慎、坚韧);智力优势(热爱学习、创造性);神学优势(宗教性、感恩)。此外,研究者还考虑了一个双因素的自比模型。同样地,该模型与 Ruch 等人(2010a)的研究结果一致性非常高,这两个因素分别被命名为头脑(开放性、审慎)VS 心灵(仁慈、感激),以及自我关注(创造力、热情)VS 他人关注(公平、领导力)。这些因素与性格优势量表的 24 个维度一同被纳入分析。

7.5.2 性格优势因素的平均得分差异

以 5 个广泛的优势因素为自变量,5 个时间段作为因素,年龄作为协变量,进行了总体的多变量分析。结果发现,在因素($V=0.04, F[20, 4984]=2.25, p<.01, \eta^2=.01$)和协变量($V=0.07, F[5,1243]=17.98, p<.001, \eta^2=.07$)之间有显著差异。之后进行的单变量分析(控制了年龄)的各个时间段的系数、平均数、标准差都在表 7.1(略)中显示。

表中结果显示,在 5 个优势因素中,有 3 个的平均得分随着时间段的变化而有显著差异。(例如,情感优势、人际优势、神学优势)。此外,智力优势的平均分变化也达到显著($F[4,1247]=2.14, p=.07$)。情感优势得分在赛事之前提升了,而在赛事结束之后又下降了。事后分析结果确认,赛事开始前的一个时间段,赛事期间,与最后一个时间段的分数有差异。人际优势的得分在赛事结束后的两个时间段,比第一次测量时要显著高。人际优势的得分从赛事开始前一段,到最后一个时间段,是上升的。而神学优势的得分在赛事开始后下降,但在最后一个时间段的得分又回到了刚开始测量时的水平。

双因素模型中的因素得分也在多变量协方差分析中被当作因变量,时间段被作为协变量。结果发现,在协变量($V=0.00, F[2,1246]=0.65, p=.52$)和因变量($V=0.01, F[8,2494]=1.06, p=.39$)之间没有显著差异。

7.5.3 各个性格优势的平均得分差异

对于各个广泛因素也采取了与之前相同的数据分析方式。24 个因素被当作多元协方差分析的因变量，时间段作为因素，年龄作为协变量来进行分析。结果表明，协变量与性格优势显著相关(Pillai's trace, V＝0.13，F[24，1224]＝7.43，p<.001，η^2＝.13)。当控制年龄时，时间对于性格优势得分有显著影响(V＝0.13，F[96，4908]＝1.66，p<.001，η^2＝.03)。之后进行的单变量分析表明，在 24 项优势因素中，有 3 个随着时间的变化平均分有差异，分别是公平、谦虚和宗教性。真诚因素的差异接近显著(F[4，1247]＝2.06，p＝.08)。事后分析结果表明，真诚和公平的得分在 2008 年欧洲杯期间和之后，是要高于赛事前的两个时间段的。谦虚的得分在赛事两个月后要高于赛事之前。宗教性得分在最后一个时间段要高于第一个时间段和赛事结束后的第一段时间。

7.6 讨论

Peterson 和 Seligman(2003)曾经调查了那个震惊全美的重大事件("9·11"恐怖袭击)，研究人们的性格优势在事件前后是否会发生变化。本研究的一大目标在于了解积极的事件是否会有全国性的影响(如 2008 年欧洲杯)，是否也会对性格优势产生全国性的影响。本研究发现，在情感优势、人际优势、智能优势(程度较小)的得分上，赛事中与赛事后人们的得分要显著高于赛事前。此外，在研究的时间段内，神学优势的得分也有显著变化。从单个性格优势的角度看，真诚、公平、谦虚、宗教性得分有显著差异。

另外，从赛事开始前到赛事期间，情感优势的得分也会迅速地提升。类似于热情、希望这样的特质在欧洲杯这样的赛事期间得到提升是可以理解的。人们在想到之后的一段时光的时候会感觉充满了热情与能量，因为人们会在赛场中看到其他国家的球迷，也会看到他们在城市的各个角落欢庆(如大屏幕前)。也曾有其他研究表明，人们的主观幸福感会由于足球锦标赛而得到提升(Kavetsos 和 Szymanski，2010)。

人际优势和智能优势得分在赛事进程中都得到了提高。这样的体育赛事是人们很好地发挥人际优势的机会，比如说在日常行为中(无论是通过帮助问路的游客，还是组织集体活动)展现团队合作和仁慈。诸如热爱学习、好奇心这样的智能优势也可以通过如了解参加赛事的其他国家，或是与参观的游客进行交流这样的方式得到锻炼。神学优势得分在赛事过程中是最低的，在赛事后又回到了原先的水平。这和先前研究的结果似乎有些矛盾。一个可能的解释是，道德行为并不是该优势要突出的部分，该优势更注重于真正的、强烈的神性美德。人们在赛事过程中可能不太会重视这一方面（因为具有很大的分散性）。不过，在赛事结束后，该得分又很快回到基线水平。

有趣的是，在 Peterson 和 Seligman 的研究中，与其他优势不同，宗教性（灵性）是会在逆境中得到提升的性格优势。在本研究中，宗教性得分没有明显的变化。不过，如果把赛事前最早的那个时间段与赛事后最晚的那个时间段相比较，该项得分还是有所提高的。Peterson 和 Seligman（2004）把该特质定义为："对于更高的目标、宇宙的意义、个体在宇宙中的位置有着一贯的信念。拥有这种优势的人对于生命的终极意义有着自己的理论，这有助于他们行动，也会给他们带来慰藉。此外，灵性和宗教性与对道德价值的兴趣，以及对神的追寻是有关联的。"足球是一项有着严格规则并由多名裁判控制的运动，主裁判对于违反规则的行为有权立即做出惩罚（例如，出示红牌将犯规运动员罚出场，并且不得被替换，以此削弱犯规方球队）。同时，诸如犯规、欺骗行为这样的负性事件，也会受到激烈的讨论（如在报纸的体育版中）。因此，人们或许会认为这传递了一种道德意识，以及对于比赛规则的遵守。同样地，很多球队在锦标赛过程中对于球员和其他工作人员都规定了行为准则（例如对待球迷的态度、饮酒限制、在公共场合的言行）。为其他球队的精彩表现喝彩，或是以有趣、积极的方式为主队喝彩的球迷们，也会在媒体的讨论中得到积极的评价。像公平、宗教性这样的优势（在道德上有积极意义的特质）可能会因为这些事例而得到提升。

Peterson 和 Seligman（2004）在对性格优势分类的介绍中是这样定义真诚的："我们认为，运动之所以流行，并不仅仅因为它让人在替代性胜利中感到快乐，在替代性失败中感到哀伤。它更是一种终极的让人们能够无害地讨论诚实这一特质的媒介。"（作者们常常用"诚实""诚信"作为近义词来指代"真诚"）。可以认为，2008 年欧锦赛不仅让人们有机会去谈论诚实，也让人们在真实生活中观察诚实行为。对于足球迷们来说，最为著名的一场讨论莫过于阿根廷球员迭戈－马拉多纳在 1986 年国际足联世界杯中，在阿根廷2∶1战胜英格兰队的比赛中打进的那粒进球了。在那场比赛中马拉多纳用手打进了一粒进球，在足球史上被称为"上帝之手"。他的违规进球并没有被裁判员发现，这在赛后引发了人们激烈的争论。而就在这粒进球之后的几分钟，马拉多纳又打入了一粒精彩的进球，展示了他精湛的球技，这粒进球也被认为是"世纪进球"，这也使得关于他"上帝之手"的讨论变得更加激烈了。正如之前所说的，通常来说，欺骗和不当行为会在足球比赛中很快受到惩罚。这一事件也表明，足球比赛是可以成为讨论诚实与真诚的一个基准平台的。英国游泳运动员瑞贝卡－阿德林顿（奥运金牌得主）曾拒绝穿上某新型泳衣（合法的）进行比赛，因为她认为这是一种作弊行为。这一事件也表明，运动员的言行是如何能够引发公众对于类似公平、诚实这样的性格优势的讨论——英国《泰晤士报》后来发表了一片有关阿德林顿的文章，题为"瑞贝卡的公平竞赛，诚实的冠军"（Broadbent，2009）。

有人认为，谦逊这一优势在瑞士受到了额外的关注（除了比赛之外，媒体对瑞士这个国家也有着详尽的报道）之后，可能会导致谦虚或退缩行为的平复，又或者正如Peterson和Seligman说的那样，"性格优势是安静的"。这与国家身份的知觉似乎也有关联（例如，瑞士对谦虚的重视，详见Schmid Mast等，2011），这在当地的媒体报道中也有涉及（如Keidinger，2010；Nuesch和Frank，2009）。这与某种人们对于该事件的成就与贡献的态度也有关联（例如运动员、志愿服务人员、组织者）。有人认为，这种知觉对于提升自我知觉是有助益的（例如在这段时间内谦逊的自我表达方式），考虑到其优势和限制，也能反映个体在更广义范围内的角色。

当然，本研究也有很多局限性。首先，所有数据都是横断数据，因为在本研究中无法收集纵向数据。与Peterson和Seligman（2003）的研究不同，本研究在访问网站的被试的人口统计学变量中发现了差异。尽管年龄的影响得到了控制，仍然无法排除被试的其他特质对于研究结果的影响，这在对不同时间段数据进行比较时也可能引起问题。此外，样本量大小不一致也是一个问题（在时间段1只有97个被试，而在时间段5则有636个被试）。同时，在本研究中，女性被试的数量要多于男性被试，考虑到男性通常来说对足球会更感兴趣，被试性别的差异或许会对研究结果造成影响。如果能有其他国家的数据作为补充就更好了，但是这一点没有做到。最后，被试样本的普遍性也存在一些问题(教育水平)。所以，有关积极事件(例如欧洲杯或世界杯)对于性格优势影响的进一步研究还是需要的。不过，类似的事件是非常少的，下次有机会在瑞士重复这一研究恐怕要等到几十年之后了。不过，还可以在其他国家重复进行类似的实验，并进行更好的设计(对同一批被试进行重复测量，同时包括进入幸福感、个人对赛事的知觉等因素)。

对于“即便是对足球不感兴趣的人也被锦标赛所影响”这个假设很难提供实证去支持。在浏览大型报纸的网站时，很容易发现的是，在欧洲杯期间，对于赛事的报道非常频繁，而在赛事结束之后就显著减少了。因此，人们受赛事影响的程度或许不如想象的那么大。也有人认为，真正对赛事感兴趣的人并不会去网站填写问卷。然而，可能对于全国人民都有影响的积极事件是很有限的，2008 年欧锦赛已经算是一个很好的典范了。同时应当注意到的是，瑞士队在小组赛阶段就被淘汰了，这或许对研究结果也有影响。可惜的是，对于奥地利方面，几乎没有数据可供交叉验证。

还需要承认的是，把比赛作为模型，把运动员作为道德行为的典范，也需要在不同层面进行讨论。比如说，比赛的竞技性和高压力或许会对运动员造成负性影响。如果取胜(即便是肮脏的胜利也没关系)的目的超过了比赛本身，道德标准(“运动家精神”，Priest 等，1999)可能会因为胜利的目的而被降低。欧锦赛是最高水平的职业足球赛事，对于运动员的职业生涯来说也是如此。不过，考虑到很高的媒体关注度与报道度，有欺骗行为的运动员需要去面对更多的负面报道。不过，尽管有少量的运动员可能会有不当行为(并且没有被惩罚)，足球本身以及它所提供的榜样仍然是受道德驱动的。

本研究所呈现的效果比较小，在对其进行解读时也要小心。不过，实验的发现中仍然有一些很有价值的东西。总的来说，这一系列研究初步表明，性格优势在国家层面上是可塑的——无论是通过负性事件还是正性事件。体育赛事，例如欧锦赛对于社群内的人们会有积极的影响。积极心理学可以为研究类似变化提供框架。此外，研究个体的性格优势可能会是今后运动心理学领域的一个研究方向。有人认为，性格优势会从很多方面提升运动员的表现。比如说，基于优势的训练模式或许会帮助运动员突破极限，维持巅峰表现。最近，工业心理学研究表明，主要性格优势对于工作中的正性行为是很重要的（Harzer 和 Ruch，2012），这或许可以为运动心理学领域的跟进研究提供基础。当然，更多有关本领域的研究是需要的，本研究也希望能呼吁研究者更多地在积极心理学的视角下进行运动心理学研究。

参考文献

Appelbaum, L. G., Cain, M. S., Darling, E. F., Stanton, S. J., Nguyen, M. T., & Mitroff, S. R.(2012). What is the identity of a sports spectator? *Personality and Individual Differences*. doi: 10.1016/j.paid.2011.10.048.

Aquinas, T. (1966). *Treatise on the virtues* (J. A. Oesterle, Trans.). Englewood Cliffs: Prentice—Hall.

Brdar, I., Anić, P., & Rijavec, M. (2011). Character strengths and well—being: Are there gender differences? In I. Brdar (Ed.), *The human pursuit of well—being: A cultural approach* (pp. 145—156). Dordrecht: Springer. doi: 10.1007/978—94—007—1375—8_13.

Brent, M. E., & Leslie—Toogood, A. (2009). Sport psychology. In S. J. Lopez (Ed.), *The encyclopedia of positive psychology* (pp. 932—935). Oxford: Blackwell.

Broadbent, R. (2009, July 21). Fair play to Rebecca, a champion of honesty. *The Times*, 4.

Coyne, I., & Bartram, D. (Eds.). (2006). ITC guidelines on computer—based and internet — delivered testing. *International Journal of Testing*. doi: 10.1207/s15327574ijt0602_3.

Gander, F., Proyer, R. T., Ruch, W., & Wyss, T. (2012). The good character at work: An initial study on the contribution of character strengths in identifying healthy and unhealthy work—related behavior and experience patterns. *International Archives of Occupational and Environmental Health*. doi: 10.1007/s00420—012—0736—x.

Gosling, S. D., Vazire, S., Srivastava, S., & John, O. P. (2004). Should we trust web—based studies? A comparative analysis of six preconceptions about Internet questionnaires. *American Psychologist*. doi: 10.1037/0003—066X.59.2.93.

Gould, D. (2002). Sport psychology in the new millennium: The psychology of athletic excellence and beyond. *Journal of Applied Sport Psychology*. doi: 10.1080/10413200290103455.

Güsewell, A., & Ruch, W. (2012). Are only emotional strengths emotional? Character strengths and disposition to positive emotions. *Applied Psychology: Health and Well-Being*. doi: 10.1111/j.1758-0854.2012.01070.x.

Harzer, C., & Ruch, W. (2012). When the job is a calling: The role of applying one's signature strengths at work. *The Journal of Positive Psychology*. doi: 10.1080/17439760.2012.702784. Harzer, C., & Ruch, W. (in press). The application of signature character strengths and positive experiences at work. *Journal of Happiness Studies*. doi: 10.1007/s10902-012-9364-0.

Howe, L. A. (2004). Gamesmanship. *Journal of the Philosophy of Sport*, *31*, 212—225.

Inglehart, R., Foa, R., Peterson, C., & Welzel, C. (2008). Development, freedom, and rising happi-ness: A global perspective (1981-2007). *Perspectives on Psychological Science*. doi: 10.1111/j.1745-6924.2008.00078.x.

Kavetsos, G., & Szymanski, S. (2010). National well-being and international sports events. *Journal of Economic Psychology*. doi: 10.1016/j.joep.2009.11.005.

Kneidinger, B. (2010). Die Konstruktion nationaler Identität in der österreichischen und Schweizer Sportberichterstattung—eine qualitative Inhaltsanalyse zur Fußball-Europameisterschaft 2008 (National identity construction in Austrian and Swiss sports media coverage—A qualitative con-tent analysis of the European Football Championship 2008). *SWS-Rundschau*, *50*, 164—186.

Lee, M. J., & Cockman, M. (1995). Values in children's sport: Spontaneously expressed values among young athletes. *International Review for the Sociology of Sport*. doi: 10.1177/101269029503000307.

Littman-Ovadia, H., & Lavy, S. (2011). Character strengths in Israel: Hebrew adaptation of the VIA Inventory of Strengths. *European Journal of Psychological Assessment*. doi:10.1027/1015-5759/a000089.

Martinolli, L., Tanyelli, E., Hasler, R. M., Burkhardt, P., Bähler, H., Neff, F., Rupp, P., Zimmermann, H., & Exadaktylos, A. K. (2011). 1.000.000 Fußballfans in einer Stadt mit 120.000Einwohnern—ein notfallmedizinischer Albtraum? Die Euro 2008 und das "Oranje-Wunder von Bern" (One million football fans in a city of 120,000 inhabitants—A nightmare for emer-gency medicine and disaster management? Euro 2008 and the "Oranje wonder of Berne"). *Unfallchirurg*. doi: 10.1007/s00113-009-1736-5.

Müller, L., & Ruch, W. (2011). Humor and strengths of character. *The Journal of Positive Psychology*. doi: 10.1080/17439760.2011.592508.

Newburg, D., Kiemiecik, J., Durand—Bush, N., & Doell, K. (2002). The role of resonance in performance excellence and life engagement. *Journal of Applied Sport Psychology*. doi: 10.1080/10413200290103545.

Nüesch, S., & Franck, E. (2009). The role of patriotism in explaining the TV audience of national team games—Evidence from four international tournaments. *Journal of Media Economics*. doi: 10.1080/08997760902724472.

Park, N., & Peterson, C. (2006a). Character strengths and happiness among young children: Content analysis of parental descriptions. *Journal of Happiness Studies*. doi: 10.1007/s10902—005—3648—6.

Park, N., & Peterson, C. (2006b). Moral competence and character strengths among adolescents: The development and validation of the Values in Action Inventory of Strengths for Youth. *Journal of Adolescence*. doi: 10.1016/j.adolescence.2006.04.011.

Park, N., Peterson, C., & Seligman, M. E. P. (2004). Strengths of character and well—being. *Journal of Social and Clinical Psychology*. doi: 10.1521/jscp.23.5.603.50748.

Peterson, C. (2006). *A primer in positive psychology*. New York: Oxford University Press.

Peterson, C., & Seligman, M. E. P. (2003). Character strengths before and after September 11. *Psychological Science*. doi: 10.1111/1467—9280.24482.

Peterson, C., & Seligman, M. E. P. (2004). *Character strengths and virtues: A handbook and classification*. Washington, DC: American Psychological Association.

Peterson, C., Park, N., & Seligman, M. E. P. (2005). Assessment of character strengths. In G. P. Koocher, J. C. Norcross, & S. S. Hill III (Eds.), *Psychologists' desk reference* (2nd ed., pp. 93—98). New York: Oxford University Press.

Peterson, C., Park, N., & Seligman, M. E. P. (2006). Greater strengths of character and recovery from illness. *The Journal of Positive Psychology*. doi: 10.1080/17439760500372739.

Peterson, C., Ruch, W., Beermann, U., Park, N., & Seligman, M. E. P. (2007). Strengths of character, orientations to happiness, and life satisfaction. *The Journal of Positive Psychology*. doi: 10.1080/17439760701228938.

Peterson, C., Park, N., Pole, N., D'Andrea, W., & Seligman, M. E. P. (2008). Strengths of Character and posttraumatic growth. *Journal of Traumatic Stress*. doi: 10.1002/jts.20332.

Priest, R. F. , Krause, J. V. , & Beach, J. (1999). Four—year changes in college athletes' ethical value choices in sports situations. *Research Quarterly for Exercise and Sport*, *70*, 170—178.

Proyer, R. T. , & Ruch, W. (2009). How virtuous are gelotophobes? Self— and peer—reported Character strengths among those who fear being laughed at. *Humor: International Journal of Humor Research*. doi: 10.1515/HUMR.2009.007.

Proyer, R. T. , & Ruch, W. (2011). The virtuousness of adult playfulness: The relation of playful—ness with strengths of character. *Psychology of Well—Being: Theory, Research and Practice*. doi: 10.1186/2211—1522—1—4.

Proyer, R. T. , Gander, W. , Wyss, T. , & Ruch, W. (2011). The relation of character strengths to past, present, and future life satisfaction among German — speaking women. *Applied Psychology: Health and Well Being*. doi: 10.1111/j.1758—0854.2011.01060.x.

Proyer, R. T. , Ruch, W. , & Buschor, C. (2013). Testing strengths—based interventions: A Preliminary study on the effectiveness of a program targeting curiosity, gratitude, hope, humor, and zest for enhancing life satisfaction. *Journal of Happiness Studies*. doi: 10.1007/s10902—012—9331—9.

Ruch, W. , Proyer, R. T. , Harzer, C. , Park, N. , Peterson, C. , & Seligman, M. E. P. (2010a). Adaptation and validation of the German version of the Values in Action Inventory of Strengths (VIA—IS) and the development of a peer—rating form. *Journal of Individual Differences*. doi: 10.1027/1614—0001/a000022.

Ruch, W. , Proyer, R. T. , & Weber, M. (2010b). Humor as character strength among the elderly: Empirical fi ndings on age—related changes and its contribution to satisfaction with life. *Zeitschrift für Gerontologie und Geriatrie*. doi: 10.1007/s00391—009—0090—0.

Schmid Mast, M. , Frauendorfer, D. , & Popovic, L. (2011). Self—promoting and modest job appli—cants in different cultures. *Journal of Personnel Psychology*. doi: 10.1027/1866—5888/a000034.

Seligman, M. E. P. , & Csikszentmihalyi, M. (2000). Positive psychology: An introduction. *American Psychologist*. doi: 10.1037//0003—066X.55.1.5.

Seligman, M. E. P. , Steen, T. A. , Park, N. , & Peterson, C. (2005). Positive psychology progress: Empirical validation of interventions. *American Psychologist*. doi: 10.1037/0003—066X.60.5.410.

Wadey, R. , Evans, L. , Evans, K. , & Mitchell, I. (2011). Perceived benefits following sport injury: A qualitative examination of their antecedents and underlying mechanisms. *Journal of Applied Sport Psychology*. doi: 10.1080/10413200.

2010.543119.

Wann, D. L., Dolan, T. J., McGeorge, K. K., & Allison, J. A. (1994). Relationships between spectator identifi cation and spectators' perceptions of infl uence, spectators' emotions, and competition outcome. *Journal of Sport & Exercise Psychology*, *16*, 347—364.

Wann, D. L., Dimmock, J. A., & Grove, J. R. (2003). Generalizing the team identifi cation—psychological health model to a different sport and culture: The case of Australian rules football. *Group Dynamics: Theory, Research, and Practice*. doi: 10.1037/1089—2699.7.4.289.

Wann, D. L., Waddill, P. J., Polk, J., & Weaver, S. (2011). The team identifi cation—social psycho—logical health model: Sport fans gaining connections to others via sport team identifi cation. *Group Dynamics: Theory, Research, and Practice*. doi: 10.1037/a0020780.

Weber, M., & Ruch, W. (2012). The role of a good character in 12—year—old school children: Do character strengths matter in the classroom? *Child Indicators Research*. doi: 10.1007/s12187—011—9128—0.

Wilbert—Lampen, U., Leistner, D., Greven, S., Pohl, T., Sper, S., Volker, C., Gü thlin, D., Plasse, A., Knez, A., Kü chenhoff, H., & Steinbeck, G. (2008). Cardiovascular events during World Cup Soccer. *The New England Journal of Medicine*. doi: 10.1056/NEJMoa0707427.

第8章　积极心理学与不同文化中的人际宽恕

Júlio Rique Neto，Robert Enright，Bruna Seibel 和 Silvia Koller①

这一章我们使用积极心理学范式检验了 Enright 关于宽恕的社会道德发展理论，提出以下三个模型：人际宽恕态度的社会心理模型、宽恕的加工模型、宽恕的心理认知发展模型。本研究主要回答了以下问题：在情感、行为和决策上人们能宽恕到什么程度？人们是如何宽恕他人的？宽恕的必要条件是什么？宽恕的必要条件是否具有文化的特异性？最后，本章提出了在学校中如何运用积极心理学提升个体的宽恕水平。

8.1 引言

人际宽恕是作为同情和自我力量的入口被引入积极心理学领域内的。人际宽恕如同一扇门，一旦打开，便会使得受害者远离痛苦（Snyder 和 Lopez，2009）。进一步来说，宽恕可以使个体远离痛苦并且使得个体能改变社会，促使社会在公平和同情的积极道德规范下运行。

---

①J. Rique Neto，巴西，若昂佩索阿，帕拉依巴联邦大学（UFPB），社会道德发展研究中心（NPDSM），电子邮箱：Julio. rique@uol. com. br；R. Enright，美国，1025 约翰逊大街，麦迪逊 53706－1796，威斯康星——麦迪逊大学，859 教育科学，教育心理学系，电子邮箱：renright@wisc. edu；B. Seibel，巴西，愉港市，南里奥格兰德联邦大学，心理学研究中心（CEP－RUA），电子邮箱：brunaseibel@gmail. com；S. Koller，巴西，愉港市 90035 003，拉米罗·巴塞卢什广场 2600，南里奥格兰德联邦大学心理学院，心理学系，电子邮箱：silvia. koller@gmail. com；H. Águeda Marujo 和 L. M. Neto（编辑），《积极的国家和社区》，DOI 10. 1007/978－94－007－6869－7_8，Springer Science＋Business Media Dordrecht 2014

Enright 的人际宽恕理论(Enright 和人类发展研究小组,1991)是一种认知发展的方法，Snyder 和 Lopez(2009)在其积极心理学理论综述研究中认为该理论是研究人类发展的重要理论范式。该理论方法主要是描述人们是如何感知社会和自我的。这种方法是认知的基础,在社会态度和个体社会道德推理中,该理论认为每个自我和社会发展的概念均有情感、行为的成分。最后,人们逐渐成长得更加适应社会(Kohlber,1984)。

Enright 的人际宽恕理论提供了有力的心理模型,该模型得到了跨文化的实验支持:宽恕态度的社会——心理模型、宽恕的加工机制模型、宽恕的社会认知发展模型(Enright 和 Fitzgibbons,2000)。根据 Klatt 和 Enright(2009)的研究,心理和教育可以把这些受实验支持的理论模型和提升宽恕的教育实践进行整合,融入青年积极心理学领域中。

本章主要是引导读者检验 Enright 的人际宽恕理论。首先,介绍人际宽恕态度的社会一心理模型。该模型已经在不同国家被证实,该模型主要回答了以下问题:在跨文化中多数人感知到的不公平的事实是什么?在情感、行为和决策上人们能宽恕到什么程度?接着,我们介绍了宽恕的社会一认知发展模型,研究的结果主要回答了以下问题:最好地解决冲突、获得宽恕的必要条件是什么?宽恕的必要条件是否具有文化的特异性?再接着,宽恕的加工机制主要解释了人们在遭遇不公平对待后是如何宽恕他人的。最后,本章将介绍积极心理学如何在学校中提升宽恕道德的发展。

8.2 宽恕的社会一道德发展

Enright 和 Fitzgibbons(2000)按照被侵犯者的视角把人际宽恕界定为:

> 宽恕是受害者在遭受不公平的伤害后做出理性的决定,愿意主动放弃憎恨及其相关的反应(受害者所具有的权利),并在仁慈道德规则下尽力对侵犯者表现出同情、无条件的价值、慷慨、仁爱(对侵犯者而言他们没有权利)等。

这个定义表明,每个人均具有公平感,这种公平感是道德的核心。

但是在受到不公平对待后，受害者自愿选择宽恕，即减少对侵犯者消极的认知、情绪和行为反应，并增加或重现对侵犯者的积极认知、情绪和行为反应的过程。

根据 Enright 的定义，宽恕需要公平感和不公平的情境因素。公平是一种责任，一种规则的判断，在这种判断里个体需要思考在绝对意义上"应该做什么"。另一方面，对于宽恕，个体需要问"在什么条件下，遭遇不公平对待后宽恕是可能的？"

根据 Enright 的定义，"同一性"(identity)是促使受害者宽恕侵犯者的重要的认知因素，受害者通过判断侵犯者的行为没有丧失人道的价值观而产生宽恕意愿(Enright 和人类发展研究小组，1994)。同一性和理想互惠(ideal reciprocity)是一种需要可逆性的认知操作，这种认知操作在黄金法则(Golden Rule)(即像你希望别人如何对待你那样去对待别人)中最为出名。这些推理常常用于解决公平冲突。然而，理想的互惠思想需要可逆性，在这个基础上，不公平会被消除。然而，这在逻辑上是不可能的。因此，认同是宽恕所需要的一个认知操作。这样，受害者应该先知晓不公平，然后，他应该理解对方是谁，理解对方做出的错误行为，认为对方仍然是一个具有尊严的、有价值的人。换言之，宽恕过程会引导个体明白侵犯者不仅仅是一个侵犯者(Enright 和 Rique，1999)。这种认知操作需要受害者能从侵犯者的视角进行一种不同的认知可逆性操作，需要受害者把对方看作与自己平等的人，自己也是会犯错误的。

8.2.1 人际宽恕态度的社会心理模型

Enright 对宽恕的操作性定义是，受害者自愿选择宽恕侵犯者，即减少对侵犯者的消极的认知、情绪和行为，增加对侵犯者积极的认知、情绪和行为的过程，这就是人际宽恕的认知一心理模型。为了检验这个模型，Enright 和他的同事通过客观方法来操作这个定义，即 Enright Forgiveness Inventory－EFI(Subkoviak 等，1995)。

EFI 要求被试思考最近发生的他人伤害自己的事件。在测试的第一页，要求被试使用 5 点计分评价这种伤害等级(1＝没有伤害，5＝极大的伤害)，并要求被试报告谁是侵犯者，伤害发生了多久，并对侵害进行简要的描述。下一步是，要求被试评价印象中对侵犯者和侵犯事件存在的积极情绪(如我感受到对他/她的爱)和缺失的消极情绪(如我感受到对他/她的怨恨),存在的积极行为(如我会帮助他/她)和缺失的消极行为(如我会回避他/她),存在的积极认知(如我认为他/她是值得尊重的)和缺失的消极认知(如我认为他/她是一个坏人)。每个分量表的积极和消极得分的总和就是对侵犯者的情绪、行为和判断的总分。每个分量表的总分表明了在经历了不公平对待后被试宽恕他人的程度。结果即对侵犯者积极情绪、行为、判断的出现,消极情绪、行为、判断的消失。EFI在调查中没有使用"宽恕"这一词汇。在量表之后,被试需要回答一个独立的量表,即一个项目的宽恕量表。这个项目是要求被试使用5分等级量表评价他/她对EFI测量中的侵犯者的宽恕程度。

在跨文化情境下多数人感知到的不公平对待一般是什么情境?

研究者对美国青少年及其父母进行了研究,来检验EFI的有效性(Subkoviak等,1995)。研究者发现,不同年龄的被试报告冲突和不公平的情境主要是与他们的家庭和朋友之间的冲突。例如,研究者研究了在恋爱中受到伤害的年轻人,研究发现,那些已经对侵犯者在情绪上宽恕的个体(如减少消极情绪并增加积极情绪)在焦虑情绪上显著低于那些尚没有宽恕侵犯者的个体,这些尚未宽恕侵犯者的个体对侵犯者持有更多的怨恨和生气等消极情绪。研究者发现,父母报告的亲子冲突或夫妻冲突中存在同样的趋势。被试根据感知到的伤害来打EFI测量中"宽恕"的分数(如EFI总分)以及一个项目的宽恕量表分数,也就是说伤害越强烈,宽恕度越低,对侵犯者的社会亲近度就越低,那些亲近的侵犯者(如配偶、孩子、朋友、恋人)比关系疏远的侵犯者获得的宽恕分数更高。

总之,如果宽恕在教育和职业发展中是一个竞争性的策略,那么,发展问题或所谓的"发展性地占用伤害情境"(developmentally)应被研究者关注。在不同的文化中这种情况发生的频率是怎样的?

一个研究宽恕的国际项目邀请美国研究者使用相同的方法程序进行研究,同时邀请其他文化中的研究者通过回译程序使用EFI进行测量,以此保证量表的适应性和效度。近来,EFI已经适用于澳大利亚、巴西、韩国、美国、以色列、挪威、中国台湾这7种文化,英语、葡萄牙语、希伯来语、中文、德语和挪威语这6种语言。EFI采用纸笔测验,并要求被试独立完成。表 8.1 表明 EFI 具有较高可信度，并且在一个项目的宽恕测量上具有显著的跨文化的正相关。

表 8.1　7 个国家(地区)中 EFI 的心理测量的结果

国家(地区)	样本(N)	a	一个项目的宽恕测量(r)
澳大利亚	376	0.98	0.78
巴西	599	0.98	0.72
韩国	326	0.97	0.68
美国	394	0.98	0.68
以色列	164	0.98	0.71
挪威	141	0.98	0.68
中国台湾	321	0.97	0.68

为了检验伤害情境是否具有跨文化性，Rique(2007)，Rique 和 Enright(1998)检验了在澳大利亚、巴西、韩国、美国、以色列、挪威、中国台湾 7 个国家(地区)使用 EFI 进行测量的青少年、成人样本。分析的结果支持了 Subkoviak 等人的研究结论，即多数人在一定的人际关系发展中报告了伤害。青少年和青年人报告了家人关照的缺乏、恋人信任的缺乏、同性朋友的背叛等。成年人则报告了家庭中来自配偶的言语和身体的攻击，职场中来自同事或老板的不友善、不公平对待。

已有研究证据表明，人们在日常生活中常常在家人和朋友的冲突中受到较大伤害。也就是说，人们更愿意宽恕对他们来说重要的他人，这表明他们在宽恕之前考虑到了关系对他们自身的重要意义。

人们在情感、行为、判断上能宽恕他人到何种程度？

在 EFI 测量中在另一个方面的发现是人们会报告一些无意识的宽恕，这种无意识的宽恕决定了情绪、行为、认知判断的宽恕程度。研究发现，多数人会基于判断来宽恕他人(例如，他/她是一个好人)而非基于行为来宽恕他人(如，我帮助他/她)，也非基于情绪宽恕他人(例如，我爱他/她)。从那些宽恕得分较高(宽恕分数≦4)的被试来看，在 7 个文化中出现了一个共同显著的模式(见表 8.1)，即人们多数是基于判断来宽恕他人而非基于发展爱情和友情来宽恕他人。

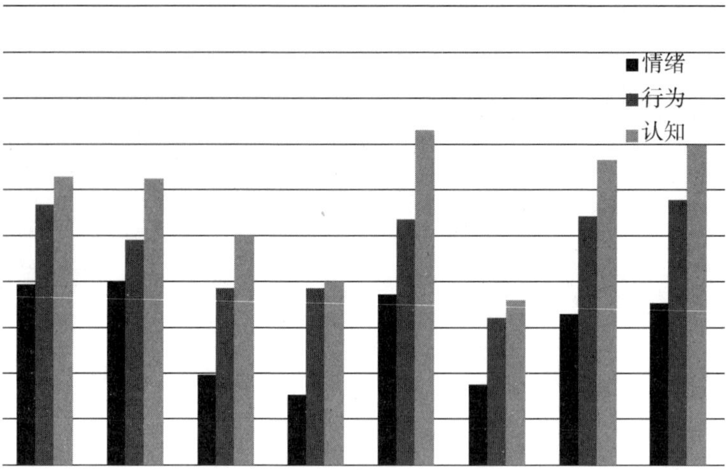

图 8.1 分量表情绪、行为、认知的 EFI 的反应模式

Subkoviak 的研究结果发现的模式引起了研究者对他的另一个研究观点的关注,该研究观点认为由感情引起的宽恕与焦虑具有负向相关(Subkoviak 等,1995)。所以,宽恕的加工过程还是未解的,甚至对于那些宽恕者而言也是这样的,因为由情感引发的宽恕比其他维度的宽恕要低。总之,不公平对待的概念是指所处的关系处于冲突之中。如果父母与学校作为积极社会化的共同体一起努力的话,在亲密关系中宽恕他人的问题是可以较好解决的。所以,积极心理学与 Subkoviak 的观点一致,即均认为测量个人发展和健康宽恕的方法是测量人们宽恕他人的程度的一个好方法。

8.2.2 宽恕的认知加工模型

人们是如何宽恕他人的?

宽恕的认知加工模型在教育中是最为广泛使用的模型之一(Enright 和 Fitzgibbons,2000;Enright 和 Rique,1999;Al-Mabuk 等,1995;Hel 和 Enright,1993)。宽恕的认知加工模型有四个阶段,并且在这些阶段中有较大的个体差异,这四个阶段是连续发展的。并非每个个体在宽恕过程中都是采用相同的路径或相同的速度进行加工。在每个阶段中多数人会经历一系列单元。具体的认知加工过程见表 8.2。

表 8.2　人际宽恕的认知加工模型

发现阶段。在第一个阶段中人们顿悟并发现不公平和后续的伤害是否危及他/她的生活。这是一个情感伤害的阶段。如果人们发现因为他人的不公平对待而在情感上受到伤害,这就会成为改变的动机。这种伤害感会成为尝试宽恕的动机。这个阶段包括检验心理防御、保持生气、内疚、羞愧等
决策阶段。在这个阶段人们会思考宽恕什么,不宽恕什么。做出宽恕决策是一个认知决策,而非个体就完成了宽恕。个体要区分宽恕内容和宽恕的加工过程。否则,根据承诺去宽恕,让人们认为已经获得宽恕;反之,会认为宽恕才刚刚开始。这个阶段包括心理的变化或新的思想的出现或解决问题的策略,认为宽恕是一个观念,会做出宽恕侵犯者的承诺
工作阶段。在这个阶段中受害者开始理解冒犯者不仅仅是冒犯者。宽恕起始于个体对冒犯者的同情。受害者的关注点在发现阶段主要关注自我,而在这个阶段则转向冒犯者。在这个阶段中被冒犯者要经历同情、角色互换,在一定的情境中看待他人
深入阶段。关于冒犯者的顿悟:在过去我是否需要他们的宽恕?当我被宽恕了,我会怎样?我所经历的痛苦中是否还有其他情感?我是否准备用一种新的方式与冒犯者和其他人进行交往?这些问题的答案会引导受冒犯者返回到其他阶段,进入一种更深的、更具见解的阶段。这个阶段对自我和他人来讲均具有重要意义,由于经受住了不公平而在生命中发展出新的目标

引自:Enright 和 Rique(1999)

Enright 着重强调,宽恕的这四个阶段并非固定不变的。他认为这是一个阶梯式的模型,即并非人们必须要先由第一个阶段依次进入后一个阶段。这个加工过程能为教育策略和治疗策略带来启发。例如,当一个人感受到了对冒犯者的同情(处于工作阶段),处于加工过程的起始阶段,这需要老师首先要检测个体是否经历了重要的里程碑(例如他/她已经克服了心理防御),然后,在后续的阶段需要就事论事,具体问题具体分析。

8.2.3 宽恕的社会认知发展模型

无意识的(自然的)宽恕,即人们宽恕他人主要是出于知觉策略,常常与公平、遗忘、防御机制等相互混淆。所以,在没有理解人们对宽恕的合适的推理之前,宽恕理论是不完整的。

宽恕的必要条件是什么？

Enright 等(1989)对青少年和成年的调查发现，在不公平后宽恕的条件是有可能存在的。他们的研究结果发现了 6 种关于宽恕与年龄发展、公正推理的思考方式(Kohlberg，1984)。早期宽恕的形成与使用宽恕作为报复(阶段 1)或补偿(阶段 2)有关。然后，宽恕与来自家庭、朋友的社会压力(阶段 3)或来自机构、社区、宗教习俗等的社会压力有关(阶段 4)。最后，更为成熟地考虑到宽恕是宽恕社会的结果，宽恕成为一个社会和谐的调节器(阶段 5)，更为高级的思想是当个体把宽恕看作关于人性的身份、爱、无条件的同情的道德基础(阶段 6)。后来，Park 和 Enright(1997)综合了 Enright 等(1981)的“宽恕推理的六阶段理论”和 Trainer 的(1981)宽恕策略和表现的模型理论，提出了自己的理论，即：(a)角色预期宽恕(role-expected forgiveness)，即尽管在行为上展示了宽恕，但是内心并没有宽恕；(b)权宜的宽恕(expedient forgiveness)，即用高傲或敌对的态度进行宽恕；(c)内在的宽恕(intrinsic forgiveness)，即代表了内在心理上的转变。使用这种方法，Enright 提出了宽恕发展的三阶段模型，见表 8.3。

表 8.3　宽恕的社会一道德发展模型

阶段		特征
阶段 1 和 2	报复的	策略：报复侵犯者 表现：外在的和行为上的；心理上仍保持敌对 条件：只有当冒犯者遭受的伤害比受害者遭受的伤害更大时或者是受害者的伤害得到了补偿，才会宽恕
阶段 3 和 4	外在的	策略：被动应付，生气 表现：外在的和行为上的；防御机制；抑制生气 条件：来自社会群体(家庭、朋友)和机构(如宗教和法律)的压力
阶段 5 和 6	内在的	策略：从自我和他人的视角来理解侵犯事件(重构) 表现：内在的改变引导外在行为上的表现。生气情绪显著减少，积极情绪显著增加。条件：理解爱和同情的规则

引自：Park 和 Enright(1997)

这些必要条件是宽恕文化所特有的吗?

Park 和 Enright(1997)在韩国高中生和大学生中检验了宽恕推理的社会一认知理论模型,这些学生均遭受过来自好友的大量伤害。研究者根据以下标准筛选被试,即被试要在 5～6 个月前经历过由同性好友引发的不公平的身体、道德、情感或金钱上的冲突。被试包括 30 名高中生和 30 名大学生,在每组被试中男女人数各半,在本研究中自我的身份为基督教徒。被试在宽恕访谈中做出反应,这个访谈改编于海因斯两难故事(Kohlberg,1984)和友谊两难故事(Selman,1980),使用了友谊策略的修正量表和改编于 Trainer(1981)以及 Lazarus 和 Cohen(1977)的宽恕度量表。结果显示,宽恕与年龄中度相关,即大学生的宽恕理解显著高于高中生。最后,作者发现被试实际的宽恕度与宽恕理解不相关。换言之,一个人的宽恕度与相应的价值观理解不相关。所以,在表 8.1 中显示的跨文化的无意识的宽恕模式可能无法运用于相应的宽恕理解。这样看来,教育应该给人们提供思考宽恕认知、宽恕情感、宽恕行为态度的情境。也就是说,提升一个人的宽恕理解与积极情绪和行为发展有关,即在不公平事件后降低生气和提升积极行为。

在一项准实验研究中,Huang 和 Enright(2000)访谈了 1427 名中国台湾人,这些被试被分为 4 个年龄组,使用的量表是宽恕的客观量表(Objective Scale of Forgiveness,OSF),研究中要求被试从成对的句子中做出选择,这些句子代表了宽恕推理的水平和宽恕的策略。为了评估宽恕推理,被试要从很多对句子中一致地选择某一个类推理。大范围的样本测量结果显示,有 OSF 的均值从七年级到成人呈现出线性趋势。研究者选择了 60 名成人进一步检验了宽恕的理解质量与宽恕情感是否有关联,即较低的生气、较低的血压、其他健康情感的发展。在实验程序中,这 60 名被试要回答生气表现和实际表现量表,按一定的时间间隔测量血压。结果显示,那些认为宽恕是社会期待和那些赞同宽恕是基于内在的动机和转变的被试之间在生气表现水平上无差异。另一方面,那些认为宽恕是无条件的被试比那些认为宽恕是社会期待的被试在所有的测量中显示出更为一致的分数。他们在不同方法上的血压是变化的,面部表情显示他们还是有生气情绪残留的。不幸的是,作者没有比较被试实际的宽恕度、宽恕理解和宽恕行为。

Enright 和他的同事在家庭和学校中检验了受害者宽恕推理冲突。Rique 和 Lins-Dyer(2003)的两难情境实验检验了教师的宽恕推理质量。教师是否赞同:(a)宽恕可以解决学生间的冲突;(b)学校宽恕侵犯者的行为? 测量的情境如下:

John 和 Marc 都是 13 岁。他们是好朋友,但彼此间常常会有一些冲突。一天,他们的矛盾冲突发展为肢体上的打斗。他们违反了学校反暴力的规定。尽管他们用宽恕解决了冲突,他们仍然受到了学校违反校规的处理。考虑到两人要为他们的行为负责,他们要求教师出面干预与校方交涉,要求校方宽恕他们的行为。

人际宽恕与组织宽恕在测量中被区分开来。那些支持人际宽恕的教师报告说,宽恕应该是学校预期的一部分(如宽恕应该是社会习俗的一部分)。此外,他们认为组织宽恕在教育机构中是不明智的,因为宽恕学生会导致学生再犯,会把其他学生置于重复错误的危险境地。那些倾向于组织冲突解决的教师更喜欢慎重和公正的美德。另一方面,那些把他们的角色看作权威和执行纪律者的教师既不支持通过人际宽恕,也不支持通过组织宽恕来解决冲突。

8.3 在学校中的积极心理学与宽恕

本章之前,宽恕是指一种道德态度,宽恕能使得被害者脱离侵犯者的伤害,转向影响社会,转向积极的道德公正和同情。这种方法是以认知为基础的,而非以情感和行为成分为基础,这种宽恕在个体发展过程中要经历从被动地遭受伤害发展到积极地适应世界。积极心理学可以在学校中产生宽恕教育项目,目的是帮助儿童、青少年、成人把宽恕看作一份积极的资产并调整他们解决冲突的态度,调整他们面对生活中不公正的态度,追求潜在的幸福。宽恕的理论模型和研究结果可以整合为一个发展框架,来引导不同的教育项目,这些教育项目可以根据具体的主题或现实生活经验进行量身订制。这个领域已经获悉跨文化的宽恕是一种应对策略:人们自发地宽恕。典型的是,在发展适宜的人际关系中宽恕的发生,这些宽恕在家庭和学校情境中具有高水平的意义和奉献。如果父母和学校作为一个积极社会化的共同体共同合力协助的话,在亲密关系中宽恕他人是较容易做到的。积极社会化共同体应该涉及规则、共同体成员的经济地位、社会化类型、价值观、归因。这样一个项目可以先在社会规则水平开始运作，即在家庭和学校中把宽恕当作社会期待的一个部分。学校可以通过权威互动交流方式培养学生宽恕的积极规则，这种权威互动交流要超越校园，包括为家庭提供的咨询与教育，支持父母和管理共同体成员。这样，规则和价值观的情境会引导人们理解宽恕在亲密关系和社会中的作用，帮助人们把宽恕概括化，把宽恕从家庭、朋友中迁移至社会，帮助他们根据具体事件的宽恕度匹配他们的影响和判断。这个共同体应该知道不公平对待感知仍然会导致人际关系易于进入矛盾冲突的循环之中。最后，积极心理学项目认为宽恕对个体和社会发展是有益的。项目可以帮助学校和家庭的文化同化宽恕，把宽恕作为一个积极的道德资产，提升社会的、家庭的或宗教的规则，这利于促进宽恕道德的发展。

健康的宽恕是人们在情感上宽恕他人。另一方面，理解侵犯者比感受到对侵犯者的同情更容易(Fitzgibbons，1986)。教育项目的目标是提升认知重塑，这种认知重塑是宽恕过程的工作阶段的一部分。通过一些训练如思考以下问题：事件发生的情境是怎样的，侵犯者侵犯了谁，对侵犯者来说双方的关系对他/她意味着什么，宽恕的必要条件是什么等来实现，这种认知重塑可以引导情绪的转变过程，为个体提供一个新的看待他人的视角。

Enright 的宽恕量表(Enright Forgiveness Inventory，EFI，Subkoviak 等，1995)是具有跨文化的效度的，可以用作教育的工具。EFI 方法的宽恕度考虑了不公平的具体情境。Rique 等(1999)的研究表明，在教育中使用 EFI 可以促进积极共同体的社会化。他们认为宽恕的关键问题在于怨恨感。当对儿童、青少年和成人实施的教育可以减少他们的怨恨感时，EFI 可以评估教育项目对被试指向侵害者的思想和行为产生了怎样的影响。要求被试在独立的空间，在充足的时间内各自独立完成 EFI 测量，可以避免被试的反应偏好效应(response－set bias)，可以评价是否帮助青少年从宽恕特定的人做的某件特定的事发展到更为概括化地宽恕这个人的其他事情。如果儿童和青少年显示出了对同一人的跨情境的概括化和对不同人的跨情境的概括化，宽恕在共同体中就会成为一种有价值的资产。宽恕他人能够跨越不同的不公正情境显示出，青少年的道德自我同一性已经同化了宽恕美德。

在青少年作为宽恕者的情境中，Enright 等人(1989)设置了一个人以从不公平对待或不公正中寻求意义的认知判断过程为中心进行思考。在这个案例中，被侵犯者没有让自身的态度来影响生气、怨恨等情绪。在受到不公正对待之后，消极的情绪与个体的认知判断加工过程是反向的。教育可以帮助个体去发现内在的力量(看待问题的视角、共情、价值观等)和外在的支持(如关于宽恕的社会规则、咨询和教育)，目的是让同情进入认知，帮助个体进行仁慈判断。不令人惊奇的发现是，跨文化的人们宽恕了亲密关系的他人，但是仍然存留生气和焦虑等消极情绪。生气和焦虑存在的危险在于累积的情绪会在其他不公平对待的情境中浮出表面，会误导个体对独立事件的感知，认为不公正的重复是循环发生的。

理论和研究表明，宽恕不公正事件与年龄相关，与人们自发地思考问题的方式有关，与宽恕的策略有关。Park 和 Enright(1997)研究的结果表明，年龄对学生理解宽恕较重要。在学校中的项目应是与年龄紧密相关的，应该给出具体的方法让学生使用一些策略来修复友谊。

Rique 和 Lins-Dyer(2003)的研究证明，学校没有提供让学生使用的修复朋友冲突的规则。Huang 和 Enright 的研究表明，作为社会期待的宽恕推理与无条件的宽恕推理相同，可能显示了社会协调不是有条件的宽恕而是个体内在的必需的价值观。此处必须要提及的是，那些来自尊重同情他人的社会的被试会获得儒家哲学和基督观念更广泛的支持。在中国台湾、巴西和美国社会中保持协调的内在化的程度可能会有所改变。所以，学校作为积极的共同体可以帮助挑战指向保护社会和谐之宽恕的不同思考水平。Enright 强调道德自我同一性(Klatt 和 Enright，2009)；Enright 和 The Human Development Study Group，1994)，认为对于儿童来说道德自我同一性是最早发展的，个体的自我同一性会遭遇挑战，然后会发展到下一个水平，通过提升认知的离心化，即道德自我会采用新的社会视角。社会协调性被整合入平和，通过无条件的宽恕才会出现平和。

如果学校共同体期待年轻人在积极道德规范中学会如何解决矛盾

冲突，宽恕应该修复人际关系，提供社会协调性，并明白共同体的道德功能是如何符合不同的社会规则的。如果学校使用解决矛盾冲突的积极方法，个体会期待社会变得更公正、更宽容、更同情等。

总之，宽恕的积极教育可以帮助人们：(a)更加正确地理解社会中的冲突和不公正，并采用更为合作的态度；(b)改变情绪、判断和行为。然而，这仅仅是个开端，因为这种教育可以走得更远，可以进一步提升共同体，在这个共同体中社会规则可以根据教育学和心理学方向促进社会积极的发展，这样的人际宽恕与规则、政治、集团、和平有关。

参考文献

Al-Mabuk, R., Enright, R. D., & Cardis, P. (1995). Forgiveness education with parentally love-deprived college students. *Journal of Moral Education*, *24*, 427—444.

Enright, R. D., & Fitzgibbons, R. (2000). *Helping clients forgive: An empirical guide for resolving anger and restoring hope*. Washington., DC: APA.

Enright, R. D., & Rique, J. (1999). *The moral development of forgiveness: Research and education*. In Symposium conducted at the meeting of the annual conference of The Association for Moral Education, Minneapolis, MN.

Enright, R. D., & The Human Development Study Group. (1991). The moral development of forgiveness. In W. M. Kurtines & J. Gewirtz (Eds.), *Handbook of moral behavior and development* (Vol. 1, pp. 123—152). Hillsdale: Erlbaum.

Enright, R. D., & The Human Development Study Group. (1994). Piaget on the moral development of forgiveness: Identity or reciprocity? *Human Development*, *37*, 63—80.

Enright, R. D., Santos, M. J. O., & Al-Mabuk, R. H. (1989). The adolescent as forgiver. *Journal of Adolescence*, *12*, 95—100.

Fitzgibbons, R. P. (1986). The cognitive and emotional uses of forgiveness in the treatment of anger. *Psychotherapy*, *23*, 629—633.

Helb, J. H., & Enright, R. D. (1993). Forgiveness as psychotherapeutic goal with elderly females. *Psychotherapy*, 30, 658—667.

Huang, S. T., & Enright, R. D. (2000). Forgivenessand anger-related emotions in Taibei: Implications for therapy. *Psychotherapy*, *37*, 71—79.

Klatt, J., & Enright, R. D. (2009). Investigating the place of forgiveness within the positive youth development paradigm. *Journal of Moral Education*, *38*(1),35—52.

Kohlberg, L. (1984). *Essays on moral development*: *Vol*. 2. *The psychology of moral development*. San Francisco: Harper & Row.

Lazarus, R. S. , & Cohen, J. (1977). *Coping questionnaire*. Unpublished research.

Park, Y. O. , & Enright, R. D. (1997). The development offorgiveness in the context of adolescent friendship conflict in Korea. *Journal of Adolescence*, *20*,393—402.

Rique, J. , & Enright, R. D. (1998, Novermber). Contexts of hurt in relation to forgiveness: An empirical analysis in four cultures. In L. Walker (Chair.), *Cross—cultural perspectives on moral development*. Symposium conducted at the meeting of XXIV annual conference of The Association for Moral Education, Hanover, NH.

Rique, J. , & Lins—Dyer, M. T. (2003). Teacher's views of forgiveness for the resolution of conflicts between students in school. *Journal of Moral Education*, *18*, 641—655.

Rique, J. , Waltman, M. , Sarinopoulos, I. , Lin, W. , Wee, D. , Engstrand, E. A. , & Enright, R. D. (1999). The tools of forgiveness education: Validity studies of the Enright Forgiveness Inventory. In *The moral development of forgiveness*: *Research and education*. Symposium conducted at the meeting of annual conference of The Association for Moral Education, Minneapolis, MN.

Rique, J. , Camino, C. , Enright, R. D. , & Queiroz, P. (2007). Perdao interpessoal e contextos de injstica no Brasil e Estados Unidos [Interpersonal forgiveness and the contexts of injustices at Brazil and the United States]. Psico, *38*(2),185—192.

Selman, R. (1980). *The growth of interpersonal understanding*. New York: Academic.

Snyder, C. R. , & Lopez, S. J. (2009). *Psicologia positiva. Uma abordagem cientifica e pratica das qualidades humanas*(Traducao de Roberto Cataldo Costa). Porto Aleger: ARTMED.

Subkoviak, M. , Enright, R. D. , Wu, C. R. , & Gassin, E. (1995). Measuring interpersonal forgiveness in late adolescence and middle adulthood. *Journal of Adolescence*, *18*,642—655.

Trainer, M. (1981). *Forgiveness*: *Intrinsic*, *role—expected*, *expedient*, *in the context of divorce*. Unpublished doctoral dissertation, Boston University, Boston.

第 9 章　南非的真相与和解过程：积极心理学在国家建设中的作用

Marié P. Wissing 和 Q. Michael Temane[①]

关于积极社会和积极国家意味着什么，积极心理学对此还一无所知。在这一章中我们将会诠释南非真相与和解委员会(Truth and Reconciliation Committee, TRC)的功能。在刚刚废除种族隔离制度的南非，在政府变得更民主和更有人权观念的过程中，这个委员会发挥了作用，我们将以此来分析促进积极社会的过程的内涵。我们会透过积极心理学的视角来讨论 TRC 的历程和结果，描述在积极心理学概念中的个性优势与其他积极社会心理学的特性是如何实现该进程的，以及 TRC 是如何为构建一个正义且积极的国家做出贡献的。作为和解的证明和对于创伤的处理，我们将会分析创伤后的成长对于个人和整个社会及国家有多大的帮助。我们也会以一个更集体主义文化的视角来看待 TRC 的工作，从而帮助我们更好地理解积极心理学所描述的现象。TRC 对于国家建设的贡献已经被证实，但长路漫漫，前路的挑战和机遇仍需明示于人。

9.1 引言

在第一届于葡萄牙举办的关于积极国家的积极心理学大会上，Helena Águeda Marujo 和 Luis Miguel Neto 创造性地打开了一扇以积极心理学视角来思考"积极国家"的窗户，由此，他们回顾了上一世纪的辉煌

---

①玛丽·P. 威辛，Q. 迈克·特玛尼，南非，波切夫斯特鲁姆，西北大学心理行为科学学院，E-mail：Marie. Wissing@nwu. ac. za；Michael. Temane@nwu. ac. za；
H. Águeda Marujo 和 L. M. Neto（编辑），《积极的国家和社区》，DOI 10.1007/978－94－007－6869－7_9，Springer Science＋Business Media Dordrecht 2014

过去并且描绘了对于未来的梦想。关于积极社会和积极国家是怎样的，现实中以个人为导向的积极心理学对此知之甚少，这也成了这次大会的一个重要议题。在这一章中，我们想要通过对于南非真相与和解委员会作为积极心理学在国家建设中的应用过程的思考来填补这一空白，对这一争论做出贡献。在过去的二十年，南非已经在诸多方面有了奇迹般的发展，从一个备受诟病的种族隔离制国家变成了一个大家津津乐道的彩虹国度。虽然真相与和解委员会(TRC)的工作在一开始像是例行惯例，但是它已经对于这个国家的和解产生了重要的影响，尽管事实上在前方仍有许多的挑战。

在前文中我们提到过，这一章的重点是对于过往辉煌的回顾，这并不意味着我们可以忽略在 TRC 的听证会中批露出来的曾经在种族隔离制度下的恐怖、伤痛和对于人权的侵犯，也并不意味着我们可以对于那些暴力犯罪和在这个国家中的贪腐行为装聋作哑。我们能够对 TRC 努力将真相公布于众的充足勇气、直面矛盾的工作以及促进社会和解发展中的积极方面做出详述。虽然 TRC 的工作在诸多方面还有瑕疵，但这仍是一个心理化程度很强的历程。

9.2 TRC 的功能

9.2.1 背景

因为许多形形色色的人权侵犯事件，南非的不堪过去世界闻名。当南非前总统尼尔森·曼德拉(Nelson Mandela)在 1994 年走进总统办公室时，他接手了一个在种族政策上形单影只的国家，并且面临着如何与那些在实行种族隔离制度期间野蛮侵犯人权的人一起工作的挑战。在他面前有三个选择(Markel 1999,2001)：(1)试图将那些野蛮侵犯人权的人送上刑事法庭，让他们为自己的行为付出代价(纽伦堡选项)；(2)对那些犯罪者特赦；(3)找到一种新的方法。就在这个时候 TRC 诞生了。这一策略被有些社会评论家称为保证少数服从多数的浮士德式的交易。

第一个惩戒犯罪人员的方案有问题是因为：(1)在没有某些豁免权的情况下，安全部队和其支持者有可能大规模反抗；(2)后者是曼德拉和 De Klerk 在 1993 年讨论促进国家重建的临时宪法的特别议题，特赦将会给予那些过往政见相左的人；(3)新政府没有足够的资源去调查、惩罚和监禁那些罪犯；(4)即便有资源，绝大多数的申诉在没有合理怀疑的情况下不能被证明，因为很多案件发生在很久以前，其证据已经被销毁；(5)如果带着政治目的对那些罪犯进行惩罚，这将会波及所有的种族，有些非洲民族议会的成员将受到影响。

第二个选项，即，将全面赦免作为唯一选项同样有问题，因为：(1)过去受害人的损失将不能被社会承认；(2)罪犯将不会受到惩罚；(3)民众和国家将不会从过去得到教训。在讨论 TRC 的文献中同样有一些怀疑全面赦免可能性的文章。

第三个选项是以社会和解为目的而对过去历史的重新审视。已故前任司法部长 Dullah Omar 先生建议，"委员会在使南非在道德层面上与过去达成协议和促进和解方面，发挥了必不可少的作用"(http://www. justice. gov. za/trc/)。联邦政府在尼尔森・曼德拉(Nelson Mandela)的带领下，通过了国家团结与和解法案(1995 年第 34 号)并建立了真相与和解委员会。最重要的是，这个法案比起报应性司法，更关注恢复性司法(Stein 等，2008)，这被称为是更有政治妥协性的。TRC 的目的在于"在以超越冲突和……分割过去为内涵的理解下促进国家团结与和解"。

TRC 的授权工作包括：(1)全面展示和记录在过去发生的人权侵犯案件的种类和原因；(2)赦免一些特殊案件(全面揭露罪犯的罪行)；(3)监督对于被虐待的受害者的赔偿和康复工作；(4)编纂 TRC 的各项活动和发现的报道；(5)汇总关于维持社会稳定和公平，并防止人权侵犯再发生的方法和机构设立的各项建议，并提交总统(详见 Gobodo-Madikizela，2002)。Alex Boraine 博士(TRC 的联合主席)在 TRC 的演讲中说："南非已经下定决心对忘记过去说不，并以此永记历史，对大规模惩戒说不，并以宽恕代之。"(Boraine，1996)在很大程度上，TRC 的理念来自对于政治心理的一种预设的率真理解，这种理解促使了伴随着对真相的知晓的宽恕与和解。

一方面，TRC 被很多人认为是南非奇迹般地迈向全面自由民主的不可或缺的元素；另一方面，持怀疑论者认为 TRC 缺乏严格的分析(比如在社会科学方面)(Chapman 和 Van der Merwe，2008)和对于一些基础概念的准确定义，比如对于受害者、罪犯以及和解方式的分类(Borer，2003)。尽管如此，南非的 TRC 是第一个在 19 个国际舞台上举行听证会的，第一个个性化特赦的，并且第一个允许民众在同一个法庭上，在不同阶层的公众审视下，以公众利益为基础，以控辩双方的不同角度为受害者和罪犯作证的机构(详见 Mamdani，2002)。TRC 接受了 20 000 份来自受害者及其家庭的陈述，以及近 7000 件赦免申请(信息在 TRC 网站 www.truth.org.za 上可见)。

9.2.2 TRC 的结构与进程

结构

TRC 是一个由 17 名委员组成的委员会，总部设立在开普敦，并且通过三个法定专委会进行工作(SATRC，1998)。

人权侵犯调查专委会——在全国范围内举行听证会，调查发生在 1960 年 3 月至 1994 年 5 月 11 日期间的恶性虐待案件(恶性虐待案件被实用性地定义为杀害、折磨、严重虐待性质的诱拐)。

特赦专委会——仔细思考个人提交的关于他们所犯政治罪案的赦免申请(例如：有政治意图的犯罪、被申请人部分或全盘公开的罪案)。

赔偿和康复专委会——需要为如何做出政治补偿和重塑受害者的尊严提出建议。

调查部门的建立是为了能够全面调查以协助委员会完成其职责。

进程

人权侵犯调查专委会在南非的很多场馆举行了听证会，包括在约翰内斯堡(在中央卫理公会)、开普敦(在开普敦大学)和兰德堡(在瑞玛圣经教会)。在一些偏远地区举行的听证会吸引了很多来自各个社区的民众。然而，在有些城市，除了一些备受瞩目的听证会场馆里才会人潮涌动，仍有其他事占据了公众的目光。有统计显示，近 50%的人口以不同方式参与了 TRC 的各项活动(为受害者作证，为罪犯解释，参加公开听证会或者通过电台、电视和其他媒体参与到这项工作中——Stein 等，2008)。

委员会的策略是在听证会召开前邀请受害人和罪犯前来作证，但是他们从受害者的陈述开始，以揭露那些具体的人权侵犯事件作为起点。

TRC 的核心工作是受害者听证会，并且在头一年里，大多数听证会都是这种类型。然而在第二年，听证会的侧重点偏向了关于罪犯的事件上。

TRC 委派了训练过的个案陈述者，他们能够流利地使用当地语言，并在受害者的故事中引用标准的术语。情绪消极的人会被介绍到心理健康机构接受专业帮助。个案陈述者从非政府组织、社区基础组织和宗教团体等机构中招募。通过这种形式，偏远地区和一些未举行听证会的城市区域的讯息能被民众知晓。受害者叙述是 TRC 进程的道德核心。只有 10%的受害人(大约 2000 人)有机会在公开听证会上说出他们的故事，所有人的叙述当然都被记录在案、被分析并以某种形式涵盖在一份长达 3500 页的最后报告中。那些被选择在公众听证会中讲述自己故事的受害者旨在反映各种类型的人权虐待，并且确保斗争中各方的受害者都能被囊括进来，无论他们的性别、年龄、种族。绝大多数的受害者都是因为种族隔离制度而受迫害的黑人，然而也有一些白人受害者(例如在教会街爆炸案件中)。无论是白人还是黑人，他们都讲述着自己生活在种族隔离制度下的故事。

9.3 积极心理学视角下 TRC 的进程与结果

在这一节中将会呈现积极心理学的不同理论层面，以此来解释 TRC 的进程。或者也可以说，TRC 的进程和结果阐明了我们迄今所学过的很多积极心理学的内容——很多理论在个体层面上被应用，但是在现在的分析中这些理论也在社会层面上与公众福祉休戚相关。Fredrickson(2001，2009)已经提出假设，并揭示了在实验室环境中，个体在情绪上的积极反应，诸如感激、期望和激励，是如何开阔视野和建立社会福利的。有些理论来自已有的模型，比如个性优势的行动一价值(VIA)模型(Peterson 与 Seligman，2004)，Keyes 提出的心理健康连续模型中的社会福利模型(Keyes，1998，2007)，和谐感模型(Antonovsky，1987)和意义模型(Baumeister，1991；Wong，2010)。各式各样的模型与成为更积极国度有关的优势和历程在以下几方面被描述：首先，TRC 所积累的一些证据；其次，TRC 包罗万象的进程和结果将被作为重点；然后作为 TRC 努力的一部分，有更多的个人行为和进程与社会发展发生联系。一些 TRC 的工作成就在后文中将会有所呈现。

9.3.1 关于 TRC

领导力

由于尼尔森·曼德拉(Nelson Mandela)和 Willem de Klerk 在协商过程中表现出的领导能力,南非的政治改革在很大程度上是和平的。

领导力在民众优势品质中是个性优势。所谓"民众优势品质",是由个性优势的行动—价值(VIA)模型(Peterson 与 Seligman,2004)定义的,并作为构成健康社区生活的一部分。尼尔森·曼德拉和 Willem de Klerk 关于权力变更的协商是探索构建更健康和积极的国家的可能性的第一步。他们因领导权的和解在 1993 年被共同授予诺贝尔和平奖。

当然,在这个过程中还有其他领导人的身影,比如后来成为 TRC 主席的大主教 Desmond Tutu,被选举为副主席并在后来成为司法部长的 Alex Boraine 博士,还有 Dullah Omar,他是第一个提出委员会的创立对于南非这个国家与过去在道德上达成协议和进一步民族和解至关重要的人。这些人为创立 TRC 铺平了道路。

前总统尼尔森·曼德拉坚信,过去的错误并不仅仅是被宽容就足够的:他们需要被调查、被记录,并且被人知晓(Hay,1999)。因此,他建议成立 TRC。曼德拉有着成为优秀领导的全部特质,他能影响和左右有利于集体的行为。曼德拉的领导力优势也在他的见识、诚实和睿智上有所体现,即便在种族隔离制度时期,这些品质仍然闪耀夺目:在他的领导下,TRC 的成立是体现平衡、平等、正义、仁慈的不二选择。

正义

正义同样是行动—价值模型中的一个概念(Peterson 与 Seligman,2004),它作为公民优势的真谛,并作为一种特别的心理特质优势在构建健康社区生活的过程中发挥了重要作用。作为一种特质优势,正义给予每个人公平的机会,杜绝了那些影响他人的个人偏好。正义作为一种美德和特质优势,也与领导力、公平和社会责任休戚相关。

因为要首先确保那些因为种族隔离制度而受迫害者的经历能够被大家听到,正义在 TRC 进程的规划中被突显出来。这个过程是尊重受害者尊严的体现,同样也是能够与他们交流的保障。

9.3.2 包罗万象的结果和过程

真相与和解委员会那些各式各样的结果和过程还有策略可以看作积极心理学的应用和建设积极国家的一种体现。

社会意识和对过去历史的弥补

Keyes(1998)提出了社会幸福层面的"社会和谐"，这一概念旨在确保社会利益，并在世界上的其他地方已经被证明为可理解的、有逻辑的，并且有一定预见性。觉察能让人退一步海阔天空(Fredrickson 2009)。Brown 和 Ryan(2003)也赞成觉察对于社会福利的重要作用。

TRC 那些形形色色的聆听和记录方式经受了对立双方的共同考验，我们常常可以看到，在同一个法庭内，黑人与白人互为受害者和侵犯者，这种聆听和记录方式能够更好地帮助民众深层次地理解案件，并由此引发更全面的社会意识。沉默和未被认同的历史也会慢慢露出其真面目，成为我们的历史和觉察的一部分。这种方式分享了历史和觉察，而这两者被 Keyes(1998)等学者认为在促进国家统一中很重要。

TRC 的做法对于那些讲出自己经历并被人所听到的受害者，和那些要承担责任的加害者都是强有力的政治行为，这是为了创建一个新的美好国度而必须对历史形成共识的有力的方式。作为一个国家，我们敢于直面历史、牢记过去，因此我们才允许让过往的恐惧感重现。也因为这样，那些被披露出的历史事件不会再重演——这是新政府的道德底线。因而，在这个国家中的那些病态和幸福之间的差距格外显眼。

因此，TRC 以揭露那些被掩盖和未被披露历史的方式为分享不同的意识和觉察铺平了道路，并且对于这个已经分裂的社会重新和解、重建秩序提供了契机。

构建意义和社会贡献

寻找和构建意义是人类独有的需求(Antonovsky，1987；Baumeister，1991；Wong，2010)，特别是在一个不停变换的环境中。意义在个人和社会两个方面被构建，并且给予人们保护和权利(Wong，2010)。意义的构建与想象力、负责行为、个人成长、目的和期望有关(Wong，2010)。意义在叙述中能够被最好地理解、表达和构建，这样的叙述也让那些生命故事被重新书写(Van der Merwe 等，2009)。

TRC的历程使那些尘封的历史被揭开，使我们更了解自己的所爱之人，使我们看清自己的行为后果对他人的影响，使我们在和解之路上被引领，使我们心中对过去和现在有更清晰的认识，也给了我们一个在个人和社会层面上表达和构建意义的机会。分享个人经历和促成广泛理解给了受害者在社会层面体验新觉察的机会，例如，他们给了社会有意义的东西，他们的贡献被社会赋予了价值。这就和Keyes(1998)所说的"为社会做贡献"一致，是社会幸福的一个方面。TRC的历程为构建新意义提供了一个机会，国家变得更积极成为一种可能。

走向和谐与和平建设

在TRC介入之前，和平建设在1994年南非权力变更前的协商中就已经开始了。虽然TRC在协调与和平建设中的努力已经调和了来自社会各层面的结果和影响，但是将社会从纷争推向和平的过程仍然需要更大范围的一致性(Hay,1999;Statman,2000;Stevens,2005)。TRC为以后的调解和更大程度的过程连续和平建设提供了空间。

TRC倡导的和谐是由Chengyang(2008)提出的，这样的和谐是个人内在和人际间的平衡、接纳和求同存异一起促成的，而且和谐与和平建设一起促成了和解。TRC因而在创造和构建和平，平衡矛盾双方，团结国家及民族和解的过程中变得举足轻重。这使得这个国家更有社会接受度，更加的和谐。Keyes(1998)提出了"社会接纳"的概念，并将这个概念作为社会幸福的一个方面，这一概念是指即便有时行为复杂迷茫，它们仍能得到别人广泛的认可和接受。

同情心

TRC的进程首先将关注点放在受害者和他们的家庭上。TRC和听证会的听众们会带着尊重、善意和同情心去聆听受害者和他们家人的故事，并且记录他们的经历。一直以来，同情心是TRC一直秉承的内核:这可以让受害者从他们的经历中有所缓解，并且为这个千疮百孔的国家带来暖意。

同情心像仁慈、利他、爱、抚育、慷慨一样，作为与他人产生连结的一种品质，在行动一价值模型中被概念化(Peterson与Seligman,2004)。在世界上大多数的宗教中，这样一种抚育性的、关照他人的态度都是道德和灵魂生活的基石(Peterson与Seligman,2004)。同情心和其他那些人道的优势特质一样在 TRC 的听证会中有所体现，并在南非这样的环境中发展为更人道社会的一个模型。

灵性

灵性作为一个优势特质和宗教导向在 TRC 的进程中扮演了一个(出乎意料的)重要的角色。灵性在行动－价值模型中是被概念化的一种特征(Peterson 与 Seligman，2004)，构成超越特质的一个方面。在 TRC 关于宗教实践的工作中有着很强的灵性和基督教的旋律，其内容和方式都被这样的旋律所引领。虽然有人对此提出了批评，但是这样的灵性似乎还是被受害者们接受了，而且委员会成员和侵害者对此也没有异议。这一切要追溯到 1996 年 2 月 13 日，在圣・乔治教堂举行的听证会上，响起了教会歌曲，点燃了蜡烛，使用了橄榄枝。TRC 的会议同样以祈祷的方式开始和结束。委员会也开始强调宗教主题，例如追求真理、忏悔罪行、宽容、对于偿还与赦免的承诺、和解与嬗变。在这个宗教“权威”面前，TRC 建议那些受害者与加害人在个人层面上能够追随主的道路，放下报复心和憎恶心。

作为 TRC 的主席，前任图图大主教(Tutu)在听证会的初始就曾明确表示过宗教是治愈过程的核心，并且我们需要接触到那些不同宗教传统中深层次的灵性源泉，以此来勾勒出治愈国家和建设国家的力量和慈悲。这样的导向有益于一个国家的道德感和责任感的发展。

灵性在由 TRC 主导的治愈过程中至关重要——这并不仅仅是有一种优势特质，更是一种终极关怀(Emmons 2003)和关切更大福祉的超越性导向。很多南非人都被这样具有灵性和宗教性的导向指引着，并且在这样的指引下看到了比起自身更重要的东西。这一切帮助了人们互相和解，也使人们愈加团结。

希望和乐观的促进作用

Snyder(2000)提出，希望在构筑心理幸福感的过程中至关重要，而乐观则因为积极心理学而众所周知(例如 Seligman 等，1995)。TRC 对于未来的导向策略正是以希望和乐观为基础来建设一个治愈了的国度(Stevens，2005)。在权力交接时期，南非面临障碍，这时候希望和乐观尤为重要。

希望，是一种关于未来的意识，它面向未来，和乐观一起，都是对于未来在情绪、认知和动机立场上的一种描绘。为了完成促进民族和解和国家建设这个夙愿，希望这一议题能够被推荐给总统，去帮助构建一个稳定和平等的国家，并且防止侵犯人权事件的发生，放眼美好未来，TRC被看作美好未来的创造者。在这个越来越走向大同的世界上，这促进了积极进化社会的观念。例如，Keyes认为这是社会幸福感中的社会实现层面(1998)。

9.3.3 个人历程和社会历程的连结

告知真相

在TRC的历程中，告知真相是为了建设健康和美好的国家而去抚平民众心中创伤和治愈心灵的重要元素(Stevens，2005；Statman，2000)。有一个问题被提出："那么，是谁的真相？"在TRC的听证会上呈现出了形形色色的真相：事实真相或司法真相，个人真相或叙事真相，社会真相或对白真相，抑或是治愈真相。个人真相比司法真相走得更远，是一种对于理解、自我洞察、承担责任、治愈、正义和和解的灵性探索。图图在1996年的一个听证会上曾经说过，TRC倾听每一个人的话，给每一个人说出自己所见所闻的机会。真实的故事往往是由受害者和侵害者双方共同书写的。

说出你的故事1：受害者

回声嘹亮：真实的遭遇和呈现的力量

受害者用声音来诉说他们的痛苦遭遇。他们是幸存者，同样也是有着强大力量去成长，并为了完善历史和创建人道主义社会做出贡献的人。在这一历程中，他们展示了他们的勇气、温和和人道主义精神，这些优势都在行动－价值模型或更早的模型中被概念化(Peterson与Seligman，2004)。成长则在完善人性的过程中体现出来。

叙事理论有一种观点认为(Van der Merwe等，2009)，人们的主旨故事总伴随着一个副本故事。主旨故事往往是以人们的经历为素材的，而这一切则影响着人们对于生活的解释，并构造他们的生活。对于很多黑人来说，他们的故事都是充满着在种族隔离制度中所遭受的创伤和不幸。TRC的进程允许这样的故事被道出、被听见，并且让这些故事从受害者的角度变成幸存者角度，从绝望感到具有复原力和力量，这些都是

TRC 站在了宽容和宽恕的道德高处，以一种有力量的姿态去帮助这个国家变得更加的民主和人道。

尽管如此，被记录下来的故事仍是少数(21298 — Statman, 2000; SATRC Report 1998, Vol. 1, Chap. 6, Appendix 2,29)，并且 TRC 期望那些目击者也能为那些没有被证实的故事做出补充。

创伤后成长

TRC 使得受害者在重述他们的经历时能够在一个具有社会支持的环境下进行，这样的重述对于创伤后的认知发展是有帮助的。TRC 的认可与承认和 TRC 倡导的宽恕与和解一起鼓励这样的成长。例如，在一个听证会上，大主教图图(MUFC 听证会文字记录)建议在场的受害者应被公众认可：

> 我们尊重那些受害者和他们的表述……我们支持他们……我站在国家的立场上只是想说，我们希望那么多人的痛苦和愤怒也能够变成治愈我们国家的力量。我们希望他们知道，我们的内心深处对于他们的经历怀着深深的同情，我们谢谢他们，并希望他们也能将这一切放在心中去向那些造成他们痛苦的人伸出双手，为了我们的国家能同样被治愈去碰触他们。

创伤后成长在某种意义上说是被 TRC 进程所促进的，这一进程为了能够更好地团结彼此而饱含宽仁之心。成长的可能性是因为在 TRC 的进程中，受害者的痛苦被其他人所接纳，他们感受到了他人的同情，他们被他人所环抱，这一过程满含人道主义精神，充斥着彼此怀着宽容和悔改之心的相互连结(见后文)。创伤后成长在某种程度上说也是一种变相的合作(Aldwin, 1994)。

虽然双方的受害者所诉说的故事提供了一个宣泄和感受治愈与肯定的时刻，但是对那些受害者来说，这是否已经足够在未来相当长的时期内抚平他们的创伤仍是一个问题。对于一些人可能行，但对于另一些人我们需要做得更多(Kagee, 2006)

说出你的故事 2：罪犯们的忏悔

承担责任：让诚信之心成长

在 TRC 的进程中，让加害者们说出事实是需要他们对于过去的所作所为进行全盘公开的。有 7000 多的加害者提请被赦免。有些申请被驳回,最后有5392份被拒绝,849份被同意。

在TRC中,讲述真相是一种需要承担责任的人际间和社会性的诚实表达。这使得那些侵害者的诚信之心有了成长的机会。当然,这也许还是让人痛苦的。虽然在大多数情况下说出事实仍伴随着私心,比如,被同意赦免,但是这对他人仍有着积极的治愈作用。侵害者们揭露和忏悔自己的罪行并愿意承担相应的后果,在这一过程中,他们展示了自己的勇敢,也让人看到了他们的诚实。通过这一过程他们更可能会做出改变。

悔过的意识:请求宽恕

虽然后悔是一种消极情绪,但是它带来了积极的结果(Kashdan,2010)。感到后悔是因为意识到了自己的所作所为造成的伤害,这是需要对受害者抱有同理心的(Gobodo-Madikizela,2008)。在那些讲述自己在种族隔离地区侵害人权的加害者身上,可以看到悔恨。内疚心让他们希望能消除自己的错误影响,并且给了他们自己一个机会去成长和学习。加害者表达悔过也是朝着社会和解迈进的重要一步。

宽恕

TRC所秉承的原则是和解需要宽恕,而宽恕只存在于那些恶性的人权侵犯事件被完全披露和识别之后。有些评论家批评说,TRC一直抱持着社会和解和国家重建的观点来诱惑那些受害者去宽恕,这并没有给他们足够的空间去表达愤怒和报复的欲望(Statman,2000)。更有人说,宽仁之心在种族隔离制度被废除后并非必需(Alais,2007)。然而,宽仁之心在国家重建和建立积极国家的过程中发挥了不可磨灭的作用(Gobodo-Madikizela,2003;Hay,1999;Krog,2008)。图图指出,宽恕打开了受害者和加害人一起面向未来的窗户。TRC进程中的那些宽恕的故事并不仅仅直接发生在当事人中,也在更大范围内起了作用:那些对故事深有同感之人的宽恕正是这个国家自我治愈的开始。

Peterson和Seligman(2004)基于McCullough等人(2000)的工作所提出的对于宽恕的定义被广泛认可。按照这个定义,宽恕"代表了在个人内心中一整套的亲社会的变化,而这个人曾经遭受了关系中另一方的侵犯和伤害"(Peterson和Seligman,2004)。宽恕是由人内心的、亲社会的改变所引起的,这些改变包括了认知、情绪和行为方面。宽恕与慈悲和自律息息相关，也与仁厚、同情心、宽大还有和谐有关。虽然宽恕经常和犹太教、印度教里对于侵犯的悔过心相联系，但是这与基督教和伊斯兰教却没有多大关系（Peterson 和 Seligman，2004）。很多学者区别“宽恕”和“和解”两个概念并认为它们二者可以单独存在。

从非洲关于宽恕的一个更集体主义的视角来说，虽然加害人渴望能够重新回归社会，但受害者变成了能否实现这一愿望的守门人（Gobodo-Madikizela，2003）。宽仁之心并不是忽视那些已经发生的糟糕的事实，而是努力不受其影响。“人之为人，就是我不会对你如你对我般那么恶毒。”（Gobodo-Madikizela，2003）。宽恕，就像在 TRC 的进程中表现出来的那样，是对于那些加害者的慷慨之礼，即便他们并不期望也没有资格去得到这些。宽恕只有个人能够给予，这是人与人之间的互动，并不是一个委员会或者其他组织能够决定的。在 TRC 的听证会上，在处理那些暴行时，宽恕更是人类仁爱之心的表现。作为 TRC 整个过程的见证人，宽恕比起在行动－价值模型中被概念化的温和之力（Peterson 与 Seligman，2004）更具超越性力量。这样的观察也许有一个理论化的解释：优势在不同的情境中各有不同，相比于集体主义文化，个人主义文化下这种优势的聚拢是不一样的（Wissing 和 Temane，2008）。

尽管如此，在 TRC 的听证会上所见到的宽恕是迄今为止最广泛和最具包容性的。这样的宽恕不仅仅和悔恨联系在一起。

宽恕：非洲的贡献

TRC 关于宽恕和成长的记录能够丰富我们在传统的积极心理中的视角上对于宽恕这个概念的理解。在非洲这样一个以集体主义世界观为主的地方，宽恕不仅是个人的处事方式，也是一个社会的运作方式，这关乎到社会和解，也让受害者和加害者相互融合，使人性的完善有了可能。

Gyekye（1997）曾借用 Menkiti 的话说过，“就非洲人所关切的东西来说，共同世界的现状超越了个人经历所带来的状况”。因此，社会认为个人价值和社会价值都需要被深深珍惜，这就唤起了一个相较于传统来说更广义的关于宽恕的定义，这个说法有点西方化，“宽恕不仅是个人的事，从非洲‘人性’（ubuntu）或者共有制传统来说，更是一个社会和集体团结迈向仁义的必经历程”。虽然有些 TRC 的分析家（比如，Wilson）指出，在非洲国民议会将新政府合法化的过程中，这样的所谓的人性(ubuntu)观显得太过表浅了，但是另外一些人的意见(Gobodo-Madikizela，2003 和 Krog，2008)表明了这是更具深层含义和重要性的观点。前任图图(Tutu)大主教和 Ntsebeza 理事关于受害者的言行可以阐述这样的意义，当然这样的意义也能在非洲心理学家 Gobodo-Madikizela (2003)关于非洲的哲学和宗教的叙述中找到(如 Gyekye，1987；Setiloane，1976；Soyinka，1976)。Krog(2008)认为这样的世界观才是 TRC 进程的核心，却在基督教教义和恢复性司法的包装下被人看到。这样的人性观(通过他人的道义而成仁)帮助了 TRC 在一个压抑了报复心，充斥着新意义和可能性的政治与法律理念的状态下去团结整个社会。有些参加了 TRC 听证会的理事和普通黑人知道了“人只能在包容和解的社会中成就自己”的可能性，除了集体智慧的驱使，任何政治组织和精英们也无法倡导这样的观念(Van Binsbergen，2001)。

通过 TRC 的工作我们知道，从非洲人的角度来看，“宽恕”是个人和社会需要共同面对的和解历程。宽恕是一个包含性的成长历程，可以被叫作“相互连接成一”(Krog，2008)。相互连接成一并非理论的空谈，更是身心的觉醒，这种觉醒指的是“人能成为人，是由周遭的一切所完善的，不管是物质上的还是形而上的”(Krog，2008)。因此，成为一体是人去接触他人后的一个最完善的自我状态。

相互连接成一包括了“宽恕”(让受害人远离私人恩怨)和“和解”(敌对的双方冰释前嫌，彼此接纳，共创未来)两个概念。宽恕和和解是相辅相成的：宽恕是通过加害者的忏悔和感激而开始的，而和解则是迈向人道的下一步，因此，包括了受害人和加害者双方。

一个相互连接的深层次理解是与宽恕密不可分的，这是由 Guguletu“七母”中的一位(Ngewu 夫人)所表达出的。她的儿子是当年被民兵(一个与警方秘密合作的黑人雇佣军)杀害的七人中的一位。警方和民兵都被卷入了这桩谋杀案中，在 TRC 裁决之前，民兵在 TRC 的监督下与受害方有过一次私人交涉，以便祈求对方的原谅。会谈结束后，Ngewu 夫人的话被翻译后在南非广播电台的节目中被播放：

如果我理解得没错的话……这就是和解……如果这名杀害了 Christopher Piet 的罪犯想要重新做人，这个人，以至于我，以至于我们

都需要重拾我们的人性……所以我同意并支持这样做。(Krog,2008)

宽恕不能脱离和解而独立。和解需要原谅者和被原谅者在生活方面最基本的改变。也许这一过程是因加害者请求原谅而开始的，但是受害者没有加害者的乞求可能会有更大的完善性。当获得宽恕后，加害者必须有所改变，并尝试着重拾人性。Frank Chikane 教士作为受害者参加了对 Wouter Basson(一名种族隔离制度下的化学武器学家)的审判，他的表达颇具深意：他原谅了那些加害者，但是"直到那些罪犯说出'对不起'，并且愿意做出改变并开始改变生活方式，不然他永远是一名囚犯，即便我原谅他，所以我的宽恕并不能还他以自由"(Brand,2002)。当前警察部部长 Adriaan Vlok 为 Chikane 教士清洗双脚并以此来请求宽恕后，教士说："我在集会上和那些跌倒哭泣的人们分享这一切，我们没有其他方法在经历一切之后又保持沉默。"

宽恕中包含的文化也许可以丰富我们对于在积极心理学中作为一个现象的宽恕的理解。这样的宽恕和和解是相互连接和人性共同成长的一部分。Kinman 用根茎网络的比喻对这一理论进行了阐述——我们相互连接的关键，是我们给予和感激所得，是我们内在共同的成长(Kinman,2010)。

感恩

感恩在个性优势的行动一价值(VIA)模型(Peterson 与 Seligman,2004)中作为超越性优势被提出，这已经远非 Emmons 和其他人所说的普通心理优势了(Emmons,2007;Emmons 和 McCullough,2004)。在积极心理学中，感恩和心理幸福有着相关性。在非洲的 TRC 环境下亦是如此，虽然这并不是一切的核心条件，但仍与社会发展，特别是人与人之间的宽恕，有着很大的联系。只有那些不是为了被赦免，而是为了被原谅的感恩才会被人接受。因此，这就需要有所赔偿。虽然很多参加 TRC 听证会请求宽恕的白人并不理解其中的深意，但是在南非人中，无论黑人还是白人，感激之情引导着我们躲过激烈的纷争，迈向更大的和平和和解。普遍的感恩心和美好团结了我们，并启迪我们迈向和解之路。

感恩与 TRC 的历程一道展现出了温和的谦逊优势，这是 Peterson 与 Seligman(2004)在行动一价值(VIA)模型中假设的超越性优势所无法比拟的。这需要将环境这一因素考虑进我们的心理优势中。感恩在TRC的进程中常与宽恕相伴,是个人连接他人共同行善的生活导向的一部分。直到今日,在研究和探索TRC的进程中,涉及感恩的仍少之又少。

9.4 超于奇迹

TRC过程对国家建设的贡献(优势和缺陷)将作为这一段落的重点,这些过程无论对于旧时代的受害者还是加害者,乃至对于整个南非人来说都是一次成长的机会。就如所描述的那样,积极心理学的视角会帮助我们更好地理解TRC的进程。

9.4.1 TRC对于国家建设的总结和分析

在TRC的这场运动中,领导力和司法的优势和本质被突显出来。那些在支持和同情中由受害者对于真相的诉说,那些由委员会引导的在懊恼中的加害者的忏悔,都带着和解的意味,并且创造出了更大的社会觉醒,给民众带来了意义、平衡和希望(见Gobodo-Madikizela,2002)。

诉说真相的过程给了受害者发声的机会,让他们能重拾尊严,帮助他们在创伤后成长,并赋权给他们从内心去原谅那些加害他们的人,这让他们的人性更加完整(见Stein等,2008)。Stein等(2008)曾将上文与受害者宣泄治愈式和可能教化了的"证词疗愈"相类比。

将自己过去所犯罪行公布于众,那些加害者就必须为自己的行为承担后果,表示悔恨并乞求宽恕,这样才能与原谅他们的人一起在人性上获得成长,并一起建设更具人性的社会。尤金·德·考克的事例常作为那些残忍至极、难以想象的故事的典型在很多丧失人性的事例中被提及(Gobodo-Madikizela,2002)。感恩让我们能够从纷争中抽身,为共建和谐的、新的积极国家而一起努力。

TRC历程的优势/积极面

1. TRC为受害者讲述自己的遭遇创造了一个平台,让他们在别人的专注和同理心中宣泄关于自己的过去,并获得同情。

2. 受害者能够控制自己的叙述,让更多的人听到他们的遭遇,让他们感觉自己不再孤单前行。

3. TRC 帮助作为一个国家的南非从每日都会产生的愤怒和报复心中挣脱出来，让这个国家超越了这一切。

4. TRC 是南非避免发生内战的核心所在，阻止了这个国家的分崩离析。

TRC **历程的缺陷/消极面**

1. TRC 所使用的一些方法在很多社会评论家看来并不严谨，备受诟病。

2. 正如 Chapman 和 Van de Merwe(2008)指出的，虽然 TRC 的历程是以诚实对话为基础的，但像种族主义这样的社会弊病却没有被 TRC 所汇报出来。

3. 受害者遭受了苦难，但他们并没有得到相应的赔偿(见 Gibson, 2002)。

4. 有些没有申请赦免或者得到赦免的凶手和加害者，也没有被记录在案和受到处罚。

尽管从很多角度来看这个委员会的效用短暂并备受诟病，但是 TRC 的好处仍远远大于其弊端。虽然有些旧制度下的受害者对 TRC 的历程并非殷殷所期，但是他们仍然表现出了愿意与加害者和解的兴趣(见 Chapman 和 Van de Merwe，2008)。这都证明了一个普遍的观点，TRC 在治愈这个国家社会心理的过程中发挥了无可比拟的作用。

9.4.2 对奇迹的思考

TRC 认为尊严源自正义，这种正义基于社会各阶层拒绝忘却受害者所遭遇的痛苦经历。在某种意义上，TRC 的工作能够和道德再觉醒联系在一起，道德再觉醒是对共同叙述和对曲折历史理解的保证。另一方面，受害者站到了舞台的中央，在这个舞台上加害者将接受正义的审判。在这个舞台上受害者被赋予力量去说出他们的经历。在 TRC 的最终报告中有着清晰的总结："委员会是追求真相的……这就必须去帮助受害者出现在民众面前，让他们被看见、被认可，让他们的经历得到官方的承认，从而让他们成为有价值的公民"(SATRC 1998: Rcport, Vol. 1 Ch. 5, part. 1.)。理解创伤的理论性洞察清楚地解释了那些有过创伤经历的人需要用他们自己的声音说出他们的故事，并且去证实他们的经历。从另一方面说，那些被认为是“自律的道德作用者”的加害者，即便他们的行为在当时与国家行为相一致，但他们也有了一个说出他们经历的机会。

积极力量的福柯式概念与 TRC 历程相类似，它允许任何人去诉说、讨论和检视委员会的工作。积极力量源于社会的统一，这种力量是从每个人那里得到的：受害者、社会成员和委员会本身，他们从不同的视角共同创建了一个新的叙述。尊严是 TRC 历程成果的中心成分。尊严从另一方面被曼德拉(Mandela)在 1994 年 5 月 10 日无可争辩的那段演讲词所诠释，这段话有一个主题就是“我们这片美丽的土地上再也不会，再也不能够发生奴役事件，这让我们这个国家成为世界所唾弃的肮脏之地”(南非政府信息，1994)。因此，TRC 支持性的开诚布公是极为善意的，是最有利于还受害者以尊严和消除过去伤害的影响的，也帮助了受害者重新开始他们的人生。

有很多帮助南非从过去中超脱出来的故事：俄瑞斯忒斯的神话，俄瑞斯忒斯是阿伽门农与克吕泰涅斯特拉之子，这被作为南非怎样变成这样一个国家的参考。埃斯库罗斯关于阿伽门农与克吕泰涅斯特拉两个人关系的故事并不会在这里重新再说一遍，但是电影“白朗宁版本”足可以帮助我们去理解在新纪元里俄瑞斯忒斯的神话的现实指代。就在最近，在索韦托举行橄榄球赛之后，世界杯也在南非举行，这可以被看作南非人团结一致建设国家的一个缩影。这些事例形成的印象会在以后相当长的时间中铭记在南非人民的心中。索韦托举行的橄榄球赛和世界杯足球赛对于南非人来说都是重要的记忆。

橄榄球在南非是只有白人才能玩的活动，但是现在这个历史已经被改写了。这些将橄榄球赛带到索韦托的一系列活动十分不易，准备在这里举行世界杯或决定在这里举办一场比赛都没有可能，在之前很多白人根本不会走进索韦托(“不能进入”之地)。这当中有很多的原因，首先是治安问题，还有球票的销售难题，以及在这个黑人城镇举办这样的比赛的准备难度和挑战。主办这桩赛事的成功堪称一个传奇！这是不可思议的，即便是在一些客观主义分子来看，在这里举行橄榄球赛都将是一场灾难，但是结果却出人意料，可以被看作团结一致的一个奇迹。连南非人自己都对这样的结果感到惊讶。无需多说，现在已经有很多球赛正计划在那些黑人城镇举行。这一新现象展现在许多层面，这个更积极的国家并不只是在运动界有了变化，在像文学、音乐、戏剧、电影、舞蹈这样的艺术方面也焕然一新。这都可以被看作 TRC 工作成就的一个方面，这些新南非的建设成就在以往是根本无法想象的。

9.5 对于未来的梦想和总结

虽然还有很多缺陷，但是 TRC 关于真相的揭露为建设有新秩序的社会提供了规划和发展机遇，这样的社会旨在服务于全体人民和维护大众的人权，这个还在实验中的社会在保护主义和新的阶级斗争方面能够改变穷人的精神面貌，这个社会为大家提供了一个非政治对话的空间。这些特点并非只带来政治话题，也需要人们在日常生活中就有所反思。全体南非人都需要在这个摈弃旧时代所有社会经济观念的社会中去公平实践，如此才能建设一个积极的南非。虽然 TRC 并没有把所有人的美德都进行传播，但是它仍然引领这个社会从过去的阴霾中走出，并告诉世界如何才能摈弃纷争。

作为对 TRC 报告的回应，前总统塔博·姆贝基(2003 年 4 月)曾在国会说道，“TRC 帮助人们团结一致建设新南非”，而且“我们已经取得的成就告诉我们一个信息——虽然长路漫漫，但是我们最终会成功”。他还说道：“过去数十年发生在南非的那些斗争给南非人带来了苦难，这些都在委员会的听证会中引起了大家的共鸣，这播下了希望的种子，为未来带来了人道和关怀”(《政府传播志》，2003)。这些觉察是指引建设那个大众所期望的积极南非的基础。

毋庸置疑，在互相信任和和平相处的氛围中建设国家的那份坚持需要更大的社会凝聚力。其次，有些白人和黑人中的年轻人的想法与主流社会有所偏差，他们愤怒和沮丧，帮助他们和解共荣同样需要这份努力和坚持。像贫困、高失业率和腐败这样的社会弊端需要被遏制和改善。最后，如何完成这一令人惊叹的政治转变，运用 TRC 工作的积极经验帮助我们建设未来，防止历史重演，我们仍然面临挑战。从积极心理学领域得到的那些知识可以有意识地被应用到社会和国家建设中，这也能帮助我们建设积极国家。因此，科学家们、社会领袖、政治家还有普通人都需要携起手来。

总之，那些在美德集群（行动一价值（VIA）模型）中被提炼出的不同的心理优势和一些特殊的性格可以在 TRC 的历程和成就中为人所知，并且这可以帮助人们从应用积极心理学的视角去理解 TRC 的历程，这些研究都是建设积极国家的知识基础。

数十年后，南非可能仍面临着社会、经济还有政治上的挑战，在建设积极国家的过程中，需要发挥个人、团体和社会的优势。在南非，我们有着悠长而又痛苦的历史，但是现在，我们承诺在未来建设新国家。曼德拉以他掷地有声的话语做出了展望："我们知道，在取得成功的路上我们无法独行。我们必须团结起来，共同前行，这是为了我们国家的和解、国家的建设和一个新世界的诞生。让正义永存世间。让和平长存。让人人有工作，有面包，有水，有盐。让每个人知道他们的身体、心灵、灵魂都可以去自由实现自己"（《南非政府信息》，1994）。这个有着治愈性的健康的观点在"国家发展计划 2012—2030"（www. npconline. co. za）中有了进一步的发展。基于这个计划，Njabulo Ndebele 和 Antjie Krog 诗性化地展望了到 2030 年我们成为积极和健康国家的愿景，他们说道："我们在这个大家庭中感觉到爱、尊重和互相帮助。在这个社会和公共制度中我们一起创造，我们感觉到理解，我们感觉到信任，我们感觉到包容，我们感觉到帮助，我们感觉到信息互通，我们感觉到健康，我们感觉到安全，我们感觉到物资充裕和创新。我们一起学习，我们互相沟通，我们分享我们的工作，我们一起玩耍，我们相互尊重。我们思考和欢喜，我们因为分享智慧而备受激励。我们是有韧劲的。"他们继续说道："从现在起，到 2030 年，我们的故事仍会继续，犹如春天始终不曾离去。曾经，我们表达出自己的那个彩虹梦。现在我们看到它，并生活在此。这个梦不会漂浮在天空中，而是在我们每个人的家中，在我们的社区里，在我们的城市里，穿越了我们的国家，呈现出五彩斑斓。"（Ndebele 和 Krog，2012）因此，我们看到这个积极国家作为我们感知到的一体所经历的一切，在我们生活的所有方面展现出缤纷的色彩，并在这个过程中稳步前行。这就是 Krog（2008）所说的"互相连接为一体"，这不是终结，这是"每个人和每件事完善自我、实现自己的过程。人只有在和他人的连接中才能碰触到那个完整的自己"(Krog,2008)。

积极心理学和优势视角对于深层次地理解一个团体或一个国家的幸福感和韧劲贡献颇多,也帮助我们在思考文化多样性的同时思考如何科学地和充分地促进这个国家的发展(Wissing 2013)。从积极心理学的视角解释 TRC 如何帮助建设积极国家,能够更好地帮助我们看到 TRC 的积极面和消极面如何与积极心理学相联系,也帮助我们更好地理解积极心理学作为一门科学的发展。

参考文献

Alais, L. (2007). Forgiving without forgetting: Forgiveness and the TRC. *SA Publiekreg/Public Law*, *22*(1), 255—263.

Aldwin, C. M. (1994). *Stress, coping and development: An integrative perspective*. New York:Guilford Press.

Antonovsky, A. (1987). *Unravelling the mystery of health: How people manage stress and stay well*. San Francisco: Jossey—Bass.

Baumeister, R. F. (1991). *Meanings of life*. New York: Guilford Press.

Blomfi eld, O. H. (1985). Parasitism, projective identifi cation and the Faustian Bargain. *International Review of Psycho—Analysis*, *12*, 299—310.

Boraine, A. (1996). *Alternative and adjuncts to criminal prosecutions*. Paper delivered at the con—ference on, Justice in cataclysm: Criminal tribunals in the wake of mass violence, Brussels,Belgium. http://www. truth. org. za

Borer, A. T. (2003). A taxonomy of victims and perpetrators: Human rights and reconciliation in South Africa. *Human Rights Quarterly*, *25*(4), 1088—1116.

Brand, G. (2002). *Speaking of a fabulous ghost: In search of theological criteria, with special reference to the debate on salvation in African Christian theology*(Contributions to Philosophical theology, Vol. 7). Frankfurt am Main: Peter Lang.

Brown, K. W., & Ryan, R. M. (2003). The benefits of being present: Mindfulness and its role in psychological well—being. *Journal of Personality and Social Psychology*, *84*, 822—848.

Chapman, A. R., & van der Merwe, H. (Eds.). (2008). *Truth and reconciliation in South Africa:Did the TRC deliver?* Philadelphia: Penn Press.

Chenyang, L. (2008). The philosophy of harmony in classical Confucianism. *Philosophy Compass*, *3*(3), 423—435.

Emmons, R. A. (2003). Personal goals, life meaning, and virtue: Wellsprings of a positive life. In C. L. Keyes & J. Haidt (Eds.), *Flourishing positive psychology and the life well—lived*(pp. 105—128). Washington, DC: American Psychological Association.

Emmons, R. A. (2007). *Thanks! How the new science of gratitude can make you happier*. Boston: Houghton—Miffl in.

Emmons, R. A., & McCullough, M. E. (Eds.). (2004). *The psychology of gratitude*. New York: Oxford University Press.

Fredrickson, B. L. (2001). The role of positive emotions in positive psychology: The broaden—and— build theory of positive emotions. *American Psychologist*, *56*(3), 218—226.

Fredrickson, B. L. (2009). *Positivity*. New York: Random House.

Gibson, J. L. (2002). Truth, justice, and reconciliation: Judging the fairness of amnesty in South Africa. *American Journal of Political Science*, *46*(3), 540—556.

Gobodo—Madikizela, P. (2002). Remorse, forgiveness and rehumanization: Stories from South Africa. *Journal of Humanistic Psychology*, *42*, 7—42.

Gobodo—Madikizela, P. (2003). *A human being died that night: A South African story of forgiveness*. Boston: Houghton Miffl in.

Gobodo—Madikizela, P. (2008). Trauma, forgiveness and the witnessing dance: Making public spaces intimate. *The Journal of Analytical Psychology*, *53*, 169—188.

Government Communications (GCIS). (2003, April 27). Truth and Reconciliation Commission (TRC): Build a people's contract for South Africa. *Sunday Times*, 8.

Gyekye, K. (1987). *An essay on African philosophical thought: The akan conceptual scheme*. Cambridge: Cambridge University Press.

Gyekye, K. (1997). *Tradition and modernity: Philosophical refl ections on the African experience*. Oxford: Oxford University Press.

Hay, M. (1999). Grappling with the past: The Truth and Reconciliation Commission of South *Africa*. *African Journal on Conflict Resolution*, *1*(1), 29—51.

Kagee, A. (2006). The relationship between statement giving at the South African Truth and Reconciliation Commission and psychological distress among former political detainees. *South African Journal of Psychology*, *36*(1), 10—24.

Kashdan, T. (2010, August 23). *Why are we afraid of having regrets?* Retrieved from http://www. huffi ngtonpost. com/todd—kashdan/why—you—should—admit—havi_b _687439. html

Keyes, C. L. M. (1998). *Social well—being*. *Social Psychology Quarterly*, *61*, 121—140.

Keyes, C. L. M. (2007). Promoting and protecting mental health as fl ourishing: A complementary strategy for improving national mental health. *American Psychologist*, *62*(2), 95—108.

Kinman, C. (2010, September). *The nation as rhizome*. Presentation at the First Portuguese con—ference on positive psychology: Positive nations, September 29—30, 2010.

Krog, A. (1998). *Country of my skull*. Johannesburg: Random House.

Krog, A. (2008). This thing called reconciliation: Forgiveness as part of an interconnectedness— towards — wholeness. *South African Journal of Philosophy*, *27* (4), 353—366.

Mamdani, M. (2002). 'Amnesty or impunity? A preliminary critique of the report of the Truth and Reconciliation Commission of South Africa (TRC). *Diacritics*, *32*, 33—59.

Markel, D. (1999, Summer). The justice of amnesty? Towards a theory of retributivism in recovering states. *University of Toronto Law Journal*, *49*(3), 389—445. doi:10.2139/ssrn.411783.

Markel, D. (2001). Are shaming punishments beautifully retributive? Retributivism and the impli—cations for the alternative sanctions debate. *VanDerBilt Law Review*, *54* (6), 2157—2242.

McCullough, M., Pargament, K., & Thoresen, C. (Eds.). (2000). *Forgiveness: Theory, research and practice*. New York: Guilford Press.

Méndez, J. E. (2005, April 1). *How to take forward a transitional justice and human security Agenda: Policy implications for the International Community*, Cape Town.

Ndebele, N., & Krog, A. (2012, August 9). The vision for SA in 2030. *City Press*, 31.

Peterson, C., & Seligman, M. E. P. (2004). *Character strengths and virtues: A handbook and classification*. New York: American Psychological Association/Oxford University Press.

Seligman, M. E. P., Reivich, K., Jaycox, L., & Gillham, J. (1995). *The optimistic child*. New York: Houghton Miffl ia.

Setiloane, G. M. (1976). *The image of God among the Sotho — Tswana*. Rotterdam: A. A. Balkema.

Skaar, E. (1999). Truth commissions, trials—Or nothing? Policy options in democratic transitions. *Third World Quarterly*, *20*, 1109 1128.

Snyder, C. R. (Ed.). (2000). *Handbook of hope: Theory, measures, and applica-*

tions. San Diego: Academic.

South African Government Information. (1994, May 10). *Statement of the president of the African National Congress, Nelson Mandela, at his inauguration as president of the democratic republic of South Africa*, Union Buildings, Pretoria. Retrieved from the internet http://www.info.gov.za/speeches/1994/990319514p1006.htm

South African Truth and Reconciliation Commission (SATRC). (1998). *Truth and Reconciliation Commission of South Africa report*. Cape Town: Author.

Soyinka, W. (1976). *Myth, literature and the African world*. Cambridge: Cambridge University Press.

Statman, J. M. (2000). Performing the truth: The social—psychological context of TRC narratives. *South African Journal of Psychology*, *30*(1), 23—32.

Stein, D. J., Seedat, S., Kaminer, D., Moomal, H., Herman, A., Sonnega, J., & Williams, D. R. (2008). The impact of the Truth and Reconciliation Commission on psychological distress and forgiveness in South Africa. *Social Psychiatry and Psychiatric Epidemiology*, *43*, 426—468.

Stevens, G. (2005). Truth, confessions and reparations: Lessons from the South African Truth and Reconciliation Commission. *African Safety Promotion: A Journal of Injury and Violence Prevention*, *3*(1), 23—39. Retrieved from http://www.aspj.co.za/index.php/ASPJ/article/ viewFile /75/68.

Van Binsbergen, W. (2001). Ubuntu and the globalization of Southern African thought and society. *Quest: An African Journal of Philosophy*, *15*(1—2), 53—89.

Van der Merwe, E. J., Venter, C. A., & Temane, Q. M. (2009). Untold stories of a group of black South Africans about the apartheid era. *Journal of Psychology in Africa*, *19*(3), 395—400.

Wissing, M. P. (2013). A framework for future research and practice. In M. P. Wissing (Ed.), *Well—being research in South Africa*. Volume in series Cross—cultural advancements in Positive Psychology with Antonella Delle Fave as editor in chief. Dordrecht: Springer.

Wissing, M. P., & Temane, Q. M. (2008). The structure of psychological well—being in cultural context: Towards a hierarchical model of psychological health. *Journal of Psychology in Africa*, *18*(1), 45—56.

Wong, P. T. P. (2010). Meaning therapy: An integrative and positive existential psychotherapy. *Journal of Contemporary Psychotherapy*, *40*, 85—94.

第 10 章　国民幸福指数：喜马拉雅山脉领域试图创建一个积极国家的案例

George W. Burns[①]

10.1 引言

什么是一个“积极国家”，创建一个积极国家是政府的责任，人民的责任，还是这两者的责任？如果是后者，那么该如何平衡这两者的作用呢？对个体来说，积极的政治哲学能转换成更高层次的幸福吗？换句话说，积极国家为努力创造幸福起到作用了吗？

这个章节举了喜马拉雅山脉领域的一个小国家不丹的例子，在过去 40 年，基于国王四世的声明“国民幸福总值比国民生产总值更重要”应用和界定了“国民幸福总值”这一概念。意思就是说，政府有责任去提供一个发展规划来确保人民的幸福生活，而不仅仅是保持预算平衡。Bhutan 定义了幸福的四个核心“支柱”，并在整个国家内的所有省份的 9 个地区持续测量它们。

这旨在创建一个积极国家的社会实验是否能成为其他国家或者社区的榜样呢？这也是本章节需要解读的一些问题。

---

①在过去的 10 年中，作者作为一名志愿者和临床心理学家，带领一起探讨国民幸福指数概念和实践的考察团同事，访问了不丹 12 次。应不丹总理的邀请，他参加了一个高级别的联合国会议，该会议致力于建立从以经济为基础转变到以幸福为基础的世界发展模型。他撰写了 7 本著作，其中包括《增进幸福的治愈术》。G. W. Burns，心理学副教授，澳大利亚，墨尔本，凯尔米尔研究所；澳大利亚，WA 6070，达林顿，邮政信箱 289，西澳大利亚 弥尔顿. H. 埃里克森学院。H. Águeda Marujo 和 L. M. Neto（编辑），《积极的国家和社区》，DOI 10.1007/978－94－007－6869－7_10，Springer Science＋Business Media Dordrecht 2014

我们希望我们的发展——个人的，国家的，乃至全世界的——是基于雄厚的财富来测量，还是基于伟大的幸福来测量呢？我们希望怎样才能使这个有关幸福的政策在我们国家推行，而世界其他国家也全都如此呢？这些政策可以基于怎样的价值和证据？我们需要制定怎样的指标去测量我们的进程？我们怎样提供反馈给决策人？我们应该如何去推广创建这个积极国家所需要的制度和工具？在这一章，我想提出这些问题。我认为，作为这个世界的个体和公民，我们都应该问这些问题。我们可能不能代表个体或者整个国家，但我们也会有自己的答案。但是这个国家用基于它的百姓的幸福的政治哲学来实验了好几十年。这儿我想提供这个喜马拉雅山脉领域的国家——不丹，作为说明以一种方式建立一个积极国家的佐证。为了更好地讲解，让我引用这个国家的一个公民所说的话作为开始。

“使国家里的每一个公民都开心，我认为这不是一个国家的责任。对幸福的追求不仅是个人的，而且是主观上的。但是，这个国家有义务为人民追求幸福生活创造一个健康的氛围。”这段话来自不丹的当地作家 Tshering Tashi 的自传。他是一个商人，同时也是一个旅行家。这段话强调了幸福的职责方面的显著差异，指出了国家在个体幸福中的作用，反映出不丹长久建立的政治哲学命题——国民幸福总值。他们也提出了关于国家对于人民的角色和职责的假设。

第一，Tshering Tashi 的观点强调作为个体，我的幸福是我的职责，我不能信赖或依靠其他人、环境、社区或国家去使自己幸福。我的幸福降落于我自己的球场……这本质上就是我的选择，希望其他人或环境使自己变得幸福这是不现实的。这是我们从两方面获得的真理，一方面是来自古希腊哲学家的清晰印证，另一方面是积极心理学领域的现代研究者从基础实验中得出的肯定依据(Burns，2010a)。它不是关于幸福对我们来说是什么的话题，而是我们如何对发生幸福或者不幸福的事情进行反应。我们可能会有疑问，这个专制国家是否可以或者应该控制个体对那些幸福或者不幸福事情的反应。

第二，Tshering Tashi 的话引起这样一个问题，国家是否应该成为它的子民的幸福的保障者？如果国家是保障者，那它在多大范围内保障呢？毕竟，什么是一个“积极国家”，很显然，对于什么是积极的，什么是不积极的进行评估是一个非常主观的事情。谁来判断它是积极的或者是不积极的？国民幸福感是政府的责任，是人民的责任，还是这两者的责任，还是两者都不是？

不幸的是，悠久的历史给我们呈现的是许多这样的事例，国家领导者、政府、甚至一小部分人去进行种族大清洗运动，将他国变为自己的殖民地，迫害异教信徒，逐离出不幸的人们，而他们却将这些视为积极的全民行动。这就引起了一个重要的问题，不仅仅是积极国家是什么的问题，而是谁来定义或者判断什么是积极国家，什么不是。如果一个国家所进行的活动维护了它的大部分人民的利益，却牺牲了小部分人民的权利，那么这个国家进行的是积极活动吗？

让我们来举一个假设的例子，如果有一个大国的石油储备逐渐耗竭，燃料的短缺将使国家的经济趋于停止，工厂不能再继续生产来提供必备的商品，人们不能驾车或去工作。由于燃料的短缺，人们不能取暖和避暑，这将导致人们的不适感和不满意度上升。人们会抱怨，可能还会引起抗议和暴动。如果一个国家给其子民提供燃料储备的行为可以看作积极的行为，但是它为此去侵略、占有、殖民其他弱小的国家，这还算是积极国家吗？对于缺少燃料的国家的政府和人民来说，这当然是积极的，但是对于被侵略的、燃料富足的国家的政府和人民而言，恐怕完全不能算是积极的。

那么，什么是一个积极国家？这不仅是提出一个积极国家或者社区的定义（这已经在这本书的其他章节提出了），我是想提供一个现实的国家例子，这个国家已经建立关于幸福的政治哲学有好几个世纪了。在近40 年，它已经解释、测量和操作了国民幸福总值（GNH）这个概念。当我谈及不丹时，大众的普遍反应是“难道是那个所有人都快乐的国家吗？”或者“是那个在世界上最幸福的国家吗？”这些符合一个国家的人们对幸福目标的积极愿景吗？这是不是就创造了这样一个愿景，假如我是这个国家的人民，且坚定地相信 GNH，就意味着我肯定是快乐的？我可以想象人们会这样想。如果我不开心，那么，肯定是我做错了。这些对国民幸福感的期望真的会引发人们无望、无助和沮丧低落的情绪吗？

第三，在 Tshering Tashi 个人的私信里，反映出他的一个长久支持和适用的政治观点。这种观点来自他的家乡，一个小的，被陆地所包围的喜马拉雅山脉中的一个王国。在这个章节中，我将举这个独特国家的例子。在过去的40年中，这个国家基于第四任国王的著名言论“国民幸福总值比国民生产总值更重要”开创、应用和践行了国民幸福总值这个概念，去提供一个发展的规划来保证人们的幸福环境。这是政府的职责，而非仅仅是平衡预算。不丹已经定义出幸福的四个关键“支柱”，而且在全国范围内所有区域内的九个领域做持续的测量。

King Jigme Singye Wangchuck 关于国民幸福总值和国民生产总值的看似简单的言论，不仅成为全世界的兴趣，也成为国家政治哲学牢固的基础，这也被写入不丹的民主宪法，被各省用一系列确定的指标测量过，也似乎引起了像经济学、政治科学、宗教学和心理学等不同领域的科学家的兴趣。

10.2 什么是国民幸福指数?

国民幸福总值的原理是将发展描述成一个连续的过程，来平衡个体和社会的物质与非物质需求。虽然重视经济发展是作为支持和养育社区精神和社会需求的重要支柱，但是对一个国家的精神文明的发展来说，不会因此终结，国家会用很多方法去达到整体的发展。

这里主要指出不丹在国民幸福总值的原理中提到的“幸福”一词，它在很多方面不同于西方文化中的“幸福”。西方文化中的幸福多指迅速的、升高的、快乐的情感(Ura 等，2012)。积极心理学家借用古希腊哲学家的定义对幸福进行了广义的定义，他们认为暂时的快乐是“一般的幸福”，更持久的幸福状态是“因理性而积极生活所带来的幸福”，或者说是个体幸福的大的图景。积极心理学家 Martin Seligman 在他的回文构词法中有所陈述，PERMA，这是五个重要因素的首字母，Martin Seligman 称这些可以使我们处于持续幸福的状态(Seligman，2011)。它们是：(1)积极情感(P)，像平和、感激、满意、快乐、灵感、希望、好奇或者关爱；(2)守约(E)或者全部的，全神贯注于某一状态、任务或者项目；(3)积极的，有意义的关系(R)；(4)意义(M)，例如服务于比我们自己更大的目标；(5)成就或者成功(A)，例如掌握一门技术，完成一个有价值的目标，或者赢得一个有竞争力的项目。但是这比 Ura 他们定义的迅速的、快乐的情感这个定义广阔得多(2012)。Seligman 对于幸福的定义仍然主要以个人的经验或者追求为主，虽然他最近也提出，世界的政策目标也可以使用同样的模型(Seligman，2012)。

相比之下，国民幸福总值中的幸福的概念更加广阔和深入，它是更系统的，超越个人主义的。第一，包含于国民幸福总值中的幸福的概念看上去是多维的——当我们讨论国民幸福总值底下的领域和指标时，这就变成表面的，尽管心理的或者主观的幸福被包含在一个重要的领域，它仅仅是九分之一，而且在将其他领域排除在外时它也不占主导地位。第二，幸福被看作其他相关，而不是单独的自己相关。不丹首相说过："我们知道当其他人遭受苦难时，真正的持久的幸福不可能存在，真正的持久的幸福来自服务他人，与大自然和谐共处，实现我们与生俱来的智慧和我们真正的阳光的心灵。"(Ura 等，2012)第三，这位首相认为幸福是和大自然和谐共处(Thinley，2012a，b)，这个在大多数西方幸福概念中是可变的、容易忽视的因素，但它是一个重要的逻辑性变量。我们不能继续耗尽我们的环境资源，希望它可以服务于我们的幸福(Burns，1998，2005，2009；Thinley，2012b)。第四，国民幸福总值涉及甚至更大的图景规格，例如基于幸福的经济、基于幸福的政治、社会资本、人文资本和之前提到的自然资本。

国民幸福总值基于这样一种意识形态：追求幸福是每一个人的希望，一旦基本需求，像食物、住所、安全和健康都满足了，追求幸福将成为人们最强劲的渴求。包含国民幸福总值概念和不丹佛教徒传统特征的是"中间小路"，用以平衡精神文化追求与物质追求。不丹的幸福概念因此有了更系统的概念，而不是个人主义的概念。幸福一直被理解为在一个系统中的基础，而个体是这个系统中的一部分：我们与其他人类之间的关系、与其他生物的关系、与自然环境的关系、与我们的文化、我们的精神世界的关系。

作为它的核心，国民幸福总值的原理认为，发展应该促进幸福，应该作为它的基本价值。同样重要的是，社会经济的发展应该连同精神的、文化的和情感的需求置于同样的位置。经济发展，远非主要着重在发展上，这只是多方面发展规划中的一方面。我们的目的是提高社会的总需求，而不仅是经济这一方面。因此，国民幸福总值也就成为不丹发展的政策的过程和实施的哲学基础(Burns 2010b)。

在2008年,当不丹成为世界上最民主的国家时,一场大的政治变动发生了。它进行得很和平,很有趣,且不是源于人民的意志,而是来自第四任国王的说服和个人的努力。在联合国的首场演说中,不丹的新一届首相 Jigmi Y. Thinley 说:"国民幸福总值是基于这样的信仰,那就是对于每一个个体来说,幸福在生活中是唯一的最重要的目标和追求,最终的发展必须是幸福的提升和增强。因此,我们有理由认为,去创造一个能够让它的子民追求幸福的环境,这是国家的责任。这个概念强调一个平衡的生活——使身体的物质需求和心理的、情感的需求相匹配。在最后,不丹的皇家政府基于四个大概主题或者"支柱"建构了它的发展规程,这就是一个整体的、可持续发展的范例。"(Thinley,2008)。

10.3 国民幸福总值的支柱是什么?

在最近40年,不丹的君主政体和政府领导者已经探索和发展了国民幸福总值的概念。作为一个国家,不丹将它应用于将来的行动中。首先,这里根据首相 Thinley 的话将国民幸福总值的定义分解成四个主要成分,它们是:

10.3.1 公平的可持续的社会经济发展

经济的增长被认为是发展中的完整的部分,这不是唯一的方法,也不是整体的图景。发展需要为了整个社会而变得可持续和公平。不丹承担了国家预算比重的30%,给所有人提供免费的保健和教育服务。

10.3.2 环境的保护

在不丹,众所周知的是,对大自然不负责任的行为将导致消极的和不幸的结局。以邻国尼泊尔为鉴,他们砍伐喜马拉雅山脉斜坡上的森林导致了山崩,因此摧毁了村庄和生物。环境的益处提升了环保政策和宪法的保护。这来源于国民幸福总值的主要部分,包括"不丹作为世界生物多样性的热点"也被列出。不丹的民主宪法在2008年7月18日正式通过,声称:"政府应该确保去保护国家的自然资源,防止生态系统的退化。在任何时期，不丹的国土面积中的至少60％都应是被森林覆盖的（2008年不丹王国的宪法）。

10.3.3 文化振兴

全球化随之而来的风险就是逐渐失去多样的文化遗产。我们相信，传统遗产和文化的败落将导致长期的主导价值观的丧失。继而，由于社会的普遍不满，不丹力图去守卫和维护它的文化，并将它推向维护幸福中的最优先地位。在学校所有的孩子都要接受不丹文化价值和语言的教育。他们每日做专门的练习，以国民幸福总值为原则接受教育，同时也学习科学、数学和英文。

10.3.4 科学的管理

促进快乐和幸福的重要因素里面不能离开科学的管理。在1998年，第四任国王逐渐地撤回政府的行政职能；在2002年，介绍普遍的投票权利；在2008年监督选择性的、民主的政府的建立来引导人们逐渐走向民主主义。为了继续科学的行政管理，国民幸福总值的这几方面已被写入宪法作为基本标准。

10.4 国民幸福总值是怎样起源的？

建立一个积极国度的方法不是通常的从政治空间出发，它们有一定的历史，有文化内涵，有时间的评估，有一段时间的思考和一段时间的发展过程。去理解国民幸福总值是什么，它是怎样发展的和它是怎样被应用的，这将帮助我们去理解这个国家起源于哪里和关于它的最近的一些历史。和中国西藏相似，不丹遵循宗教、文化和语言传统。连同建筑文化、语言和佛教信仰，追溯至两千五百年之前的佛陀时期，不丹继承了作为自己和别人的实践目标的幸福的重要内涵（Wangmo和Valk，2012）。

相比于人口稠密的北方邻国中国和南方邻国印度，不丹人口较为稀少，大约75万人。领土面积东南方向190英里（300千米），南北方向95英里（150千米）。在国际地图上的等高线起伏在印度板块上从仅仅330ft（100米）到24 800ft（7540米），在北边与中国临界。被高山分离出的孤立的山谷，导致不丹成为这个世界上最具文化和语言多样性的国家之一。它的经济和文化都是基于农业生活的，远离了时代商品经济对消费者的近期转变，尤其在迅速发展的城市中。锲入世界上两大人口最为稠密的国家中，和面临迅速暴露于外部世界的情况，不丹已经发展成为一个与众不同的独立国家，也为社会经济发展道路做出了明智的打算。

统治了不丹一个多世纪的君主制始于1907年12月17日第一个国王的加冕典礼。不丹的第三代王族在印度和英国接受教育，不丹开始走出自我封闭的时代，向外面的世界敞开了大门。在第三代王族于1972年过早死亡前(享年44岁)，这持续了几乎10年。后传位给16岁的Jigme Singye Wangchuck。King Jigme，第四代国王，采用父亲的现代化计划和独立经济，强调教育、医疗保障、农村开发和通信，以及自然环境的保护。在这种背景下，因为急于保护外部因素冲击下的不丹价值观，国王开始探索和谈论不丹人的具体发展道路，这将符合不丹人的价值观、文化、制度和精神信仰。选择性地吸纳了在发达国家人口的福祉和曾经具有几个世纪古老传统的不丹人民的福祉起过作用的因素后，国王在他1972年的加冕礼上发表了今天已负盛名的声明："国民幸福总值比国民生产总值更重要"。

这个对不丹来说不是什么新的概念。从非常时期人心涣散的不丹人民到当前的统一国家，1729年的法律条款宣称"如果政府不能创造幸福的人，就没有政府存在的价值"(Ura等，2012)。为建立长期的概念基础，吉美国王直接将国民幸福总值的概念与国民生产总值(GNP)并列。它不仅吸引着国际社会的关注，也挑战着倾向于用物质的经济的方式去评估发展的正统的西方发展理论。随着物质发展自身走到尽头，国王吉美预见，要利用其他的资源去造福他的子民——也正是这些资源可以使他的国家变成积极的国家的原因。他提出，资源的发展，不是它自身的最终目的，但它是提高他的子民和他的国家整体福祉的一个方法。国民幸福总值是基于这样一个前提：社会的主要目标应该是实现物质的进步，其外在包围着心理、环境、文化和精神健康。

10.5 一个积极国家的形成是怎样被测量的?

如果我们要以发展积极公民为终极目标去发展积极国家，那么下一个问题就是，如果这个新的系统实现了这样一个目标，我们该怎样去测量呢？不丹可以持续它的角色，作为给其他国家的案例研究，它可能是世界上第一个去探索实现这个新系统的国家。1999年，不丹研究中心成立研究所以在理论和应用两个层面调查国民幸福总值。该中心的任务是探索三个主要问题：如何定义国民幸福总值，如何衡量国民幸福总值和如何实施国民幸福总值。

相比之下，国内生产总值的测量过程是一个相对简单的过程：如果经济资产负债表是蓝色的，评估过程将会发生。你的家庭预算也是一样，如果你的收入超过你的支出，那很好：如果你的支出超过你的收入，你就麻烦了。庆幸的是，大多数家庭都知道这个道理，然而，他们和幸福有关的支出远远超过他们的家庭预算的平衡。

对于一个国家来说，还有的一些其他因素是什么呢？你又是怎样评估它们的呢？不丹研究中心已经定义了9个领域，并以国民幸福总值指数为基础形成更充分地阐明国民幸福总值的核心支柱。这些领域由33个指标测量，除了时间(2)和生活水平(3)每个领域都有4个指标。他们最初进行的试点测试是在2006年，有350名受访者填写评估问卷，帮助研究人员了解整个调查的潜在问题，检查收集到的实际数据。其次是2007年12月的具有全国代表性的国民幸福总值调查，它覆盖了20个地区(dzongkhags)中的12个，横跨城乡，样本大小为950。调查问卷包括大约750个变量，大约5至6小时才能完成。

他们的计划将是定期持续去管理国民幸福总值指数，这样可以评估公民的幸福水平，给政府在其行政职能工作上提供反馈，准备将来的政策和干预措施。紧接其后的第二个调查是在2010年，在全国20个地区进行取样，共有7142人参与调查，这个调查问卷需要平均3小时才能完成。(Ura 和 Penjore，2009；Ura 等，2012；http://www.grossnationalhappiness.com/index/)。研究所努力去确保这个调查具有全国代表性，代表一个地区的水平和代表城乡平衡。

不丹的国民幸福总值指数的调查包括9个领域：

- 心理幸福
- 健康
- 时间利用

· 教育
· 文化多样性和弹性
· 良好的治理
· 社区的活力
· 生态多样性和弹性
· 生活水平

空间和内容的相关性都不允许我对每个领域和其特定的指标给出一个充分的解释。这些信息可以在 http://www.grossnationalhappiness.com/index/或者 Ura 等 2012 年的研究成果中找到。

这些领域及指标为国家客观地度量积极国家发展的进展提供了一种手段。他们为政策制定者、企业和各种机构提供信息，人们可以为社会持续和政治发展做出明智的决定。这些指标可以凸显领域的进步，提示哪些领域可能需要关注，计划是否有效，是否需要扩大或废弃。

提到不丹的指标，Coleman 说："对于信息决策来说，好的指标是至关重要的。没有这些措施，没有理解最大的需求在哪里和哪些人群需要有哪些针对性的计划，决策将是盲目的。如果关键指标开始趋势向下，它们还可以提早发出预警信号给政策制定者，从而允许并鼓励及时的补救行动。"(Coleman，2009)

10.6 你是如何保持幸福账户的?

"我们将永远需要这些指标"，首相 Jigmi Thinley 说："基于我国的基本情况——尤其是它们已经成为重要的政策筛选工具。但这还不够。指标和账户是完全不同的，但它们是完全互补的配套措施。随着时间的推移指标可以评估趋势。客户价值评估——什么事情是值得的(Thinley，2012A)。

为什么要介绍一整套国民账户来评定自然价值、人力资本和社会资本，而不是停留在以美元为基础的国民生产总值上？尽管这一想法并不是完全革新的，因为它已经被法国前总统 Nicolas Sarkozy 任命的 Stiglitz 委员会推荐过(Stiglitz 等，2009；Isensen，2009)。不丹却不仅仅是书本上的第一个，也是世界上唯一把它付诸实践的国家。

Coleman声称，国内生产总值不是国民幸福的指标，而是一个简单的统计系统(Coleman，2009)。令人惊讶的是，这种观点已经得到了经济学家的支持，考虑到他们的背景和训练，所以可能对经济指标表现出强烈的偏好。英国经济学家Richard Layard和美国诺贝尔奖得主，经济学家Joseph Stiglitz采取的立场和不丹政府长期主张的幸福应该是一个国家政治哲学的目标，其进展过程理应被研究和测量，且与国内生产总值的审查处于相同水平。莱亚德认为，国内生产总值的主要经济模型在它的方法上是很有限的(Layard，2005)，而Stiglitz把它描述为一种对过时的过于狭窄的指标的开放(Stigliztz等，2009；Isensen，2009)。

不丹总理对于主流经济学家认为“国民生产总值增长得越好，经济越繁荣，我们就会越幸福”这样一种传统的、几乎普遍存在的信念抱有争论。他说过：“如果我们把不丹所有的森林都砍掉了，那么国民生产总值就只会像雨后蘑菇一样突然爆发，因为一旦它们被砍下来并在市场上销售，国民生产总值就只计算了森林的木材价值，而完全忽略了我们森林的更大价值”(Thinley，2012a)。然而，这些被宪法保护的森林，通过减少滑坡可能毁灭整个村庄的风险、提供流域、生物多样性和神圣的地域，保护野生动物，清洁水源，从大气中吸收碳，事实上还有巨大的价值。国民生产总值中这样的价值是无形的，从而导致我们在全球范围内的自然财富的退化和枯竭。类似地，首相把它描述为就像一个工厂老板卖掉了所有他看作宝贝的机械，在这之后他才发现下一年他没有什么能用来生产的了。

再举一个例子，香烟、酒精和非法药物的专业制造商提供了工人就业，而在国民生产总值方面，也对经济的增长做出了贡献。健康使用这种物质的后果意味着社区需要建立医院(这有助于建筑业成长)，培训医生和护士(这帮助了大学的成长)，雇佣医生和护士，制造药品和医院设备(这对于周边的就业有贡献)。在这些环节获取收入的人后来把钱花在了商品和服务上，这又进一步推动了国民生产总值的增长。像香烟、酒精和非法毒品这些物质和它们带来的严重健康后果，其价值不过是带动经济增长，因此被视为统计制度中的积极现象。同样地，我们的犯罪越多，战争越多，污染越多，我们的经济增长就越多，因为我们必须在监狱和警察、武器和士兵，以及清理污染上投入花费。

因此，国民生产总值的统计方法可以给决策者发送高误导性的信息，从而对我们的世界面临的气候变化、环境恶化、疾病预防和其它重要的预防措施等许多问题及时采取行动产生适得其反的效果。由于这些原因，不丹在朝着为这个国家建立一个世界领先的平衡的国民幸福总值核算系统的目标而努力。在这个方向上的第一步是衡量自然资本的经济价值，而这其中近94%是由森林提供的。因为不丹的森林帮助储存碳、调节气候、保护水域和给人和国家提供帮助，事实上，一共有53%的价值累计超出了不丹，而是在给世界带来巨大的服务。经认证，其年生态系统资本总额是该国总的国内生产总值的4.4倍。

社会资本是通过把价值放在志愿工作中进行评估，不丹公民在帮助他人、救助火灾、清理垃圾、修复寺庙或帮助病人、老年人和残疾人的活动中慷慨地提供了帮助。通过关心和同情这样的志愿行为，人们都过着全民幸福的生活，这种行为还成为国家经济的帮手。国民生产总值不能将参加志愿工作的人考虑进来，但是如果不丹人已经慷慨地付出了他们的时间，它将达到每年总计大约650万美元。

在人力资本方面，不丹面临着酒精滥用问题，并且医疗成本上升，不像在国民生产总值的核算中酒精的使用可能被视为对经济增长的贡献。

可能有人会问："是不是把自然价值、社会资本和人力资本放回到国民生产总值模型上以美元计算，国民幸福总值就可以计算出来？难道像自然资本这样的东西不应该升值为货币价值吗？"这可能是理想的，但不幸的是，不是生活中的所有事，或者说，账户系统，都是理想的。观点和新的模型需要一步一步地发展。把货币价值放在资源上进行比较，可以帮助人们看到之前不被欣赏的价值。如果人们和政策制定者可以将一个值附加到自然、社会、人力和文化资本上，他们就更可能看重它们的价值。森林的巨大价值让不丹人将保存、保护，种植更多的树木视作资本投资，而不是作为一种没有回报的支出。就像酗酒是人力资本账户中的赤字，让不丹将预防策略上的支出作为人力资本投资。总理认为，"新的账户会准确地指向我们的隐藏力量（如我们丰富的自然和文化遗产），在这方面我们需要扩展，而不是把它们视为理所当然，在我们的国家财富中，他们会找到弱点和投资需求，而这在传统市场的措施中往往被忽视了"（Thinley，2012a）。

10.7 国民幸福总值是如何应用的?

了解一个国家在指标方面做得有多好和你怎样珍惜是同一件事，把这些知识应用于实践又是另一回事。为此，不丹拥有一个很早就建立的规划委员会来负责监督国家发展，这与国民幸福总值在原则上是一致的。2007 年 1 月 18 日，英国政府宣布将前规划委员会修改更名后建立国民幸福总值委员会。所有的开发项目包括资金，都需要通过国民幸福总值委员会的审核以保证通过国民幸福的核心领域指标的标准。

鉴于不丹研究中心因承担提供问题反馈的任务而正在被国民幸福总值委员会审查，该中心一直通过发展他们称为国民幸福指数的工具致力于实施这一过程。设计这些工具的目的是系统地评估国民幸福总值的政策和项目，从而允许委员会和决策者选择加强政策和项目，而不是否决项目和政策，这些工具将是影响国民幸福指数的关键因素。它们是一个四点量表，涵盖了国民幸福总值所有的 9 个领域，同时适用于项目水平和政策水平。当政策和项目可以继续进行之前，他们必须评估这些项目和政策是否与不丹积极的国家政策相一致。

一个历史性的例子是，在潜在的利润丰厚地区进行登山运动给邻国尼泊尔国家金库带来了显著的贡献。2007 年一个团队攀登珠穆朗玛峰的费用是 50 000 美元，而这仅仅是向登山者提供的 325 个山峰中的一个。不足为奇的是，登山运动已经成为尼泊尔人收入来源中最高的，而这是由于每一个登山者比一个普通旅游者花费了超过 27 倍的花销(Dhakal，2009)。如果不丹像尼泊尔一样，仅从国内生产总值这条途径评估登山运动，这对一个相对贫穷的国家来说似乎是一个合乎逻辑的财政决策。一个独立的登山俱乐部就提供给不丹政府 100 万美元让他们有机会攀登上世界最高峰(Tashi，2009)。

在不丹，特别是农村地区贫困程度很高。联合国的人类发展指数(HDI)这个定量评分是通过收入、受教育程度和预期寿命三项指标的平均数计算出来的。不丹在 160 个国家的排名中排在第 130 位(Carpenter 和 Carpenter，2002)。登山可以提供一个即时的和持续的收入来源。那么，为什么用于攀登的主要山峰被禁止了呢?

它并没有被禁止。以前，不丹的一些重要山峰一直被攀登，但是不丹人相信他们的山峰是神圣的。几个世纪以来，这些山峰为尊敬的行者和圣人提供了休息场所，它们是宗教朝圣的地方。它们曾经作为一种天然的屏障来阻止侵略者。它们是进行天葬的地方，也是当地保护神的住所。总之，它们是神圣的、受尊敬的(Tashi，2009)。

因为和这些相联系，人们接近国王，关注登山。国民大会从国民幸福总值四大支柱的观点评估他们的关注，考察经济因素，如同考察人民的文化和宗教的情感，考察区域环境保护，考察登山这项运动潜藏的生态失衡的成本和对人民提供良好管理的需要。因为认为国民幸福总值的非经济支柱超过了登山运动带来的潜在经济收入，因此如今国民大会对登山运动完全禁止。

10.8 国民幸福总值是否真正提高了公民的幸福？

我们最终的问题当然是要问“国民幸福总值有用么？”“是否有这样的措施，比如禁止登山等，能够增强不丹公民的幸福？”“定义一个幸福国家的依据是什么？”

2005 年，不丹政府通过在全国范围内进行的人口普查来衡量这个国家的幸福水平(2005 年不丹人口和住房普查)。作为遵循联合国规定的程序和标准的普查，其结果是具有国际意义的，即在国际层面是有意义的和可接受的。这是在一个特定的时间段覆盖了全国所有公民的普查。结果显示，略低于一半的人口(45.2 %)是幸福的，刚刚超过一半的(51.6%)人自称是快乐的。近 97%的国家公民是快乐的，只有 3.2%的人说自己是婚姻不幸福的，初看这似乎是一个国家采纳和落实国民幸福总值政策的强力支持。

有一个报告的内部人员不仅熟悉国民幸福总值，而且也在我的学校。因此，我得以知道在解释这些结果时需要注意两个方面：其一，有可能是人们对政府高度重视国民幸福总值的回应，其二是生活满意度评估只进行三方面的调查。

那么，相对于其他国家，不丹的幸福水平真的很高么？这个问题的答案基本上取决于所使用的测量工具以及它所测量的事物。2006 年，位于伦敦总部的新经济基金会发布了全球幸福指数(Marks 等,2006)。该指数衡量了国家为生活在其中的公民提供长期幸福和可持续生活的程度。要做到这一点,需要对国家的国祚、福利程度和国家的生态进行评估,随后可以计算出其中国家在环境中为民众提供持续快乐的生活所做的投入。

不丹是它所在的南亚区域里幸福指数最高的国家,其生活满意水平是在全球国家排名前10%之内,在178个国家或地区中位列13。在2009年第二次全球幸福指数调查的时候,它仍然高于南亚及其周边地区其他国家,并在143个国家中排名第17位(Abdallah 等,2009)。尽管许多经济强国具有更高的生活预期和生活满意度,但巨大的环境面积拖了它们的后腿。那么,是什么帮助不丹保持了如此高的排名呢?答案是国民幸福总值的四大支柱之一——环境保护。

10.9 不丹的案例在国际上是否通用?

不丹通过国民幸福总值成为快乐国家的案例在世界的其他地区是否具有通用性?Layard 等人(2012)经过了30多年的研究,在一篇《幸福与痛苦》的文章中定义了许多重要的"外部"和"内部"幸福的决定因素。他们的结论是,"我们已经证明上述所有的幸福取决于一个巨大的影响力,其中大部分来源于政府政策的影响"(Layard 等,2012)。鉴于政府在促进公民幸福中发挥的作用,我们提出的下一个问题是"是否应该希望政府能够更多地创造快乐,而不是只是保持国家的财务平衡?""公民希望国家负责创建和扶持能够使他们追求幸福的环境?"从英国民意调查数据发现,81%的人赞同这个想法:一个政府的首要目标应该是"最大的幸福",而不是"最大的财富"。只有13%的受访者认为,政府不应该参与幸福的事(2006年,BBC),因此 Marks 等一些研究人员认为是"政府发布广泛的进步措施才能赢得民众的极大支持"(2009)。

不丹通过建立一个幸福快乐的方式并不是为了能够获取一种轻松、简单的方法从而能够负担基于 GDP 的经济逆势的压力。相反,它在英明的国王和第一任总理领导下已经创造了一个有利于追求幸福、政治环境健全、实用和科学的方法。在过去40年的漫长探索中,他们仔细衡量了这两个调查，评估其进展情况。有相应的典章、制定的步骤和反馈系统对国家推进 GNH 目标进展情况进行持续监测。

不丹的这些措施就像是一块小石子投在全球可持续发展的水池中，泛起的涟漪已经远远超过了自己的传播的边界。因为采用 GDP 模型，使得贫富差距过大，每天至少 10 亿人获取不到足够的食物，公民压力过大，恶性的消费主义并且导致对环境产生巨大破坏，国民幸福总值(GNH)概念的产生瞬间吸引了人们的目光。

就像火炬一样，其他国家纷纷把它引进新的领域，探索建立更幸福的国家。如前所述，法国前总统 Nicolas Sarkozy 请来了一群知名的经济学家加入智囊团，重新审视 GDP 作为国民福祉唯一或者主要度量的有效性。2009 年 9 月，在美国匹兹堡的 G20 会议上，Sarkozy 开创性地提出了发展国民幸福总值(GNH)模型的观点。

2010 年，英国保守党政府推出了通过幸福指数来衡量和跟踪国家福祉的工程。该工程的目的是告知公务员(a)什么能使人感到快乐；(b)公共政策的制定需要考虑提升幸福感。前期结果显示，政府在减少孤独感，促进工作与家庭的平衡，改善公共场所，加强关系和遏制不断增长的消费主义文化方面超过了公民的期望。

从一个国家传递到另一个国家，我们的国民幸福总值(GNH)火炬现在似乎已经达到了联合国的奥林匹斯山。从不丹的国民幸福总值理念中受到启发，2011 年联合国 193 个成员国通过了提高关注在发展中追求幸福的重要性，以期更好地指导公共政策的额外决议。

因此，在 2012 年 4 月 2 日，在位于纽约市的联合国总部的一次高级别会议上，不丹王国政府提出了“幸福和幸福感：定义一个新的经济范式”，该范式使得全球在可持续的、整体的、包容和公平的新的经济发展模式中迈出了一大步。几个月前，我很惊讶地收到不丹总理考虑到我“对于幸福心理学的深远贡献”邀请我参加会议的邮件，加入到 700 位受邀的政治和政府领导人、学者、经济学家、哲学家、科学家、媒体、民间社会人士、联合国官员、企业家和来自世界各大宗教的精神领袖之中。在最初的几天，我们中的 200 人进行了持续 2 天的深入探讨。

会议着重讨论了一个新的经济模式，该模式可以确保自然、社会、文化、人力和资本中能够保持完全可持续的平衡。它的结论是应基于以下四个基本原则：

- 幸福
- 生态可持续性
- 财富和资源的公平分配
- 高效利用资源

对我来说，这次会议鼓舞人心的一点是各国领导人、各个学科都达成了一个共识，我们目前的基于经济基础的发展模式不是提供给地球或地球上的人的最佳服务。大家一致认为，我们需要一个更好的模型，以更好地服务于平等、幸福和所有人的生活质量。这涉及现有模式的巨大改变。很多人、企业和政府都在投入巨资，这是一个过程，而不是一个政治目标。我不认为任何人离开了会场都会困惑于如何实现这漫长而艰难的新的发展模式。但我还是和其他人一起带着对我们星球的希望离开了。思想是行动的前提，这本身就足以激起人们的希望。

10.10 国民幸福总值提供了什么样的希冀去建设更加积极的国家？

基于国民幸福总值的理念，不同于过去注重扩大国内生产总值的狭隘做法，不丹已经首创更为公平和整体性的社会经济发展模型。它不再是一个在喜马拉雅山一侧的神秘国度，而是一个通过尝试，测试一个 40 年前关于社会、政治、经济发展的古朴理念的社会。该理念拥有 4 个支柱，在经过严格研究推向全国后细分成了 9 个领域。它成立了评估政策和项目是否符合国民幸福总值标准的体系，并建立了国民经济核算系统，包括自然、社会和人力资本以及金融和内置资本。该指标向公众和政治家反馈哪些政策促进幸福发展以及可能需要修改的相关内容。相关机构比如国民幸福总值委员会和不丹政策研究中心，以投入政策和项目为基础给国民幸福总值的实践提供媒介。像国民幸福总值工具之类的装置，贡献了实施整个概念的系统化方法，而基础更广泛的账户体系是评价这些措施的价值的方式。

在本章中，我力求把不丹建设成为一个积极的国家的方式作为一种典型案例。同时，作为在过去 10 年一直以各种身份访问不丹（从参观考察到领导者会议演示者，以及临床心理学家、志愿者）达 12 次的人，我也被要求给出我个人的看法。在此期间，我有幸与国王共进午餐，会见了总理，并与其他几位政府部长一起用餐。我曾经很荣幸地会见了许多尤其是在卫生领域的专业人士，曾与人有旅游业务往来，并做过导游和司机的工作。我也曾在他们农村家庭的农舍地板上睡觉，和贸易商们一起在危险的喜马拉雅山中旅行，有幸感受到了只有心理学家——委托人方式的个人生活经历。我最初是作为一个游客来到不丹的，但最近，我已经在毗邻首都、经济最贫困的地区里面的一个小公寓居住了很长时间。换句话说，我的经历使我能够感受到社会经济范围内的各种各样的人。

那么，我的经历说明了什么？不丹完全正确么？那是一片快乐的幸福的土地么？我们大多数人可能会喜欢想象中的香格里拉，就像不丹之前经常被称为的一样，那是隐藏在一个隐秘之地的幸福家园，在那里，人们没有任何后顾之忧、压力或者其他问题；政府是仁慈的一切；生活是田园诗一般的。这就是 James Hilton 在他的小说《消失的地平线》里构建的香格里拉，一个虚拟的地方，它已经融入我们的日常语言和意识之中。

虽然它经常带着标签，但不丹不是一种梦想。其国民幸福总值的政策并没有使他免于所有发展中国家面临的问题，医生患上了和他的病人同样的疾病。无论不丹的政策如何，都不能使人们摆脱所有的弱点，因为弱点和恐惧是构成人的条件。那里的人也是一个个人，像世界各地的人，都会受到压力，都有悲伤和生活的忧伤。不丹也有极其贫困的农村社区，因此，不丹面临的主要问题是涌向首都的城市移民。当人们在城市居住，社区和家庭网络的拓展不超过家庭公寓时，这无疑是人际关系的坍塌。此外，酗酒也是社会各界长期以来面临的一个问题，这是一个因为青少年药物依赖引发的相对较新的问题。这些问题，政府官员、公众和媒体都是知道的。事实上，在我看来，该国目前正在传统价值观与现代的快速发展之间走钢丝。如何保持其平衡和进行管理，并设法弥补这一差距仍有待观察。

尽管存在这些挑战，但就我在大街上遇见的人而言，大多数人已经认可了由国王所提出的国民幸福总值政策。这是事实，即最高国民幸福总值的政党是由多数人高票选举产生的。偶然见到一则新闻，问为什么我们有自己的问题的时候，首相会将国民幸福总值的理念带到联合国。

正如开篇所提到的 Tshering Tashi 的观点，大多数人认为国家肩负着创造一个健康的气氛，使个人可以追求自己的幸福的责任。

通过医生来进行进一步的类比，医生并不能免疫常见疾病，他拥有的是对疾病的病因、预防和治疗的知识。虽然不丹面临着许多挑战，但它确实有一个明确的愿景，它希望看到它的未来，建立幸福国家的途径，并有很强的动力使其工作。它可能不是完全正确的，但它开创了一条建立一个幸福的国家并使公民快乐的路径。

有鉴于此，不丹的国民幸福总值模式能否成为其他文化、社会和国家社会政策的模板？要回答这个问题，我们需要记住，不丹人具有君主制下的团结和由 90％以上选民选举产生的稳定政府。这是一个相对意义上单一文化、单一人种的人口少的国家，但并非绝无仅有。在这些方面，它不同于人口较多、多种族、多元文化的国家，如美国、英国和澳大利亚等。虽然不丹提供了一个良好的、行之有效的和精心研究的模式，但可以预期，基于对幸福的增进，社会和政治政策看起来可能会在不同的国家有所不同。例如，不丹 9 个领域的定义（本章前文介绍的）与积极心理学研究人员 Ed 和 Carol Diener(2010) 提出的关于 8 种不同心理和社会基础的西方研究指标是不同的。因此，我认为最重要的是不要陷入潜在的差异中，而是要看清基本原则和过程，创造更多的积极的国家。

不丹的国民幸福感不仅引起全世界的政治家和政策制定者的注意，而且似乎是将政治和社会哲学从财富转移到幸福的基础上的一个新兴的开始。世界各国开始探讨 GDP 将来是否应该继续被用来衡量其当前和未来的或者整个地球的福祉。我们希望，国民幸福总值可以提供一个鼓舞人心的、可以被精心研究的例子，通过这个例子，我们可以建设更多的积极、幸福的国家。

如果一个国家可以提高个人幸福感，那么感到幸福的公民将反过来作用于社会，可以提供高效运作的社会结构以及减少资源的流失。因此，在国家和社区的利益中，(a)确定什么有利于幸福的研究，(b)提供可以发展这些因素的环境，(c)评估这些政策的进展，(d)持续检查个人和国家福祉的反馈信息，这样不仅公民个人更健康、更快乐、更高效，并且社区和世界将成为一个整体(Burns，2012)。简单地说，追求幸福是个人和主观的，但最终是个人的责任，如果任何一个国家希望本国公民能以最佳状态来工作，为国家福祉做出贡献，那么它就需要创造能使个人可以追求他们的幸福目标的环境。

用不丹总理的话来说："是时候通过全球努力打造新的经济体制，而不再是以危险的、幻想的、不负责任的经济增长，通过无止境的物质利益来促进幸福。相反，它将是促进和谐，尊重自然，尊重我们的古老智慧的传统，并让自己的家庭来保护我们最脆弱的人。这让我们有时间生活，享受我们的生活和欣喜，而不是破坏我们的世界。"（Thinley，2012b）。

参考文献

Abdalah，S.，thompson，S.，Michaelson，J.，Marks，N.，& Steuer，N.（2009）. *The Happy Planet Index*. 0. http://www.happyplanetindex.org/public-data/files/happy-planet-index-2--0.pdf. Accesed 10Apr2012.

BBC.（2006）. *Britain's happiness in decline*. http://nes.bbc.co.uk/2/hi/programmers/happiness_formula/4771908.stm. Accesed 5 Dec 2009.

Burns，G. W.（1998）. *Nature-guided therapy：Brief integrative strategies for health and well-being*. Philadelphia：Brunner/Mazel.

Burns，G. W.（2005）. Naturally happy，naturally healthy：The role of the natural environment in well-being. In F. A. Huppert，N. Baylis，& B. Keverne（Eds.），*The science of well-being*（pp. 405—431）. Oxford：Oxford University Press.

Burns，G. W.（2009）. Can we have both psychological and ecological well-being? In K. Ura & D. Renjore（Eds.），*Gross National Happiness：Practice and measurement*（pp. 127—148）. Thimphu：Centre for Bhutan Studies.

Burns，G. W.（Ed.）.（2010a）. *Happiness，healing，enhancement：Your casebook collection for using positive psychotherapy*. Hoboken：Wiley.

Burns，G. W.（2010b）. Gross National Happiness：A gift from Bhutan to the world. In R. Biswas-Deiner（Ed.），*Positive psychology as a mechanism for social change*（pp. 73—88）. New York：Springer.

Burns，G. W.（2012）. Happiness and psychological well-being：Building human capital to benefit individuals and society. *Solutions*，*3*（3），80—82.

Carpenter，R.，& cRPENTER，B.（2002）. *The blessings of Bhutan*. Honolulu：University of Hawaii Press.

Coleman, R. (2009). Measuring progress towards Gross National Happiness: From GNH indicators to GNH national accounts. In K. Ura & D. Penjore (Eds), *Gross National Happiness: Practice and measurement* (pp. 15—48). Thimphu: Centre for Bhutan Studies.

Dhakal, D. P. (2009). *Mountain tourism and mountaineers*. http://news. visitingnepal. com/ archives/129. Accessed 17 Aug 2009.

Diener, E., & Diener, C. (2010). Monitoring psychosocial prosperity for social change. In R. Biswas — Deiner (Ed.). *Positive psychology as a mechanism for social change* (pp. 53—72). New York: Springer.

Isensen, N. (2009). *Sarkozy calls for a new international prosperity baromerter*. http:// www. dw — world. de/dw/article/0,,4692507,00. html. Accessed 16 June 2012.

Layard. R. (2005). *Happiness: Lessons from a new science*. London: Allen Lane.

Layard. R., Clark, A., & Senik, C. (2012). The causes of happiness and misery. In J. Helliwell, R. Layard. & J. Sachs (Eds), *World happiness report* (pp. 58—89). New York: The Earth Institute, Columbia University.

Marks, N. (2009). Creating national accounts of well — being: A parallel process to GNH. In K. Ura & D. Penjore (Eds), *Gross National Happiness: Practice and Measurement* (pp. 102—123). Thimphu: Centre for Bhutan Studies.

Marks, N., Abdullah, S., Simms, A., & Thompson, S. (2006). *The Happy Planet Index*. http://www. happyplanetindex. org/public — data/files/happy — planet — index — first — global. pdf. Accessed 10 Apr 2012.

Population and Housing Census of Bhutan. (2005). http://www. bhutancensus. gov. bt/ census_results_7. htm. Accessed 16 June 2012.

Seligman, M. E. P. (2011). *Flourish: A visionary new understanding of happiness and well — being*. New York: Free Press.

Seligman, M. (2012). Flourishing as a goal of international policy. *Solutions*, *3* (3), 66—67.

Stiglitz, J. E., Sen, A., & Flourishing as a goal of international policy. Solutions, 3(3). 66—67.

Stiglitz, J. E., Sen, A., & Fitoussi, J. P. (2009). *Report by the commission on the measurement of economic performance and social progress*. http://www. stiglitz — senfitoussi. fr/documents/rapport_anglais.

Tashi, T. (2009). The tallest virgin mountain in the world. In T. Fisher & T. Tashi (Eds.), *From Jeuits to Jetsetters: Bold Bhutan beckons: Inhaling gross national happiness* (pp. 114—125). Brisbane: CopyRight Publishing.

The Constitution of the Kingdom of Bhutan. (2008). http://www. constitution. bt. Accessed 16 June 2012.

Thinley, L. J, (2008, September 26). A statement to the 63rd session of the General Assembly of the United Nations, New York.

Thinley, J. Y. (2012a, February 26). Remarks of the Honourable Prime Minister at the press conference releasing the first natural, social, and human capital results of Bhutan's new National Accounts. Prime Minister's Office, Thimphu.

Thinley, L. J(2012b). Sustainability and happiness: A development philosophy for Bhutan and the world. *Solutions*, *3*(3). 64—65.

Ura, K., & Penjore, D. (Eds.). (2009). *Gross National Happiness: Practice and Measurement*. Thimphu: Centre for Bhutan Studies.

Ura, K., Alkire, S., & Zangmo, T. (2012). Gross National Happiness and the GNH index. In J. Helliwell, R. Layard, & J. Sachs(Eds.), *World happiness report* (pp. 108—147). New York: The Earth Institute, Columbia University.

Wangmo, T., & Valk, J. (2012). Under the influende of Buddhism: The psychological wellbeing indicators of GNH. *Journal of Bhutan Studies*, *26*, 53—81.

第 11 章　幸福的革命与革命中的幸福：以葡萄牙第一共和国为例

Miguel Pereira Lopes, Patrícia Jardim Da Palma 和 Telmo Ferreira Alve①

我们认为下述真理是不言而喻的，人人生而平等，造物主赋予他们若干不可剥夺的权利，其中包括生存权、自由权和追求幸福的权利。

《美国独立宣言》，1776 年 7 月 4 日

11.1 引言

对幸福的研究是经济和社会理论研究中最特别的，也是最具革命性的进步之一。本章旨在探讨三个基本问题：(1)幸福彻底变革经济理论和我们看待世界变化方面的研究是怎样的？(2)人们幸福与否是否和他们所支持的社会政治革命的意愿有关？如果是，在何种层面？(3)各国如何在宏观层面上提升公民的幸福感？在概述了每一个问题的答案之后，文章将对葡萄牙第一共和国在 20 世纪初成立时发生的一些事件进行一个简短的论述。

对幸福的研究是现今经济理论中最特别和最具革命性的进展之一(Frey，2008)。"幸福"这个名词已经被纳入经济心理学的传统之下，一

---

①M. P. Lopes・P. J. Da Palma・T. F. Alves，葡萄牙，里斯本 P－1349055，里斯本理工大学，公共政策和管理 CAPP(计算机辅助设计)中心，社会和政治科学学院(ISCSP)电子邮件：mplopes@iscsp. utl. pt；ppalma@iscsp. utl. pt；telmo. ferreira. alves@gmail. com H. Águeda Marujo 和 L. M. Neto(编辑)，《积极的国家和社区》，DOI 10. 1007/978－94－007－6869－7_11，Springer Science＋Business Media Dordrecht 2014

系列关于幸福的研究和实证结果在质疑传统经济理论假设的过程中找到了自己的定位,比如代理合理性、利他行为的可能性,甚至是金钱总是带来更高水平的快乐和幸福感的假设。

把这些发展都考虑进去,被称为"幸福经济"的知识和研究模型或许可以用于理解社会和政治改革的途径。在其他核心问题中,比如,我们的生活满足感和改革行动的紧迫性是否有联系,研究幸福对于我们理解这些问题或许是有必要的。

在葡萄牙,这样一个研究问题十分合时宜。无论是葡萄牙第一共和国的百年纪念活动,还是葡萄牙目前的社会经济状况,都要求获得与人类幸福或不幸福状态相关的革命行为的原因、结果以及过程的更好的解释。这一开创性的思考是我们本章节的精髓。

我们文章主题的发展以这三个基本的问题为基础:(1)幸福彻底变革经济理论和我们看待世界的变化方面的研究是怎样的?(2)人们的幸福是否与他们支持一个社会的政治革命的意愿是否有关?如果有关,在何种层面上?(3)各国如何在宏观层面上提高公民的幸福?

在概述了每一个问题的答案之后,将关于第一个葡萄牙共和国在20世纪初成立时发生的一些事件进行一个简短的讨论。

11.2 幸福的革命

如前所述,我们通过罗列对"关于幸福彻底变革经济理论和我们看待世界的变化方面的研究是怎样的?"这个问题的答案来开始我们的分析。Frey和他的同事(Frey和Benz,2008;Frey和Stutzer,2002),通过在大量质疑传统经济模式的经济文献中构建模型的方式,已经试着回答了这个问题。这些传统经济模型基于人类只受物质和经济动机操纵的观点,并解释了行动者们和他们的利己主义行为的合理性。

心理学研究在过去的几十年中已经证明,人类的理性在很大程度上是有限的,在一些情况下会有偏见。以几位作者所描述的偏见为例,Kahneman和Tversky(1979)发现,当人们为使一些东西合理化时,或者说,当人们为财政或者经济找理由时,人们便会不遵守正式的形式逻辑观。Kahneman和Tversky以此获得了诺贝尔经济学奖。在这些"错误”或偏见中，我们发现了共同的谬误：基准利率的忽视和样本量的遗漏。尽管没有关注太多的细节，我们想说今天有一个明确的驳论，驳斥了代理人理性假设，这有助于更好地认识经济科学。

另一个经典的经济视角的基本假设认为，如果所有的人都表现得自私自利，那所有自私选择的总和将有助于形成一个更自由、更高效和有效的经济体系。这个假设已经被心理学和经济学中的一些研究反驳了，这些研究通过展现证据表明，人们至少在某些方面是能够有利他行为的（Fehr 和 Gächter，2000）。这也包括在经济和金融领域的行为。Bewley（1999），在 20 世纪 90 年代就质疑，为什么人力资源管理者即使是在经济衰退的中期，也没有如当时的经济理论所预测的那样降低管理者的工资。他们的回答强调让公司支付高于市场平均价格的薪水是多么不公平。

瑞典经济学家 Bruno Frey 和他的同事们（Frey 等，2010）设计了一个最新的、独创的测试，这个测试展示了甚至是在生死攸关的情境中人类都是有可能表现出利他行为的。在他们的研究中，Frey 和他的同事对泰坦尼克号沉没事件中不同群体的可能存活率和实际存活率进行了比较。如果完全自利行为的理论是正确的，应该有大量的男性存活，因为相比于女性，男性的身体更强壮。同理，成人相对于小孩也是。然而，一份详细的幸存比率分析表明，并不是这样。事实上，恰恰相反，可能是由于一个人在生存还是死亡的抉择下必须先保护弱者这样的规则在心理上的激活。毋庸置疑，至少在一定的条件下，人类能够表现出利他，这完全违背了普遍的利己主义的经典假设。

但主要的问题是，关于幸福的研究是否有助于更好地、更广泛地理解经济行为？

为了阐明幸福研究对经济理论的影响，我们将关注两个令人印象深刻的研究。这两个研究都试图揭示传统的宏观经济学参数在分析公民和社会时是如何受限制的，以及揭示公民决策效用的概念是如何有限和不足的。

在这个新的框架下，一些作者提出需要评估和监督国家的“国内幸福总值”（GDH），以及众所周知的“国内生产总值”（GDP）。之前的研究已经表明，GDP 往往明确受到社会消极方面的影响，比如恐怖活动或道路交通事故等。这些活动刺激了一个国家的经济贸易，因为恐怖分子必须将钱转移进国内，以便他们可以执行任务，但几乎没有人会把他们当作快乐和幸福的积极贡献者来评价他们。另一方面，虽然许多事件有助于人类的幸福，但对 GDP 无甚助益。例如，当一个人通过给予东西来帮助另一个人时，就会使商品的需求和消费减少，因此对 GDP 没有帮助。尽管如此，慷慨和社会支持是最有助于我们的幸福和幸福感的，进而提高一个国家的“国内幸福总值”。这些例子揭示了幸福研究在反思古典经济模式中的重要性。

众所周知，通货膨胀与失业对居民的主观幸福感有着消极的影响(通胀和失业率的累积效应被经济学家称为“痛苦指数”)。经典的经济模型倾向于假设通货膨胀率和失业率之间的反比关系(即所谓的“菲利普斯曲线”)，对这些因素都给予相同的权重。但是，最新的研究发现，在主观消极方面，通货膨胀和失业率是不一样的。当我们可以在通货膨胀和失业率两者之中选择的时候，我们肯定不会将两者当作相同重要的概念进行考虑。

例如，Di Tella 和他的同事(2001)的一项研究显示，失业比通货膨胀对人们的幸福感有更大的负面影响。具体而言，失业率上升 1%产生的满意度和幸福感的降低程度，等同于通货膨胀增加 1.7%产生的满意度和幸福感的降低程度！结论很简单：人们在失业率上升时比同等通货膨胀上升时更不快乐，虽然从财务角度来看仍然保持平衡。

通过对人们的快乐和幸福进行测量，这种理解可能是唯一的。如果没有在第一个例子中使用的快乐测量方法，也许经济模型仍然会视通货膨胀和失业率为同等重要，因此会偏置或误导政治家和经济学家的决定。

另一个最近的例子表明，幸福研究对经济行为分析的重要意义来自对恐怖主义的研究。量化恐怖主义的社会成本是不容易的，但是当对公民报告的幸福感和生活满意度指数进行监测时，这样的影响是可测定的。这正是 Frey 等(2009)，根据 1972 年到 2002 年间在法国和不列颠群岛的恐怖袭击事件和死亡事件的基础上进行的关于恐怖主义和幸福的关系的研究。这些研究人员发现，即使人们没有生活在攻击发生的地方，恐怖行为的频率和强度与公民的生活满意度大体上还是呈负相关。

这些研究表明，可以从总体上对特殊事件（如恐怖主义）如何影响幸福感进行分析，而不仅仅是对特殊事件的直接目标做出分析。如果公民的幸福程度和生活满意度没有被测量，那么这种方式是不可行的。此外，这些研究重新引发了关于国家在安全、健康、教育或其他方面投资公共产品的积极的辩论。

一方面考虑到这些新的幸福感的研究途径，另一方面考虑到在各国监测生活满意度的可能性，我们把注意力转向本章的中心方面，就是去了解人们的幸福感是通过什么样的途径与他们的“革命”倾向联系起来的。

11.3 革命中的幸福（不幸福）

在这一节中，我们将试图回答在本章开始提的第二个问题：人们幸福与否是否和他们所支持的社会政治革命的意愿有关？如果是，在何种层面？

对于这个具体问题，关于幸福的研究中还没有给出一个明确的答案。然而，对革命态度的成因与结果的研究提供了分析这个问题的视角。此外，可获得的国际数据使国家之间和国家内部的革命态度和幸福感的比较在有朝一日成为可能，因此为了回答这个问题，随后将会呈现探究性的分析。

采用 MacCulloch 和 Pezzini（2007）关于经济发展、失业，以及他们提到的“对反抗的热爱”或革命的态度的研究作为出发点，作者分析了来自 61 个国家的 107 985 个独立样本，这些个体都在 1981 年至 1997 年受到世界价值观调查国际小组的询问。下面是一个例子，有一个问题这样发问：“在这个卡片上，是描述我们所生活的社会的三种基本态度。请选择其中一个最能描述你心中观点的态度（只能有一个回答）。”为了给出一个答案，回答者被迫在三个选项中选择一个：(1)“我们的社会的整体组织方式都应该被改革行为彻底改变。”(2)“我们的社会必须通过改革逐步完善。”(3)“我们现在的社会必须是对所有颠覆力量的勇敢防御。”根据受访者的选择，他们可以被标记为“革命派”“改革派”或“保守派”。

MacCulloch 和 Pezzini（2007）得到的结果表明，在世界样本中，有

9.8%的个体同意第一种说法，因此表现出一个值得注意的“对反抗的热爱”。但这个革命性的态度不仅是受访者态度的表达。数据也显示，“革命”的个体更容易参加抵制和非正式的罢工，以及攻占工厂和工作场所。换句话说，这些人的反抗表现不仅仅是“闲聊”，一旦机会来了他们就会表现得反叛。

因此，这些研究使鉴别一个指定群体的“革命的倾向”的水平成为可能，与此同时，革命态度的结果也变得显而易见。鉴于本章的重点，我们现在可以提出这样的问题：革命态度如何与人们表示的生活的幸福感和满足度有关？由于没有针对这个问题的有效答案，我们通过使用相同的数据库来主动探索它，这也在一些关于幸福和幸福感的国际研究中用作比较。我们使用世界价值观调查数据库的好处在于，可以了解每位受访者的革命态度和幸福水平，这个描述性的图表结果汇集了美国、委内瑞拉、日本、中国这四个具有显著文化差异性国家的 2000 组数据——如图 11.1 所示。

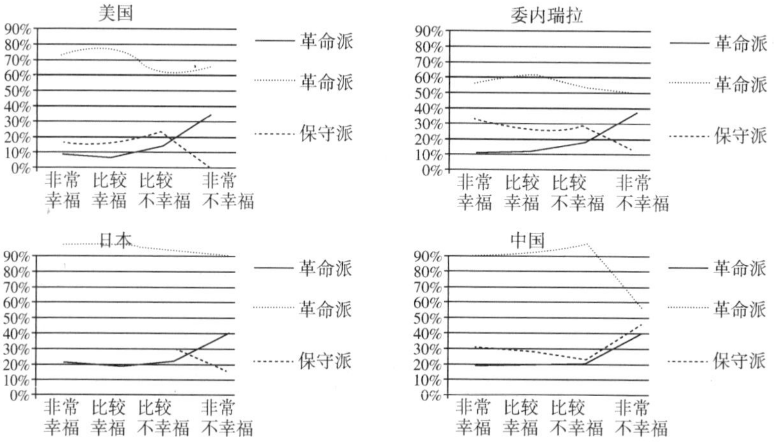

图 11.1　受访者关于幸福水平和政治态度类型的比例状况

正如我们所看到的，即使考虑到这些国家的历史文化背景如何与众不同，更低的幸福水平与更高的革命态度的关系模式还是显著的。事实上，“革命派”是唯一的不幸福的水平高于幸福水平的群体。这意味着，较低的幸福水平与更明确的革命倾向相联系。尽管有直观的数据，但这个观点还没有被验证。

鉴于这些数据的相关性，我们必须强调，还不可以得出关于“革命的态度”和“幸福”的变量之间存在因果关系的结论。根据这一结果，可以认为较低的幸福感是形成革命态度的基石之一。但也有可能是“革命的”个体对他们生活的评价是不太幸福的。因此，我们不能推断这两个变量之间的因果关系。但是有一件事仍然是明确的：两种状态共存，并最终互相强化。

对于革命态度和较低幸福感水平之间关系的解释依旧是一个热门话题。有一件事似乎是正确的：避免革命行动不一定是优先考虑其公共性和政治性的。考虑到本章一开始引用的《美国独立宣言》，其宣称所有人类行为必须被“追求幸福”所指引，一个根本性的问题由此产生：如果我们必须反抗我们的低幸福水平存在，那么我们应该把焦点放在哪里？

11.4 各国如何提升公民的幸福感?

鉴于以上的描述，这些证据突出了幸福对人类的重要性。现在，我们来关注本章的第三个也是最后一个问题，即“各国如何在宏观层面上提升公民的幸福感?”为避免只在意识形态上进行鉴别，我们将尝试用科学研究的方法，在“政治系统与民主”和“公众参与”这两个维度在提升公民的幸福感上进行比较描述研究。

“功利主义”和“平等主义”之间的旧二分法已被用来处理在宏观社会层面提升幸福感这一重要问题(Veenhoven 和 Kalmijn，2005)。一方面，功利主义者认为，促进社会和经济福利必须遵循“物尽其用”的逻辑，从而支撑个体之间的良性竞争，最后将对每个人都好，甚至对那些竞争失败的人都好。另一方面，平等主义者认为一个社会的生活质量取决于公民之间存在的平等的水平。平等主义者还认为，国家的角色在于干预市场和限制市场经济的效用，平等主义者宣称一个基于无序竞争的国家会增加公民之间普遍的不安全感。然而，功利主义者认为，一个平等主义的国家只增加了少量激励和刺激举措，这会起到反作用。

Frey 等人(2008)最近通过对德国足球甲级联赛中球员的客观表现的分析，着手探讨功利主义和平等主义之间的态势。如果功利主义的辩护者是正确的，那么同一队的足球运动员之间收入的不平等对于所有球队成员来讲将会是一种刺激和推动，特别是对那些赚得少的球员来说，因为他们会觉得更有动力去提高他们的表现。相反,如果一个拥有更平等收入分配的球队有着优越的表现,这个便是平等主义拥护者们的强有力的论证。虽然,有可能有一种来自表现差异的不平等水平(这里的“不平等”是主旨,不是“不公平”!),且对所有人都没有动力。虽然有些人比其他人赚得多,但有些人已经不再相信他们有可能改变自己的处境。

基于对每位足球运动员客观表现的测量(从专业杂志上对整个赛季进行测量),一方面,对一些德国足球甲级联赛中球队球员的收入进行估计,另一方面,Frey 等人(2008)发现有足够多的证据证明,一定水平的平等是必要的,不仅能提高球员的幸福感,也有助于提高其表现。另外,那些有着更高平等收入水平的球员,当与更高不平等收入水平的球队比赛时,普遍会有更优越的表现。此外,这种情况的发生是因为那些感觉自己作为曲线的底部(也就是收入少)的足球选手降低了他们的表现,而其他人在保持他们的表现。总的来说,来自这些球队的球员的平均表现比那些来自不平等收入状况更差的球队表现更糟。然而,我们不能认为这类研究可以作为一个最终的和明确的测试,去探讨反对功利主义和平等主义这个老问题。但是,似乎有证据支持这种观点,即平等至少在一定程度上促进了每个人的表现,因此,在结果上也促进了集体的表现。

此外,在宏观社会层面进行的其他研究似乎证实了 Frey 和其同事的研究结果。例如,Radcliff(2001)用 1990 年采集的来自《世界价值观调查》的数据分析了政治因素对人们的生活满意度的作用。他的研究基于一个简单的问题:公民生活满意度的水平在其生活的系统化的政治体制类型上是否不一样?或者采用另一种说法,在社会主义、自由主义或者在保守主义统治下的国家,哪种的生活满意度更高?

为了对各个国家实行的政治体制进行分类,Esping-Anderson 之前使用的指标包括易于获得的社会福利,如医疗保健、失业津贴和退休金计划。Radcliff 认为有一种更简单的方法,是对所有公民采取最小的通用的保护,以此作为指标。必须注意“社会主义”这一术语在研究中的使用,因为它实际上是指一个社会的民主模式,这与“中央集权社会主义”完全不同。(根据 Esping-Anderson 的逻辑,后者更多地被包括在“左翼保守主义者”群体中。)

Radcliff(2001)的研究结果强调,一个国家的社会主义/社会民主优势如何正向显著地影响人们的生活满意度。与此相反，自由政体对公民报告的生活满意度有着消极的影响。尽管占主导地位的保守统治对生活满意度也有消极影响，但是这种影响并不显著，因为其对公民的满意度的影响是中性的。另外，追踪生活满意度和左翼党派民主（根据上述的分类标准）之间的线性相关，我们可以明确地看到那些有着左翼政治优势国家的公民有着更高的幸福水平。

Radcliff(2001)的研究和其他有着相似结论的学者的研究的确受到概念和方法上的批判。要特别指出的是，其中一个批判表明，样本中只有非常发达的国家，比如日本、法国、英国、美国、德国、加拿大、芬兰、丹麦、挪威和瑞典。而且，我们不能对这样的观点撇开不谈：左翼政府可能消耗了在其他党派执政时期积累的资源，因此带来了左翼政府执政时期的公民幸福，使过去与削减开支相联系的公民低幸福感得到了补偿。但是这些研究的一致性使这样的一个事实不可否认，那就是，在一个特定地有着最低安全、平等水平的国家也似乎要求公民报告更高水平的生活满意度。

对这个事实的一种可能解释，便是忽视了对人口中幸福感分布的研究。正如在其他领域的分析，统计平均值几乎不会告诉我们人口上的变量分布情况，主要是它们并没有包括离散差异测量。例如，两国在它们的人口中可能有着相似的平均幸福值（例如，南非和美国），但有着高度不对称的幸福水平。以南非为例，南非有着比美国更高水平的幸福感不平均分布，这得到了其他作者的研究（例如，Ott，2005）的证实。考虑到类似的幸福和幸福感的平均水平，这可能会强调，在这些国家中，幸福感其实是集中在享有特权的少数群体手中的，而在其他国家，幸福是更均匀地分布在整个人群中的。

受到一个国家的平均幸福水平与其或多或少的平均分配之间的重要特征的启发，我们在图11.2中表现了幸福和不平等两个因素之间可能存在的关系。

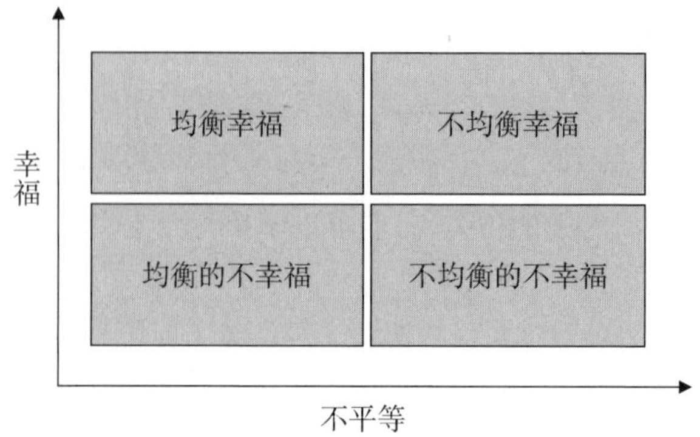

图 11.2　幸福和不平等在幸福水平上的四种社会类型

大家可以看到，在图 11.2 中，高平均水平的幸福与低不平等水平在国家中共同存在是有可能的，我们可以称之为均衡幸福的国家。然而，其他国家也可能在出现高平均水平的幸福的同时有高的不平等的水平，这些国家我们称为不均衡幸福国家。这个概念也可以延伸到那些低平均幸福水平的国家，在这些国家的人口中，低幸福水平和低不平等水平的结合使它们被称为均衡的不幸福国家；如果不平等水平是高的，这样的国家就是不均衡的不幸福国家。

为了验证这个模型，并验证这四个国家类型的概念与真正的国家是否对应，我们依靠了 Ott(2005)的哲学理论。这一哲学理论认为，幸福的标准偏差是一个关于人群特点分布的不平等程度的可接受指标。我们使用了 2008 世界价值调查数据。我们收集到的关于各国公民幸福感分布的数据完美地符合图 11.2 所呈现的四种类型。

然而，尽管所有的样本种类都可以从这四种国家类型中找到，这些样本的分布看起来相对线性且负相关。一个详细的关于幸福平均值和不平等幸福水平的相关分析，考虑了它们的标准偏差指数，结果显示了负的线性关系。具体来说，当我们在各个国家的幸福水平的平均值上做关于不平等水平的线性回归，我们发现 12.5%的足够多的数据能够得到解释。这样的结果表明，具有更高的幸福平等水平的国家一般来说幸福平均值也更高(例如，加拿大、瑞典、挪威)，反之亦然。这意味着，在一些国家，如伊拉克、保加利亚、赞比亚和埃塞俄比亚，更高的不平等水平和更低的幸福平均水平联系在一起。这一发现对功利主义和平等主义之间的对立有着重要的意义，这实际上意味着功利主义和平等主义的对立是一个假命题。另外，平均幸福在整体上最大化的国家（极权主义者主张的论点）也都是那些幸福平等水平更高的国家（平等主义者主张的论点）。因此，"物尽其用"的平等和最大化，即平等主义和功利主义，这两者似乎可以调和而不是对立，尽管其发生机制还需在更系统的方法中研究。最有可能的事情是这两种现象——更高的幸福均等分布和更高的幸福平均水平——在其产生上有着共同的制度和社会政治因素。正如我们将看到的，最好的解释还有赖于公民在政治决策中的涉及与参与。

通过这种方式，为了知道国家如何在宏观水平上提高公民的幸福，我们专注于一个最有研究价值的幸福感内容：民主与分权治理的作用。

我们强调 Frey 和 Stutzer（2000）在瑞士各州的生活满意度的研究。这些作者进行了 6000 次访谈，探究瑞士 26 个州的公民的生活满意度。这些研究者根据公民当地自治的程度和直接民主参与的权利对每个州进行分类，考虑到开始进行普选的容易程度和促进全民公投的容易程度这两个指标（指标中还包括签名投票的数量和开始实施这些过程所需要的时间）。Frey 和 Stutzer（2000）的研究结果清楚地给出了关于分散化的决策和政治行政管理以及直接的民主参与对公民生活满意度重要性的证据。在研究中，当地权利和直接民主参与高，相应地，报告的生活满意度也显著增高。

Frey 和 Stutzer（2000）通过将结果指定为"程序效用"来解释这些结果。事实上，似乎选民的意愿表达得越多（这的确是典型民主制度的基本假设），他们的生活满意度也越高，可能是因为政客们的决定倾向于接近选民的偏好，独立于任何政治决策。因此，超越解释经典经济模型为之辩护的"偶然效用"这个概念，"程序效用"这个标签同样还假设存在一个效用，这个效用来自那种选择被做出的过程。

总之，对幸福的研究有助于更好地理解在宏观层面上我们可以做什么，以提高公民的整体幸福感。正如我们到目前为止所看到的，这些研究表明：(1)全球幸福感和国家幸福感的平等分布是高相关的，因为这个原因，一个变量的提高并不一定要反对其他变量的提高；(2)功利主义者主张的假设和平等主义者提倡的前提并不存在真正的紧张关系；(3)解释高平均幸福指数的原因与提升公民幸福感公平分布的原因是一样的，其中这些原因导致了当地自治和直接的民主参与。

基于目前的幸福研究传播的知识，现在我们要向最后一节再前进一步，这就是对葡萄牙第一共和国成立时发生的事件进行类分析，并且这个分析也具有一定的持续性。

11.5 葡萄牙第一共和国的案例

记住幸福研究告诉我们的内容，我们将把注意力转向葡萄牙人民幸福感变化的方式上，这样可以帮助我们了解过去发生的事件，这些事件对在葡萄牙第一共和国革命和成立期间的社会政治的变化有一定影响。

正如前几节所描述的，越来越多的不满浪潮会导致反叛行为，最终会汇聚成一个更广泛的社会和政治革命。与这一领域的权威人员所提及的历史因素一致(Teixeira，1987)，很多公民开始对君主专制政权结束时国家的状况感到不满意(也就是，英国提案中的著名的政治问题)，这个是革命的根源。这个不满意群体是随后席卷全国的革命行动的中心，尽管葡萄牙首都里斯本和葡萄牙港口波尔图是作为主要冲突的遗址而知名的。正如 MacCulloch 和 Pezzini(2007)所提到的，这些事件说明生活的不满意程度以及国家的状况已经点燃了革命的态度。

但是，新共和国政体领导者们认为政治变革的产物会以居民幸福感的形式呈现，而这些产物或许是对于强调关于葡萄牙第一共和国幸福感的外推评论最有趣的一个特征。受到法国革命中光照派教徒的鼓舞，至少自 1640 年革命起自由的根就在葡萄牙扎下(Braga，2010)。共和党倾向的理论家们采取了与能预测高快乐和幸福水平的因素相关的措施，这些因素中有:民主参与、分散化的和自治的行政区域、在所有公民中的平等竞选，以及宗教自由和公民权利(比如:离婚的权利)。

然而，一个核心问题瞬间闪过了我们的脑海:当时发生了什么? 为什么第一个共和国建立的制度如此短暂? 为什么它在不久后会导致极权主义的出现? 为什么第一个共和国的执政人员无法维持葡萄牙人的快乐和幸福以符合人们的期待，和防止新国家政权的诞生(“新状态”)? 在这个新政权中，是否一个明确的法西斯倾向会令人们产生更少的生活满足感? 我们将对这最后一个问题发表评论，并认为有两个主要原因可以解释葡萄牙第一个共和国这么快就倒塌了。

首先，尽管共和党人旨在实现一个有民主原则的自由的社会，实际上，他们的计划从未实现。事实上正相反，正如许多历史学家所说的（例如，Valente，2009），这从未发生。虽然有一些对发生在那段时间的事件的解释，但仍在争论中。共和党人的行为是遵循对某些权利和自由的开放，但也限制其他权利和自由，如迫害天主教徒。所以，在 20 世纪早期，因为共和党是受自由理念和公众参与而激发的政党，其在民主权利上都有着狭隘的视野。

一个明显的例子是普选权，普选权从未在实际中真正发生过，因为妇女未被允许在选票中投票。为了维持自己的权力，共和党人没有履行他们普选的想法，因为他们考虑到可能会被他们的君主主义者的对手在选举上击败。同样地，一些人认为，在报社和出版社施行的审查掩盖了自由和公众参与的民意。

总之，在 1910 年共和革命后，一些民主自由和权利被异化或减弱了，这也许是自相矛盾的。因此，人们的不满一直积聚到萨拉查的新国家建立时。可能是由于实用主义，共和党人的行为与共和运动本身所捍卫的理念背道而驰，因此，1928 年播下的集权主义的种子，一直持续到 1974 年。

或许能解释第一共和国倒塌的第二个原因来自最近的研究，我们一直在进行的这项研究是与其他同事合作的，以区域发展、幸福和快乐为研究领域。在其他相关结论中，我们发现，自由主义者宣称的“宽容”可能会对创造一个有效率的、经济社会高产的和可持续发展的社会造成限制。在那项研究中（Lopes 等，2011），我们研究感知到的宽容如何在一个特定的地理区域鼓励经济发展。我们立足于“创意城市”的研究，在一个特定的区域工作和生活的人的“创新能力”带来了以知识和技术为基础的区域经济的发展，这在佛罗里达州（2003）是很常见的现象。根据佛罗里达州（2003），这样的创造力反过来说明是一个地区的居民和其他活动者中存在的宽容的结果，这些居民和其他活动者可能会阻碍，也可能不阻碍新移民的文化整合和多元化的思想。因此，可以导致高的经济附加值的创新的创造性行为，可能会受到鼓励。

为了测试佛罗里达州（2003）“宽容”和“经济发展”这两者之间的线性度，我们比较了葡萄牙的几个城市。这项研究表明：对于解释一个地区的经济发展，“宽容不是一个充分的因素”（Lopes 等，2011）。具体而言，我们发现，乐观对于宽容和经济发展之间的关系具有一种调节作用，正如公民们所感知的那样。也就是说，3757 个研究对象的报告显示，居民感知的经济表现受到文化宽容的影响，但只是对那些对自己的未来持乐观态度的公民有影响。对于感到不幸福的悲观主义者来说，我们没有观察到宽容对于报告的经济行为产生的任何影响。

一个对这些结果更简单的解释认为，幸福的重要作用在宽容的背景下产生了多样性的优势。但当生活质量和幸福水平低时，宽容（最终自由和民主参与）对人类不再那么重要。也许这是另一个方面，有助于解释为什么在 20 世纪初共和党人施行的自由和民主的措施和政策，没有对公民的幸福和生活满意度有显著的影响。而且，也许这个同样的结果有助于解释为什么新国家政权和它的标志性领袖 António Oliveira Salazar 如此迅猛地掌握权力。随着我们的论文讨论的深入（Lopes 等，2011），研究认为，领导力是在危机时期产生希望和乐观所确实需要的机制之一。在此期间，面对人们的不满，萨拉扎尔的领导阶层可能已经发现了最肥沃的土壤来繁荣发展，为更好的希望做最坏的打算。

11.6 结论

根据经济学、社会学和幸福心理学的最新研究成果，我们已经试着去阐明人们的幸福感和生活质量是如何影响其行为的，以及解释我们经历的很多决策和集体活动。因此，它对理解我们的过去和现在的生活，以及为所有国家的人民建造一个更高的幸福水平的未来是很重要的。

但我们必须注意，不要陷入其他人会主动采取行动的幻想，或是人类“自然地”走向一个全球幸福增长的状态的幻想之中。恰恰相反，我们需要激励他人，并在人际交往的层面上继续最大程度地利用幸福潜能。正如我们在本章中所看到的，我们一定不能轻视宏观的社会和经济行为，因为我们需要在政治和体制因素上采取行动，其中的作用主要是提高人类的幸福，如公众参与、直接民主、保证每个公民的最低安全和保证幸福分布在全国有一个最低平等水平的状态的存在。

我们现在面对的社会经济时代似乎也是在向这个方向行动的时候把可能被视为逆境的情况转变为积极行动的机会。我们必须用所有需要的知识武装自己，促进国家的幸福，同时必须承担历史的责任感，去完成我们能够完成的目标。

注：本文作者感谢里斯本科技大学政治社会科学学院公共行政与政策(CAAP)提供的支持。

参考文献

Bewley, T. (1999). *Why wages don't fall during a recession*. Cambridge: Harvard University Press.

Braga, T. (2010). *História das ideias republicanas em Portugal*(2nd ed.). Lisboa: Veja.

Di Tella, R., MacCulloch, R. J., & Oswald, A. J. (2001). Preferences over infl ation and unemploy— ment: Evidence from surveys of happiness. *American Economic Review*, *91*(1), 335—341.

Fehr, E., & Gächter, S. (2000). Fairness and retaliation: The economics of reciprocity. *Journal of Economic Perspectives*, *14*(3), 159—181.

Florida, R. (2003). Cities and the creative class. *City & Community*, *2*(1), 3—19.

Frey, B. S. (2008). *Happiness: A revolution in economics*. Cambridge: MIT Press.

Frey, B. S., & Benz, M. (2008). *Economics and psychology: Imperialism or inspiration?* Working paper presented at the 1st IESE conference on humanizing the fi rm and the management profession. Available at: http://ssrn.com/abstract=1295285

Frey, B. S., & Stutzer, A. (2000). Happiness, economics, and institutions. *The Economic Journal*, *110*(446), 918—938.

Frey, B. S., & Stutzer, A. (2002). What can economists learn from happiness research? *Journal of Economic Literature*, *40*(2), 402—435.

Frey, B. S., Schmidt, S. L., & Torgler, B. (2008). Relative income position, inequality and perfor— mance: An empirical panel analysis. In P. Andersson, P. Ayton, & C. Schmidt (Eds.), *Myths and facts about football: The economics and psychology of the world's greatest sport*(pp. 349—369). Newcastle: Cambridge Scholars Publishing.

Frey, B. S., Luechinger, S., & Stutzer, A. (2009). The life satisfaction approach to valuing public goods: The case of terrorism. *Public Choice*, *138*, 317—345.

Frey, B. S., Savage, D. A., & Torgler, B. (2010). Noblesse oblige? Determinants of survival in a life—and—death situation. *Journal of Economic Behavior & Organization*, *74*, 1—11.

Kahneman, D., & Tversky, A. (1979). Prospect theory: An analysis of decision under risk. *Econometrica*, *47*(2), 263—291.

Lopes, M. P., Palma, P. J., & Cunha, M. P. (2011). Tolerance is not enough: The moderator role of optimism on perceptions of regional economic performance. *Social Indicator Research*, *102*(2), 333—350.

MacCulloch, R., & Pezzini, S. (2007). Money, religion and revolution. *Economics of Governance*, *8*, 1—16.

Ott, J. (2005). Level and inequality of happiness in nations: Does greater happiness of a greater number imply greater inequality in happiness? *Journal of Happiness Studies*, *6*, 397—420.

Radcliff, B. (2001). Politics, markets, and life satisfaction: The political economy of human happiness. *American Political Science Review*, *95*(4), 939—952.

Teixeira, N. S. (1987). Política externa e política interna no Portugal de 1890: o Ultimatum Ingl ês. *Análise Social*, *XXIII*(98), 687—719.

Valente, V. P. (2009). *Portugal: Ensaios de História e Política*. Lisboa: Alêtheia.

Veenhoven, R., & Kalmijn, W. (2005). Inequality—adjusted happiness in nations: Egalitarianism and utilitarianism married in a new index of societal performance. *Journal of Happiness Studies*, *6*, 421—455.

第12章　积极社区心理学与积极社区的发展：调查与介入作为赏识变革行为的研究与干预

Luis Miguel Neto 和 Helena Águeda Marujo①

12.1 引言

在这一章里，我们的目标是解决有关积极心理学和社区心理学之间日益扩大的关系以及未来的发展。在本学科的未来，我们概括了一个出现在积极社区心理学和积极社区发展这个题目之下的分支学科的可能性。无论如何，我们需要以思考作为一个开始，作为一种隐喻，这也是Toni Rüttimann，一位被称为"Toni el Suizo"的瑞典工程师所做的工作(El Diario，2008)。在19世纪70年代，当知道厄瓜多尔的几个村庄被一场地震隔绝之后，Toni决定用他的工程学知识去建一座桥，使当地居民可以与外界进行联系。有一次，当Toni看到由于自己的倡议所产生的积极且有用的结果时，他开始在至少三个大洲建造大桥。在一个可以提供给公众观看的视频中，Toni解释了一些关于桥梁建设的策略：所有的参与者都是那些将享受到这些靠普通劳作所带来的便利果实的当地居民。支持与赞助工程产品和制造的外国公司也是必不可少的。

关于建桥技术的解释，Toni说："它应该从两边开始并在河中间的

---

①L. M. 内托，H. 阿格达·马里奥，葡萄牙，里斯本P－1349055，里斯本科技大学，公共政策管理机构CAPP中心，ISCSP，社会政治学院，E-mail：Ineto@iscsp.utl.pt；hmarujo@iscsp.utl.pt H. Águeda Marujo 和 L. M. Neto（编辑），《积极的国家和社区》，DOI 10.1007/978－94－007－6869－7_12，Springer Science＋Business Media Dordrecht 2014

连接处结束。”

桥梁建造技术和它的使用环境将被作为我们努力将积极心理学和社区心理学的未来发展紧密联系起来的一种类比。从社区心理学的界限来看，我们将会考虑其中一个重要的典型特征：对于价值的考虑，尤其是社会公正和参与者的幸福。这和主流心理学产生了尖锐的对比。从积极心理学的界限来看，我们会考虑与研究有关的问题，尤其是从分支学科的起源开始就出现的“必要的压力”：具有挑战的是，进行严密的科学实验并且同时对个体和社会产生结果。这两个领域共同分享着一个起源于17世纪的功利主义的智力传统，它来源于Jeremy Bentham和其他启蒙运动思想者的观念。

在第一个界限的框架内，我们意识到平衡社区心理学的著作及实践中所表现出的集体主义价值观和积极心理学中的个体价值观的重要性。

在此之后，我们可以预测其他的“界限”，这也就意味着一些与积极心理学研究有关的问题，比如关注科学实验、个人、文化和社会需求间的“必要的压力”(Thomas Kuhn，1997)。我们通过连接这两个“边缘”来推断这一部分，借鉴其他领域的一些工具和其他研究的线索以及想法，主要是来自Donna Mertens的变形的研究(Mertens，2009)，关于幸福经济的问题(Stiglitz等，2009)，以及关于公民经济和经济团体的研究(Bruni，2012)。连接的最后一部分起源于Paulo Freire的“启蒙运动策略”，Marujo和Neto的可转变的有价值的行为调查模型，这一模型基于积极心理学的技术，其目的在于在理论行为层面上建立授权策略，并进行研究运用。

12.2 来自“边缘价值”的桥梁建造：使社区心理学的集体主义价值观和积极心理学中的个体价值观及优势得到平衡

贫穷导致了一种对能力无法忍受的浪费(A. Sen，1999)。

价值观意味着对人类生活尊严的认可，对幸福和自我实现的普遍权利——成对的义务促进了世界一体化的团结和关于尊重的看法。(A. Giddens，1994)

我们期待杂志作者可以提供关于研究数据的具体解释，但是并不需要去证明他们的价值观是公正的。(I. Prilleltensky，2001)

一些运动的发起者，比如 Martin Seligman、Mihaly Csikszentmihalyi 和 Chris Peterson 都或明或暗地使用了“价值观”这个术语，它几乎成了《行动中的价值》这类主流作品和“生命值得活下去”这类主流标题的旗帜或象征。其他作者也把他们的经验主义的研究与价值观相联系起来，尽管其中并没有非常直接的联系。这是 Massicampo 和 Baumeister(2011)寻找人类意识里的积极价值观的作品中的章节：“自觉的想法服务于社会与文化”。这个关于价值观的特殊关注点是相当重要的，在心理学历史上这个话题并不总是受欢迎的，以至于被认为在科学研究中考虑它更为恰当。

在各具特色的领域，“价值观”这一术语被频繁使用，在心理学的分支学科里它意味着不同的含义，与其他主题，比如个性与个体差异比较起来，对它的研究变得复杂且边缘化。Prentice(2000)证明了它在心理学主流领域较少的应用，“一方面，关于个性的理论与研究还没有被可取的关于个体不同的观点所包围，另一方面，社会心理学投入了大量的精力去调查那些由环境突发事件引起或改变的心理现象”，“价值观还没有被定位为任何一种人格或社会心理学家的主要关注对象”(Prentice, 2000)。

但是，在现代社会的想法中，上述引用的观点明确地表达了价值观的用途与中心。不同的领域，如经济学、数学甚至是生物学，使用这一术语时都有不同的定义。例如在经济学中，这一概念继承了来自启蒙运动思想者，比如 Adam Smith、Jeremy Bentham 等的思想遗产。这是因为“价值观”的概念与“实用”有很密切的关联，“实用”是经济学中的一个核心概念。上述 Amartya Sen 和 Anthony Giddens 的观点是在所有关于社会科学的当代著作中的重要例子，由于它们的价值观而成为最深刻的引用。但是，这种思想方法和这些作者却极少在积极心理学或社会心理学中被引用甚至是被提及。

在这一章中，我们将努力把积极心理学和社区心理学中关于价值观的研究，与 Sen 和 Giddens 观点中对于价值观和生活的一般理解联系起来。此外，就如 Geoffrey Nelson 和 Isaac Prilleltensky 的想法，我们会考虑把平衡价值观作为一个关键问题。如果我们用法国革命的理念——自由、博爱、平等——来帮助定义现代化，那么这种需要在特定价值上给了它们相似的重要性(Nelson 和 Prilleltensky,2005)。为了扩大价值观中的平衡思想,我们还要考虑积极心理学中的个体价值观和社区心理学介入与研究中的集体主义价值观之间平衡的需要。再从 Sen 的观点来看,他对于“能力”的概念是值得反思的:概念有效性的衍生和被 Martha Nussbaum 扩大后的意义(Jayawickreme 和 Pawelski,2012)。未来,我们将会把它与积极心理学和社区心理学中关于值得考虑的价值观的研究与实践联系起来。

Sen 用以下的方式定义了能力:给积极社区心理学家巨大的可能性去扩大价值观的一般定义和用处。他将能力定义并且融入了下列表现中:

> 每一个不同类型的权利和机会都有助于培养个体的综合能力。它们之间也可以相互补充。自由不仅是发展的最终结局,也是它最主要的方法。从根本上来说,除了承认这些自由可以被估计的价值,我们也不得不去理解这些值得注意的实证联结,将不同类型的自由联结起来。政治上的自由(以演讲和选举的形式)有助于促进经济安全。社会选择(以教育和卫生设施的形式)促进经济参与。经济设施(以参与贸易生产的形式)有助于为社会生产提供丰富的个人和公共资源。每一种不同形式的自由都可以巩固另一种形式的自由。(Sen,1999)

12.3 关于社会和主流心理学中价值观的研究

在有关积极心理学的价值观问题出现之前,一些基础的研究,尤其是社会心理学中的研究,指出了价值观的重要性。这个观点是相当正确的,尤其体现在 Adorno 和他的同事们 1950 年出版的《权威人格》中关于一个独特范例的研究。随后,社会心理学对有关种族歧视、性别或年龄偏见的问题做了探讨(North 和 Fiske,2012)。所有这些和其他相关研究都在某种程度上是抽象的并且以“负面价值观”为基础,哪怕目的是解决一些非常重要的社会问题,尤其在北美社会中。这个研究在社会心理学的传统框架中以不同的方式定义了价值观。比如说,Prentice (2000)把价值观定义为:“超越特殊行为情境的信仰,属于合适的情况或模式,组成了一致的系统并且能指导选择,能评估人类及其行为和事件。”关于信仰的作用，在社会心理学著作中也有讨论：“它们被假设可以调节一个人对于社交界的适应性。这个家庭中的另外一些成员，包括态度、需求、品质、标准和兴趣，都有重叠性”（同上）。但是，即使社会心理学中关于价值观的研究符合处理相关社会问题并提供解决方案的目的，一些社会心理学家认为“价值观是社会科学中关于理论与研究的一个重要话题：另一方面，心理学家在对价值观的研究上投入了很少的注意力，尤其是关于品质和态度”（同上）。一般来说，在定义方面，Kekes（1993）把价值观定义为“人类互相提供的便利”。这个作者也提供了关于爱的例子并且把它们看作“道德的产物”。在这个定义上给价值观的概念制定一个框架，并且把它们等同于“道德的产物”是十分重要的，就如我们在这章的最后所要做的，尝试把积极心理学与社区心理学的发展和经济联系起来。另一位重要的贡献者 Schwartz（1994），把价值观定义为“人类生活或其他社会存在的指导原则”。

12.3.1 价值观评估中的问题

在《价值观的研究》（SOV）中，Gordon Allport 等（1960）测量到 6 个基本的人格兴趣或动机具有明显相关性，即理论的、经济的、审美的、政治的、社会的和宗教的。回答者被要求在包含了这 6 个基本价值观的成对选项中进行偏好选择。比如，类似于“你认为下列哪一个人对人类的发展有贡献？（A）Aristotle （B）Abraham Lincoln。”回答者需要把 3 分的分值分配给这两个选项，这将反映他们是偏向理论的还是社会的价值观。

1973 年，Milton Rokeach 写了《人类价值的本质》一书，在书中他创立了 RVS，也就是 Rokeach 的价值观系统，以一种简单的方式去管理程序。RVS 包含了 18 种模式的产品和 18 种已实现的目标。18 种价值观的 2 个列表呈现在回答者面前，要求他们给每个表上的项目进行等级排列，“按照它们对于你的重要性，将它们作为你的生活指导准则。”一个表包含了最终价值观，即：舒适的生活、充满激情的生活、成就感、和平的世界、美丽的世界、平等、家庭安全、自由、祝福、内在和谐、成熟的爱、国家安全、满意度、救助、自尊、社会认可、真诚的友谊和智慧。

另外一个表包含了机械价值观和令人满意的品质：有雄心的、心胸宽广的、快乐的、干净的、勇敢的、宽容的、助人的、诚实的、有想象力的、独立的、聪明的、合理的、慈爱的、孝顺的、文雅的、负责的和有自控力的。

Gordon Allport 及其团队研究的 SOV 和 Milton Rokeach 及其团队的 RVS 满足了可靠性中可接受的标准以及人群中明显的区别。但是,这两个研究团队都不得不面临一个细微一致性中最不可能克服的问题:在已表现出的价值观和行为中的可能性。后面的研究以某种方法尝试去解决这个问题。比如,随后的 S. Schwartz(2001)修改了 M. Rokeach(1973)关于价值观的评估的方法;Inglehart 在之后的研究中使用了 Abraham Maslow 的需要层次理论中的分类法(Inglehart 和 Klingemann,2000)。

所有经过考虑的事情,“当价值观和态度显著相关或者价值观和行为出现时它们一直是弱的,和 5%以下的态度和行为的变化的价值观一起”(Prentice,2000)。(见表 12.1 和表 12.2 中关于社会心理学价值观研究中的历史观点。)

12.3.2 独裁主义者个性的研究以及改变负性价值观的授权

Adorno 等人(1950)拥有管理独裁主义者个性这一研究的使用权,并赋予它自然敏感度和社会影响是没有意义的。“二战”之后,关于独裁问题和由于权力缺失而引发心理问题的研究尤为突出。Theodor Adorno,一个德国流亡者,开展了一项值得注意的研究,这项研究的目的在于解决个人和社会层面上的价值观问题。

作为社会心理学中关于价值观的历史研究的一部分,从实验研究中所得到的令人振奋的证据被标记为“价值观的自我对抗”。作为先驱,Milton Rokeach(1968,1973,1979)关于价值观的自我对抗包含了对价值观变化的策略。它包含了已有的个人反馈以及有关他们的价值观、态度和行为的解释,还有其他有意义的方面。这个理论对某些人意味着,这一信息通过使他们意识到他们拥有违背其道德感和能力的信念,而减少自我不满意状态。作为减少不满意的一种方式,这些个体将会改变他们的价值观、态度和行为,以使其与自我概念达成更多一致。

Sandra Ball-Rokeach、Milton Rokeach 和 Joel Grube 的研究——“伟大的美国价值观测试:电视对行为和信仰所产生的影响”(1984)中发现的结果与潜能转换也是值得关注的。在这项研究中,研究者通过使用有教育意义的和经过研究设计的电视节目，比较了人们对于其他种族、性别和环境的态度所产生的影响。

表 12.1 社会心理学研究中的价值满足

Allport 等(1937)	Scott (1959)	M. Rokeach (1973)	Inglehart (1990)—在 A. Maslow 之后	Sissela Bok (1995)	S. Schwartz (1992)
1. 理论的	1. 成就	1. 舒适的生活	1. 生存	1. 积极责任：关心和互惠	1. 成就
2. 经济的	2. 创造力	2. 充满激情的生活	2. 自我表现	2. 消极命令：暴力、欺骗和背叛	2. 对于他人的善行和福利事业
3. 审美的	3. 诚实	3. 成就感		3. 司法公正	3. 一致性
4. 政治的	4. 独立性	4. 和平的世界			4. 享乐主义
5. 社会的	5. 理智主义	5. 美丽的世界			5. 权力
6. 宗教的	6. 善良	6. 平等			6. 安全
	7. 忠诚	7. 家庭安全			7. 自我管理
	8. 有体力的	8. 自由			8. 刺激
	9. 宗教	9. 祝福			9. 传统
	10. 自我控制	10. 内在和谐			10. 普遍性
	11. 社会技能	11. 成熟的爱			
	12. 地位	12. 国家安全			
		13. 满意度			
		14. 救助			
		15. 自尊			
		16. 社会认可			
		17. 真诚的友谊			
		18. 智慧			

注：改编自 Peterson 的历史观点(2006)

表 12.2 关于"紧急价值观"(Peterson,2006)与文化、观念和习俗价值观相关的研究

W. Scott(1965)	G. Hofstede(2001)	T. Kasser(2005)	P. Freire(1970);Braithwaite(2000)
19 世纪 60 年代美国校园里兄弟会和姐妹会中出现的价值观	在相同国际组织中的一般价值观文化维度:女性化的/男性化的与权力的距离:个人主义/集体主义	时间作为一种丰富的可被提供的社会特定组织中的个人商品	"意识化"——意识到自己生活中的社会约束(比如祷告);微观、中观和宏观水平的生活授权

12.3.3 关于价值观和经济的研究

这个章节的一个主要目的是关注找到经济一体化进程新方法的需求,尤其是涉及价值观的研究时。在这个层面上,关注历史角度也是有价值的。例如,Jeffrey Skansky(2002)分析了社会心理学和美国内战后的经济模型之间的关系。事实上,自从 17 世纪美国经济的模型在解释制造业、劳动力关系和财产所有权的变化失败之后,就处于一个危机状态。在那个时期,关于独立的"经济人"的概念还不够充分。作者补充道:"自我管理的个人,被赋予了理性意志的自然工具以及有生产力的劳动力,享有自然财产权和人民主权。"但是,新兴学科社会心理学的研究和著作成为可能,经济学家有能力去回应并且"重新设想了市场社会作为一个快速变迁的主流,从文化意义上催生的欲望、兴趣和习俗,代替一种不变的独立业主之间的竞技舞台。"此外,根据 Sklansky(2002),"那个年代的社会心理学代表了一个先进的挑战,关于卫冕伦理的竞争以及日益累积的对旧科学的价值越来越松散的辨认"(同上)。这意味着在那个时代出现的社会心理学帮助战胜了一个经济僵局并且找到了适合发展的道路。

最近的思考方式可以被社会科学利用,并额外提供适应经济的新思路。因为这样,新经济基金会(包括其他一些组织)注意到高于 GDP 之上的不正常指标的原因,比如进步留下的脚印。表 12.3 总结了一些关于这个问题的贡献。参见 G. Burns 写的这一卷的第十章。

表 12.3 在人类社会科学间断的环境中积极心理学与社区心理学中的里程碑

社会心理学	经济学	人口统计学和生态学	教育学	社区心理学	积极心理学
Hadley Cantril (1965)		罗马俱乐部报告			
人文关怀的模式				Rappaport (1997)：	
社会心理学的危机	Tibor Scitovsky (1976)	Richard Easterlin (1974)：伊斯特林悖论		社区心理学：价值观、研究和行为	
K. Gergen (1974)作为历史的社会心理学研究	悲伤的经济学				
R. Harré 和 P. Secord (1972)	Amartya Sen(1977)				
散漫的心理学(英国)	理性的犯规		Michael Patton (1980)：质量		
社会结构(美国)		Edward Wilson (2002) 未来的生活	H. Gardner (1983)智力多元理论		《美国心理学家》1月刊，2000
	幸福与共享的经济学	新经济基金会	良好的工作项目		爱库马尔宣言；VIA (Peterson 和 Seligman，2004)

与用新方式看待经济的需求相顺应，一些经济学家们做了一些调查，比如 Richard Layard 进行了关于积极心理学和幸福的研究，并且根据已有经验使它们在新的领域结合为一体(Layard，2005)。关于这个想

法的线索包含了来自幸福研究的数据，成为大家所知道的关于幸福的经济学。在英国，为了为官方的公共政策提供支持，创立了一个官方研究的分支，这个分支来源于幸福和积极心理学的研究。另外一些经济学家“授权”主观幸福感和经济积极心理学进行整合研究。在法国，建立了一个包括诺贝尔奖得主 Amartya Sen 和 Joseph Stiglitz 在内的官方委员会，他们创作了被称为“萨科齐报告”的文章(Stiglitz 等，2009)。在宗教社会的价值观和对于经济基金会重新思考的需求的亲密关系中，把它与其他人类社会科学相联系，民事和经济交流会发起人之一，意大利 Luigino Bruni 提到，工作经历是有价值的(Bruni，2012)。在美国，《道德生态市场》的作者 Daniel Finn(2006)，提出了关于市场和正义的评估。人类社会科学不同领域的一体化反映了 19 世纪法国知识分子 Alex Tocqueville 著名的洞察：

> 这种性情的灵魂使人们对极端痛苦变得麻木不仁，我应该把它称作上帝的保佑，还是他愤怒的诅咒？奴隶陷入了悲惨的深渊，很少意识到他的不幸：暴力迫使他成为奴隶，被奴役的习惯给了他关于奴隶的想法和目标。(Tocqueville，1969/1839，被 Menzel 引用，1999)

Tocqueville 和 Sen 的想法改变了主流的经济学模型，但是一些积极心理学的假想尤其是积极心理学使质的归谬法变得严厉，涉及无报酬环境和价值观的严格的个人评价数据采集。这一点在 Sen 关于能力的想法的著作中体现得尤为明显。

这些观点与最有影响力和杰出的社会思想家之一 Martha Nussbaum 关于能力的模型有关，是 Sen 的著作的放大与重新认识(Nussbaum，2003)。基于他们的方法，我们在表 12.4 中列举了一系列关于“启蒙运动”(Freire，1970)的明确的问题。

表 12.4 Martha Nussbaum 和 Amartya Sen 的能力，VIA 的美德和有变化的且被承认的关于启蒙运动的质疑

能力（Nussbaum 和 Sen，1993）	VIA：美德（Seligman 和 Peterson，2004）	有变化的且被承认的关于启蒙运动的质疑
1. 生活在一个标准的生活范围	才智和学问人道	“你人生的主要目标是什么？你想要实现什么？”
2. 身体健康、充足的食物和稳定的住所	人道	“你周围让你有主动权的人自己在健康和基础设施上是怎么做的？”
3. 身体完整（包括活动的自由，反对袭击的安全性，自由作为一种生殖的选择并且与性别满意度有关）	人道温和	“让你感受到自由、安全并且做出自己的个人选择的最小的一步是什么？”
4. 可以运用感觉、想象和思维（包括自由的表达，宗教活动和充分的教育）并且可以拥有令人满意的经历	超越温和	“请描述你认为自己最棒的一个情景。它为什么被实现了？你做了些什么？有哪些人参与其中？”
5. 体验正常的人类表情	勇气、人道、温和	“你怎样描述自己最常有的感受和倾向？这说明你有怎样的性格？”
6. 关于实践理性（意识自由和宗教自由）的发展	温和	“什么时候你认为自己需要维护自己的权利？什么时候需要维护他人的权利？”
7. 发展友好关系、关心和同情他人的能力	人道	“什么时候你觉得自己需要与他人多接触？他们对于你主动寻求帮助的反应是怎样的？”

续表

能力(Nussbaum 和 Sen,1993)	VIA:美德(Seligman 和 Peterson,2004)	有变化的且被承认的关于启蒙运动的质疑
8.与其他物种共存的能力	人道	“你从自己与宠物的关系中学到的最重要的是什么?与你的农场的动物之间呢?”
9.玩耍,包括享受娱乐活动	才智和学问	“请描述你和你重要的人在玩耍、享受自然、进行体育活动和演奏乐器时感到热情活泼的情境”
10.征服环境(政治参与、联盟自由、机会平等)	温和	“什么时候你最享受集体表现出的需求?你怎样帮助实现这个情景?”

另外,Sen经常引用的问题是关于“快乐的奴隶,”一种显然的关于意识的重要悖论的矛盾。在附加注解中,我们决定把这个引用“转换”成诗歌的形式(Richardson,1992),因为它将明确表示在这一章节的第二部分“可选择的研究边缘。”此外,当它的预期意义被尊重时,给Sen的著作提供了一种新的模式:

《快乐的奴隶》(诗歌形式)

如果一个饥饿的身躯,
被饥饿折磨,
与疾病斗争,
一些精神状况是快乐的,
这个人所做的在精神层面的角度会被认为是正确的。(Sen,1985)
被打败的和被践踏的,
对想要得到的事情失去了勇气。
另外,
社会治疗更顺利,
渴望简单的信心。(Sen,1985)

当人类的缺点同时在个体和集体层面出现时，维持一个严格的科学标准是非常困难的。关于压抑的超个体结构的内部化和主体化的进程是社会人类学的一个主要挑战。一些历史进程和事件，比如奴隶制度(Edmond Morgan，2003)、大屠杀，甚至最近关于种族灭绝、不平等、虐待，触动了我们大众和科学家。但是，这个局面并不是没有希望的。在最近的社会人类学历史中，依旧存有丰富的事例。我们将考虑Paulo Freire“启蒙运动”的方式(1970)，使它在概念上接近我们自己转换的有价值的模型。一些章节被积极心理学的科学著作激发出来，并且用一个更有希望的方法解决了戏剧化的和残忍的历史和社会事件。此外，在积极心理学的主要目的和原理上，难道它没有看到和做到差异化吗？

接下来，我们将继续从社区心理学的理论和实证角度去思考价值观的重要性。

12.3.4 社区心理学中的价值观

社区心理学是一个拥有详细的历史与发展过程，意义明确的领域(Rappaport，1997)。与心理学、临床精神病学、社会学、心理测量和测试实践、联络精神病学等有超越学科的关联——过去让部分第一代支持者觉醒，现在仍然如此。这仍然是一个显著的可察觉的觉醒，主流与公民权力的变化相联系，这给美国甚至整个西方世界带来了一种新的社会意识的模式。一种新的道德规则的出现以及它所产生的结果对于美国第一代社区心理学家来说是非常清晰的。但是，其他主要的影响起源于南美洲和中美洲。其中有两个例子是巴西教育学家Paulo Freire和当地不识字的公民以及Martin-Baró共同的著作，Martin-Baró是一位牧师，他把人们从圣萨尔瓦多的贫困地区聚集起来。他们在西班牙通过社会集体主义进程“获得意识”，把社区许可概念化。正如前面提到的，Paulo Freire创造了“启蒙运动”(Conscientization)这一词语，这个英文新词来源于葡萄牙语。

事实上，一些问题最初是为了解决社区心理学，包括社区领导关系问题、在当地社区的社会一体化和结合问题、生活质量问题，授权和社会公正层面的幸福问题。所有这些都与边缘化的和受压迫的人群有直接联系。

在一个生动的比喻中，一个著名的社区心理学家，Isaac Prilleltensky，曾经在2010年里斯本举行的“积极国家”学术研讨大会上问一位观众，试想以下情景：“想象你在威尼斯有一座宫殿，在大运河的右边。随着时间的流逝，你开始注意每年迅速增长的水位，这使你的财产受到了威胁。无论你在宫殿里做什么都不能解决这个问题。你将会做什么呢？”当然，这个必需的解决方法同时需要国际和当地的行动。这个比喻也适用于世界其他地区，比如新奥尔良，或者其他大洋和河流的海岸，例如孟加拉国。另一个戏剧性的故事是，社区主导的解决方式需要在霍乱流行时出现，它出现在19世纪的伦敦。John Snow，一个内科医师，完成了第一项流行病学研究和干预，并且发现了这个问题的来源：有一条街上被污染的一台抽水机被当地居民拿来当作了取水的源头。在这台抽水机被关闭之后，流行病开始减少。显然，John Snow解决了这个问题，没有听从科学保守派关于流行病起因的说法，因为那个时期还没有发表微观的细菌学说（Prentice，2000）。但是，除了世界不同地区天气变化和生物学危险所导致的戏剧性结果，其他社会复杂现象的应对，其解决问题的复杂程度至少也是相当的。另外一个众所周知并且值得注意的与这个研究有关的例子，是在密歇根州伊浦西兰蒂市对学龄前儿童的干预。事实上，领头的作者Mary Hohmann和David Weikart（Hohmann和Weikart，1995）用一个预实验来设计方法论，可以比较有规律的学龄前儿童课程的长期结果，与美国的基于瑞士发展心理学家简·皮亚杰所做研究的方法的差异。20年之后，参加新项目的学生完成高中学习的概率更高，很少有被拘捕的，并且有很高的经济成就。尽管不能确立因果联系，这些结果还是值得关注的，尤其是因为这些学生属于芝加哥地区一个贫困的社区。

但是，在前面简短描述的科学的以及以价值观为基础的路线之后，我们需要在一个纯粹的干预列表和案例研究的基础上使其进展顺利，尽管它们表现出了值得关注的结果。我们坚信当我们在科学著作中积累数据和结果时，价值观不能被丢弃。在考虑到积极心理学和社区心理学之间的联系时，一些问题也出现了，尽管这两个领域有不同的历史纪录并且，对于科学社区，研究者与参与者都只有少量研究。尽管每个概念有不同的意义、评定方法和应用。鉴于面对分歧和边缘是成长的痛苦中的一部分，对每一个人类社会科学的扩展都是有意义的。

如果我们的目的是解决可能出现的积极心理学与社会心理学结果之间的问题，考虑近代人文社会史的后果及形势是重要的。一个值得被注意的历史事例是，Leon Festinger，一个卓越的社会心理学家，给社会心理学研究者做了一场演讲，并且提到了问题的一个方面："99%的社会心理学在北美洲"（Festinger，1962，被引用在 Kruglanski 和 Stroebe，2012），这说明社会心理学需要去适应其他文化。科学领域的分支学科以及适用领域需要构建桥梁，也需要向过去学习。积极心理学几乎仅仅在北美洲和英语适用地区，社区心理学大部分在南美洲，给科学家、参与者和他们服务的人口造成了巨大的信息浪费。我们认为异体受精不应该仅仅是积极心理学和社区心理学的一种比喻说法。分支学科异体受精应该同时拥有历史、意识和灵敏度。

在社区心理学理论和实践的框架里，一个清晰的意识出现了并引领人们去思考所有基于价值观多样性的干预。一些作家，比如 Nelson 和 Prilleltensky (2005)基于价值观的来源对它们进行了强调和分类：

(a)一些价值观起源于来自道德、政治和心灵思考的理想传统。

(b)另外一些价值观来源于社区社会科学的研究，强调对实际情况的理解，尤其是相关需要。

(c)第三组是起源于分析经验和属于某些社区的个体需求心理学方式。

(d)第四组，从社会活动家的观点来看，一些人的社会和社区活动基于支持社会变革理论。

我们将尝试专注于社区心理学和积极心理学评估方式的策略上的价值观的使用，尤其是 VIA，和其他在经验主义的文学技巧所描述的关系。我们还将指明被转换的有价值的社会层面穿插的演讲行动，意识高涨的框架中的作者们所使用的无层次策略的使用。这个模型的基础有它自己的起源，来自意义模型的协调管理(Pearce，1994)。实际的特色来源于感激的调查模型(Srivastva 和 Cooperrider，1999)和 Merten (2009)的可变化的方式。

当我们指出社区心理学实践中的价值观(Prilleltensky，2001)的关系，以及提高联盟的动作和行为的标准(Peterson，2006)时，我们会举例说明它的作用。我们在表 12.5 中列出了这两部分的例子。第一部分是关于 Prilleltensky 的实践价值观(2001)以及 Peterson(2006)的关于加强行为和价值观间联系的环境的实证结果。第二部分的目的在于把“启蒙运动”的对话中关于可变的有价值的提问与关键的意识联系起来。另外一个表格也指出了演讲的干预和交往授权的水平，贯穿了社区心理学以实践为基础的价值观以及 VIA 性格优势(Peterson 和 Seligman，2004)。最后，我们将这些与应用中的可转换的有价值的启蒙运动的问题相联系，按对话顺序(表 12.6)列出。

表 12.5　社会实践关系的价值观在价值观和行为以及可转化的有价值的启蒙运动的对话间的关系

社区实践价值(Prilleltensky，2001)	加强价值观与行为之间关系的标准(Peterson，2006)	有价值的变革问题引起“启蒙运动”(Freire，1970；Marujo 和 Neto，2011)
自我决断	情况：“价值观始终起源于直接经验”	“你最近一次在社区经历自我决断的情境是什么样的?”
健康	一致性：“一种价值观帮助人们定义自我形象的程度”	“提供你的健康状况，社区会怎样帮助你？你认为自己在社区里有怎样的影响?”
个人成长	自我意识：“谨慎地颁布社会脚本，使行为与价值观一起更具一致性”	“请描述一个你觉得有能力的、有知识的并且对社区有贡献的情景。”
社会公平	评价：“一个人对于可能影响价值观的特定行为的评价”	“什么时候你的社区有可能分享资源和商品给需要的人呢?你怎样实现它?”
对社区基础设施的支持	普遍性：“更多全球化和抽象的价值观是意识行为的更少预测”	“请告诉我你的社区解决房屋问题的方法以及基础设施的需求情况。”
尊重多样性	范围、关联、频率：“如果我们着眼于整体行为，会发现行为是最有可能影响价值观的”	“你可以给出关于你记得的社区里有什么的例子吗？在未来它将怎样被扩充?”
合作与民主参与	环境	“什么时候社区成员参与解决社会常见问题会更有效?”

表12.6 社区发展实践、自我、心灵维度的价值
以及相关VIA的优势和有价值的可转换的问题中的提议

社区实践价值(Prilleltensky,2001)	性格优势(Peterson和Seligman,2004)与社区价值的关联	赋权—变革—欣赏问题诱导对话(可能问题的例子)(Marujo和Neto,2011)
自我决断	创造力 学习力 勇气 洞察力 毅力 自律 开放性	1."什么时候你感受到你的创造力/洞察力(等)达到了顶峰?" 2."这种体验给生活带来了什么?" 3."你认为你在未来可以复制这次经历吗?"
健康	好奇心 创造力 热心 学习力 团队任务 公平性 谦虚 领导力	1."请告诉我什么时候你关于社区健康状况的好奇心造成了你的社区团体任务的经验。"
个人成长	好奇心 热心 希望 社交能力 美丽 宗教信仰	1."什么时候你感受到你的创造力/洞察力(等)达到了顶峰?" 2."这种体验给生活带来了什么?" 3."你认为你在未来可以复制这次经历吗?"

续表

社区实践价值(Prilleltensky, 2001)	性格优势(Peterson 和 Seligman, 2004)与社区价值的关联	赋权—变革—欣赏问题诱导对话(可能问题的例子)(Marujo 和 Neto, 2011)
社会公正	团队任务 领导力 宽容心 善良 感激 爱 幽默	1."什么时候你认为你的社会公正环境(团队任务、领导力等)达到了顶峰?" 2."这种体验给生活带来了什么?" 3."你认为你在未来可以复制这次经历吗?"
给社区组织的支持	公平 谦虚 可靠性 审慎	1."在被授权的情况下,什么时候你认为你的公正体验、谦虚等达到了顶峰?" 2."这种体验给生活带来了什么?" 3."你认为你在未来可以复制这次经历吗?
尊重多样性	团队任务 领导力 宽容心 善良 感激 爱 幽默	1."什么时候你认为环境(团队任务、领导力等)尊重多样性?" 2."这种体验给生活带来了什么?" 3."你认为你在未来可以复制这次经历吗?
合作和民主参与	公正 谦虚 可靠性 审慎	1."在合作和民主参与的情况下,什么时候你的公正、谦虚等达到了你的顶峰?" 2."这种体验给生活带来了什么?" 3."你认为你在未来可以复制这次经历吗?

12.4 “研究边缘的桥梁构建”：带来更多的人文科学方式

方法论问题的温和性长期保持了它的成效。

(Bruni,2012)

科学从神话开始，并且批评神话；它既不是对收藏的观察，也不是实验发明，而是伴随着对神话的批评性讨论和神奇的技术与实践。

(Karl Popper,1963/1984)

关于积极心理学和社区心理学的研究是完全根据经验的，并且其方法本质上是不科学的。但是，根据历史演变和分支学科的环境，它遵循不同的目的和运作方式。就如上面描述的价值观、定义、评价和一般用途，研究的状态和目的共享了明显的特征，但是也包括积极心理学和社区心理学之间的明显差异。

为了定义两个分支学科的研究中的相似性与差异性的可能性，我们将会思考：

(a)首先，一些具体的独特的方式定义了这些领域的可能性；

(b)其次，关于异体受精的方式、方法和技术的可能性的评论推断；

(c)最后，给出例子并且给下一代研究参与者提供建议。

12.4.1 雅各布天梯的部分

一个来自《圣经》的标志是雅各布天梯。在这个故事里，天使往返于天堂和尘世间进行合适的交流。梯子的确是描述不同领域的生活之流和交流的隐喻。Hadley Cantril(1965)指出了它的重要性，有人受诱惑使用“梯子方法”，作为《旧约全书》之象征的升华。但是，有一个巨大的差异(退一步说)：当天使在旧梯子上上下时，社会科学研究的参与者在他们选择范围的时候用 Cantril 的梯子始终冷清。我们非常重视这个虽小却重要的细节。这是因为我们在规模问题方面有了数十年的经验，是以解决方式为导向的传统心理疗法中的一部分(Shazer 等,2007)。在这个技术中，作为固定现实的代替，就像梯子的重要台阶，数字 1—10 的范围是用来定义顾客生活的目的和促进改变。个体研究者毫无疑问是在一个不同的情境里。她或他不是一个研究者的“客户”。但尤其是在自我认为幸福感很低的情况下，研究者是否应该离开这个领域并且研究有关的解决方式？解决方式似乎是类似的，好比一个手臂受伤的人去医院只被照了 X 光并给出诊断说“你的手臂断了！”然后就结束了。就如人文社会科学的研究者，我们的授权不仅仅是使从现实社会人群中抽取的有质量和数量的例子的相关研究进展顺利。重要的社区和社会状况证实了这个问题的发展意识，比如 Grant Rich 被引用的“阿拉斯加的例子”（参见他在这一卷第二章的著作）。

积极心理学的研究情况对参与者和研究者来说应该是一个被授权的时刻，就如这个已经完成了大部分的社区心理学的研究，提供它自身的自然转变和关键意识去提高影响。

12.4.2 潘多拉的部分：打开悖论箱——北美洲和南美洲的幸福

最近，一个在人文社科学研究中关于经济与幸福关系的问题富有成效地和有用地增长了，并且跟所谓的幸福的悖论有关联。自从 Richard Easterlin(1974)的研究之后，幸福和收入间的联系开始被认为是非线性的。事实上，在同一个国家，不是所有富有的人都是幸福的；在进行国家间的比较时，贫穷国家并不一定比富有国家的幸福感低。这个发现被称作“伊斯特林悖论”，并且仍然存在批评和争论。这个研究的线性关系证明了客观方法的使用大部分是基于统计程序和大量客观统计数据的。这是来自 Richard Easterlin 的人口统计学所给出的可以被理解的背景。“伊斯特林悖论”引起了其他强力的悖论对于人文社会科学著作的关注：David Myers(2001)关注了北美悖论，当 Ruut Veenhoven(2011)指出南美洲的幸福指数比预期的要低时，这个现象被贴上了“南美洲悖论”的标鉴。

这些种类的论证法在科学方面有相关的社会功能，它帮助科学家普及了科学发现。但是，它同时使社会现实变得模糊。大部分时间，人们可以反抗极为困难的情景。除了严格地讨论生活经验中的科学表现，了解人们对极端生活情况的容忍程度以及在悖论中被提及的“快乐的奴隶”的定义上生活得更好是有意义的。经验取样法(ESM)、日常重建法(DRM)，以及可转变的有价值的“启蒙运动”模型是积极心理学和社区心理学方法论努力的例子。

12.4.3 研究中系统现象学的使用

从它们的起源开始，积极心理学使用的方法对其他领域和学科来说就是普通的，社会心理学更是如此。这是由于一个清晰的认识论立场需要在主流经验主义的心理学研究方法中有一个类似的位置。但是，当一些积极心理学研究者开始与 Kashdan 和 Steger(2011)所创造的被称为“以变量为中心的世界”进行反抗时，另外一些学者则提倡主流心理学的统一(Sheldon，2011)。大多数认识论的框架和方法可能会是积极心理学领域生长期成熟的一种标志。与此平行的还有其他情况，例如 Herbert Blumer 在美国社会学协会发表的，题目为“社会学分析和变量”的关于量的数据和方法的独家使用的主席报告(Blumer，1956)。最近，它也与 19 世纪 70 年代的社会心理学危机平行。然而，积极心理学的起源与“标准科学”有紧密的联系：以经验为主并且依赖于客观立场。虽然如此，积极心理学中成套的科学方式依然有值得被注意的方法论的创新。在更大的人文社会科学的框架中，它们中的一部分有明显的特色。除了之前提到的 M. Csikszentmihalyi 的经验取样法(ESM)和 Daniel Kahneman 的日常重建法(DRM)的例子，我们也应该考虑 Christopher Peterson 基于行动价值，VIA 评估问卷的采访。所有的方法论在有意义的现象学立场上都是模糊的，却有强大根基并且严密的。在 Mihaly Csikszentmihalyi 的一个概念中，它们涉及“系统现象学”，意味着会被研究参与者看到他或她如何看待他或她的生活和经验——当使用以经验为主和科学的验证方法时(Csikszentmihalyi，1997)。我们要求除上述方法之外的其他方法是同时实证的、可再生的，并且适合被训练、学习和验证的。重要的是，它们已经在著作中被使用。但是，它们并没有被充分认可，尤其是拒绝被心理学家认可。考虑到这一点，我们希望强调 Christopher Peterson 对 Scott(1965，引用在 Peterson，2006)的“采访策略”的注意，去和美国学生一道研究新兴的价值观：

> 想想你有被你崇拜的各种人，并且尝试回忆他们有什么是值得崇拜的。现在思考这个一般的问题：什么人使他/她变得优秀？哪些个人品质尤其值得敬佩？……请思考一下你需要注意的品质……你认为哪一

个是天生优秀的，并且应该适合被所有人认为是优秀的？

在我们看来，这是一个关于平行研究问题的重要例子，有价值的并且可变的、言语行为中的“启蒙运动”以及据此提倡的社会角色互动模式（见表 12.4，12.5 和 12.6）。这一采访类型在不同领域和环境下的不同的定性研究中是常用的。在这个层面上，目的在于提高方法的使用次数，我们希望大家注意到 Laurel Richardson(1992)的分析工作。她用一种诗的框架作为采访分析的策略，这对定性研究方法论来说是独一无二的。一种诗歌艺术的实证使用有古代知识的祖先，可以追溯到亚里士多德的“诗的技艺”，一种实证的且有用的方法，到达并投入到“生活的河流”的恒流量。

12.4.4 研究建议和一些关于重大历史进程的最终工作

积极心理学和社区心理学为提高个体与集体生活的可能性打开了一扇窗。同时，我们生活在一个充满挑战与危险的历史时刻里。其中，Jurgen Habermas 的反思指出，未来是历史的重复，不包括我们经验中的“其他”(Habermas，1971，1982)，就如以前“9・11”事件的后果。是时候用积极心理学和积极社区心理学去解决历史挑战了，比如南非的真相与和解委员会，对曾经报道的巴西集体宽恕中的插曲，以及西班牙的历史记忆活动。在这一卷中，同事们都顺利地解决了一些问题。

参考文献

Adorno, T. W., Frenkel－Brunswik, E., Levinson, D. J., & Sanford, R. N. (1950). *The authoritarian personality*. New York: Harper & Row.

Allport, G. W. (1937). *Personality: A psychological interpretation*. New York: Macmillan.

Allport, G., Vernon, P., & Lindzey, G. (1960). *A study of values* (3rd ed.). Boston: Houghton Mifflin. Ball－Rokeach, S. J., Rokeach, M., & Grube, J. W. (1984). *The great American values test: Influencing behavior and belief through television*. New York: Free Press.

Blumer, H. (1956). Sociological analysis and the"variable". *American Sociological Review*, *21*, 683—690.

Bok, S. (1995). *Common values*. Columbia: University of Missouri Press.

Braithwaite, R. L. (2000). Empowerment. In A. Kazdin (Ed.), *Encyclopedia of psychology*(Vol. 3, pp. 193—194). Washington, DC: APA /Oxford University Press

Bruni, L. (2012). *The wound and the blessing: Economics, Relationships and happiness*. New York: New City Press. (Published originally in Italian in 2007)

Cantril, H. (1965). *The pattern of human concerns*. New Brunswick, NJ: Rutgers University Press. Csikszentmihalyi, M. (1997). *Finding flow: The psychology of engagement with everyday life*. New York: Basic Books.

Easterlin, R. A. (1974). Does economic growth improve the human lot? In P. A. David & M. W. Reder (Eds.), *Nations and households in economic growth: Essays in honor of Moses Abramovitz*. New York: Academic Press, Inc.

El Diario. (2008, December). *Toni el Suizo y Walter Yánez construyeron* 14 *puentes*. http://www. eldiario. com. ec/noticias—manabi—ecuador/101388—toni—el—suizo—y—walter—yanez—construyeron—14—puentes/. Accessed Sept 2012.

Finn, D. (2006). *The moral ecology of markets: Assessing claims about markets and justice*. Cambridge, MA: Cambridge University Press.

Freire, P. (1970). *Pedagogy of the oppressed*. New York: Herder & Herder.

Gardner, H. (1983). *Frames of mind. The theory of multiple intelligences*. New York: BasicBooks.

Gergen, K. (1974). Social psychology as history. *Journal of Personality and Social Psychology*, *1973*, *26*, 309—320. Reprinted in XIP readings in psychology. Xerox College Publishing, 1974. Giddens, A. (1994). *Beyond left and right: The future of radical politics*. Cambridge: Polity Press.

Habermas, J. (1971). *Knowledge and human interests*. Boston: Beacon.

Habermas, J. (1982). *Theory of communicative action*. Boston: Beacon.

Harré, R., & Secord, P. F. (1972). *The explanation of social behaviour*. Oxford: Blackwell.

Hofstede, G. (2001). *Culture's consequences: Comparing values, behaviors, institutions, and organizations across nations*(2nd ed.). Thousand Oaks: Sage Publications, Inc.

Hohmann, M., & Weikart, D. (1995). *Educating young children*. Ypsilanti: High Scope Educational Research Foundation.

Inglehart, R. (1990). *Culture shift in advanced industrial society*. Princeton: Princeton University Press.

Inglehart, R., & Klingemann, H. D. (2000). Genes, culture, democracy and happiness. In E. Diener & E. M. Suh (Eds.), *Culture and subjective well－being* (pp. 165—183). Cambridge, MA: MIT Press.

Jayawickreme, E., & Pawelski, J. O. (2012). Positivity and the capabilities approach. *Philosophical Psychology*, 2012, 1—18. doi:10.1080/09515089.2012.660687.

Justice. *Feminist Economics*, *9*(2—3), 33—59.

Kashdan, T., & Steger, M. (2011). Challenges, pitfalls and aspirations for positive psychology. In K. Sheldon, T. B. Kashdan, & M. F. Steger (Eds.), *Designing positive psychology: Taking stock and moving forward* (pp. 9—21). Oxford: Oxford University Press.

Kasser, T. (2005). Personal aspirations, the "good life", and the law. *Deakin Law Review*, *10*, 33—47.

Kekes, J. (1993). *The morality of pluralism*. Princeton: Princeton University Press.

Kruglanski, A., & Stroebe, W. (2012). *Handbook of the history of social psychology*. New York: Psychology Press.

Kuhn, T. S. (1977). *The essential tension: Selected studies in scientific tradition and change*. Chicago: The University of Chicago Press.

Layard, R. (2005). *Happiness: Lessons from a new science*. London: Penguin.

Marujo, H., & Neto, L. (2011). Investigação Transformativa e Apreciativa: Um elogio da Subjetividade na Contemporaneidade. *Ecos*, *Revista de Investigação Contemporânea da Subjetividade*, *1*(1), 1—14. http://www.uff.br/periodicoshumanas/index.php/ecos/article/view/714/546. Accessed May 2012.

Massicampo, E. J., & Baumeister, R. (2011). Finding positive value in human consciousness: Conscious thoughts serves participation in society and culture. In K. Sheldon, T. B. Kashdan, & M. F. Steger (Eds.), *Designing positive psychology: Taking stock and moving forward* (pp. 175—189). Oxford: Oxford University Press.

Menzel, P. (1999, April 1). *How should what economists call "social values" be measured?*. Society for Ethics meeting at the Pacific Division, American Philosophical Association, Berkeley, CA.

Mertens, D. M. (2009). *Transformative research and evaluation*. New York: Guilford Press. Morgan, E. (2003, December 3). The Big American Crime, *New York Book Review*, *45*, 19, 14—18.

Myers, G. D. (2001). *The American paradox: Spiritual hunger in an age of plenty*. Yale: Yale University Press.

Nelson, G., & Prilleltensky, I. (2005). *Community psychology: In pursuit of liberation and well－being*. London: Palgrave Macmillan.

North, M., & Fiske, S. (2012). A history of social cognition. In A. W. Kruglanski & W. Stroebe(Eds.), *Handbook of social psychology*. New York: Psychology Press.

Nussbaum, M. C. (2003, July/November). Capabilities as fundamental entitlements: Sen and social justice. *Feminist Economics*, *9*(2 & 3), 33—60.

Nussbaum, M., & Sen, A. (1993). *The quality of life*. Oxford: Clarendon.

Patton, M. (1980). *Qualitative evaluation and research methods* (2nd ed.). Newbury Park: Sage.

Pearce, W. B. (1994). *Interpersonal communication: Making social worlds*. New York: Harper Collins College Publishers.

Peterson, C. (2006). *A primer in positive psychology*. Oxford: Oxford University Press.

Peterson, C., & Seligman, M. E. P. (2004). *Character strengths and virtues: A handbook and classification*. Oxford: Oxford University Press.

Popper, K. (1963). *Conjectures and refutations*. London: Routledge & Kegan Paul.

Prentice, D. (2000). Community psychology: Prevention and intervention. In A. Kazdin (Ed.), *Encyclopedia of psychology* (Vol. 2, pp. 219—224). Washington, DC: APA/Oxford University Press.

Prilleltensky, I. (2001). Value—based praxis in community psychology: Moving toward social justice and social action. *American Journal of Community Psychology*, *29*(5), 747—778. Rappaport, J. (1977). *Community psychology: Values, research & action*. New York: Holt, Rinehart & Winston.

Richardson, L. (1992). The consequences of poetic representation: Writing the other, rewriting the self. In C. Ellis & M. G. Flaherty (Eds.), *Investigating subjectivity: Research on lived experience*. Newbury Park: Sage.

Rokeach, M. (1968). *Beliefs, attitudes, and values*. San Francisco: Jossey—Bass.

Rokeach, M. (1973). *The nature of human values*. New York: Free Press.

Rokeach, M. (1979). *Understanding human values*. New York: Free Press.

Schwartz, S. H. (1992). Universals in the content and structure of values: Theoretical advances and empirical tests in 20 countries. *Advances in Experimental Social Psychology*, *25*, 1—65.

Schwartz, S. H. (1994). Are there universal aspects in the structure and contents of human values? *Journal of Social Issues*, *50*(4), 19—45.

S chwartz, S. H. (2001). Existem Aspectos Universales em la Estructura y Contendio de los Valores Humanos? In M. Ross & V. V. Gouveia (Eds.), *Psicologia Social de los Valores Humanos* (pp. 53—73). Madrid: Biblioteca Nueva.

Scitovsky, T. (1992 [1976]). *The joyless economy: The psychology of human satisfac-*

tion(Rev. ed.). Oxford: Oxford University Press.

Scott, W. (1959). Empirical assessment of values and ideologies. *American Sociological Review*, *24*, 299—310.

Scott, W. A. (1965). *Values and organizations: A study of Fraternities and Sororities*. Chicago: Rand McNally & Co.

Sen, A. K. (1977). Rational fools: A critique of the behavioral foundations of economic theory. *Philosophy and Public Affairs*, *6*(4), 317—344. http://philpapers.org/rec/SENRFA.

Sen, A. K. (1985). *Commodities and capabilities*. Amsterdam: North—Holland.

Sen, A. K. (1999). *Development as freedom*. Oxford: Oxford University Press.

Shazer, S., Dolan, Y., Korman, H., Trepper, T., McCollum, E., & Berg, I. K. (2007). *More than miracles: The state of the art of solution—focused brief therapy*. New York: Haworth Press. Sheldon, K. (2011). What's positive about positive psychology? Reducing value—bias and enhancing integration within the field. In K. Sheldon, T. B. Kashdan, & M. F. Steger (Eds.), *Designing positive psychology: Taking stock and moving forward*(pp. 421—429). Oxford: Oxford University Press.

Sheldon, K., Kashdan, T. B., & Steger, M. F. (Eds.). (2011). *Designing positive psychology: Taking stock and moving forward*. Oxford: Oxford University Press.

Sklansky, J. (2002). *The soul's economy: Market society and selfhood in American thought, 1820—1920*. Chapel Hill: University of North Carolina Press.

Srivastva, S., & Cooperrider, D. (1999). *Appreciative management and leadership* (Rev. ed.). Euclid: Williams Custom Publishing.

Stiglitz, J. E., Sen, A., & Fitoussi, J. A. (2009). *Report by the commission on the measurement of economic performance and social progress*, OECD.

Tocqueville, A. de (1969). *Democracy in America*. New York: Anchor Books. (Originally published in 1839)

Veenhoven, R. (2011). *Life satisfaction in nations*. Published in French in Securité Sociale CHSS 6/2011, 9:298—302 ISSN 1420—2689

Wilson, E. O. (2002). *The future of life*. London: Abacus.

第 13 章 从西南非洲到纳米比亚：独立 20 年之后民众的主观幸福感

Martina Perstling 和 Sebastiaan Rothmann①

13.1 引言

众所周知，西南非洲，也就是现在的纳米比亚，过去在南非政府的统治之下，实行种族隔离政策。种族隔离政策最早始于 1945 年，之后逐渐将非白种人和白种人相互分离。其中最令人发指的就是 1962 年由前南非总统 Verwoerd 推行实施的“国土政策”。由于按照人种和移民身份按等级分配资源，白人拥有了大量的财富和经济资源，与此相对，SWAPO（西南非人民组织）为了非白种人的人权和平等展开了殊死搏斗。经历了旷日持久的游击战争，纳米比亚最终在 1990 年获得了独立。联合国在 1989 年 11 月 7 日和 11 日两次号召以和平方式解决西南非洲问题，结果，在 1990 年 SWAPO 从南非政府手中接过了纳米比亚的统治权。

新的法律制度保障了每个人都有平等获得资源的权利，有助于营造一个多元文化国家的安全感。教会并没有参与到解放斗争中来，它们自 1971 年来就一直支持纳米比亚人民，但是是通过支持和鼓励那些提倡分享、促进爱与和平而非暴力的人来实现的。纳米比亚历史上第一位总

---

①M. Perstling，纳米比亚，温特和克，纳米比亚大学人文和社会科学学院心理学系；纳米比亚，温特和克临床心理私人诊所，E-mail：martinap@mtcmobile.com.na；S. Rothmann，南非，范德拜尔帕克，西北大学人文学院，南非，范德拜尔帕克，E-mail：ian@ianrothmann.com H. Águeda Marujo 和 L. M. Neto（编辑），《积极的国家和社区》，DOI 10.1007/978－94－007－6869－7_13，Springer Science＋Business Media Dordrecht 2014

统,Sam Nujoma 博士,做出了他对国家和谐的承诺,其对象甚至包括了被关押者和军事上的对立势力。以前的劳工移民和为了解放做出的牺牲破坏了家庭生活和人们之间的相互信任,尤其是在纳米比亚北部地区。独立后的 8 年,被关押者的问题还是没有得到解决。这造成了国家社会与人权部以及 CNN 呼吁要求知道真相,并且取消调解委员会。

纳米比亚是一个易受战后后遗症影响的国家,由于过去教育水平的缺陷和连自给自足都十分困难的工业水平,纳米比亚的经济发展非常滞后。幸福感的存在依赖于经济发展的水平、政治上的自由、法律的约束力、社会福利、收入的公平性。最近,研究者开始调查纳米比亚人民的主观幸福感的现状。他们计划用传统工艺和历史遗迹来丰富现存的殖民历史遗迹和博物馆中的历史文化珍品。显而易见,这将造成一个非常大的影响:把历史和现状融合在一起,去建设一个有建设性的未来。

13.2 欧洲对非洲南部的影响

为了更好地理解纳米比亚作为一个国家的存在,我们就不可避免地去探讨它的历史背景。许多文化聚集在一个相同的地理空间内,但是有着不同的文字、语言和传统。通过过去一个世纪的洗礼,非洲的传统神话已经被曲解了,一种受到早期欧洲影响的新的生活方式已经悄然建立起来。

种族隔离在南非荷兰语中叫作“separateness”。(Goosen 等,2007;O'Callaghan,2011)纳米比亚在 1990 年独立之前被称为西南非洲,最初它是一块德国殖民地,其政治和经济管理权最终被南非取得。为了更好地理解纳米比亚为了自由所做的艰苦斗争,用历史和社会学的视角来描述南非和纳米比亚是非常必要的。

13.2.1 人口概述

在非洲的地理分界线存在之前,非洲南部由少数拥有众多亚文化的主要文化组成。纳米比亚的非洲人大多数来源于南非的 Bantu(Ovambo,Herero,Kavango)、San、Khoikhoi(Nama,Damara,San)三个文化族群。Khoikhoi 族群来源于一个混合的部族(O'Callaghan,2011;Hishongwa，1992）。Ovambo人，或者称其为Oshiwambo，生活在北部，尤其是土壤肥沃的地区。Ovambo部落有7个亚文化群。据估计，在前殖民时期，Ovambo部落就有约50万人（Hishongwa，1992）。在1986年，纳米比亚境内约有20万原住民和200名欧洲人。1991年的人口普查显示，纳米比亚有140万人口，在2001年上升到180万人（国家计划委员会，2001），其中非非洲人（白人、其他有色人种和混血种人）群体共同占据了人口的11%（国家计划委员会，2001）。而1977年，白种人约占人口的12%（Hishongwa，1992），由此可见白种人人口在明显下降。

13.2.2 欧洲征服非洲

在欧洲人定居非洲之前，非洲人的生活方式是自给自足的自然经济（O'Callaghan，2011）。降水量决定了土壤的肥沃程度，继而影响人的生存、健康和人口增长（Hishongwa，1992）。整个社会以部落为单位，实行首领制。土地的使用由德高望重的首领决定。有时，部落间会为了群体的利益最大化而团结在一起。土地并不是私有的或者圈起来的。一块有特殊用途的土地只在某一特定时间段才能被使用。部落由家长式的大家庭系统组成（Hishongwa，1992；O'Callaghan，2011）。公有制、平等和家庭团结表明，传统非洲社会已经超前出现了社会主义的雏形。

欧洲人开始在非洲南部定居始于1486年葡萄牙水手发现了从欧洲到印度的新航线，而他们在纳米比亚的第一次登陆地是在安格拉培开那，也就是现在的卢德里兹堡。随后，在纳米比亚一个名为沃尔维斯湾的天然港口开始投入使用，但是多年来荒凉的沙漠和幽深的海水阻止了水手们登上内陆。直到1652年，荷兰人在海岬上建立了补给站，这片海湾才开始有人居住。随着欧洲群居地的不断扩大，波尔人或者南非白人开始进入内地生活。波尔人和Khoikhoi族群生活在一起，建立了一个半西方化的族群，他们和欧洲登陆者的生活方式基本相同，包括穿戴衣物，驯服马匹，使用牛拉车和装备武器。随着外来欧洲人群体的不断扩大，他们快速涌入内陆，但为非洲部落所不容。1806年，英国政府宣布把纳米比亚殖民化，建立了平等的土地所有权，以及废除奴隶制的非洲聚居地法律体系。但是把非洲人作为廉价劳动力并非人对待的做法为波尔人所不能接受。长久以来，波尔人生活在内陆与欧洲聚居地的边界线上，过去一直承受着被非洲部落袭击的风险。自英国政府决定不再支援波尔人在边界上生活，波尔人决定向更深的大陆腹地迁移。大规模的迁移发生在1835年，历史上称之为“大迁徙”，那些参与者被称为开拓者(O'Callaghan，2011)。一个全新的社会诞生了。危险、艰辛和死亡时时刻刻盘踞在“大迁徙”的参与者周围，因为他们比非洲的部落更有勇气去建立新的殖民地，他们获得了比波尔人时期更大的优越性(Kros，2010；O'Callaghan，2011)。

波尔人家庭是传统的家长式家庭，严格遵循加尔文教的教旨、教义。但是由于女性对艰苦的巨大忍耐性，在“大迁徙”和安哥拉人与波尔人的战争中，女性被视为家庭和社会的偶像。因此，她们被视为“volksmoeder”，在家庭中女性的身份是实际的掌控者，男性则是家庭的主人。

“大迁徙”为波尔人在欧洲聚集区确立社会和政治上的优势建立了坚实的基础，这也削弱了英国政府对殖民地的统治(O`Callaghan，2011)。然而，经历了1899年到1902年的安哥拉—波尔战争，波尔人失去了两个共和国：Orange Free State和Transvaal。

对非洲人来说，灾难始于“大迁徙”。这意味着大量的土地、生命的流失，最重要的是他们失去了主权。无论欧洲势力谁占优势，“大迁徙”为此后欧洲人对非洲人超过一个世纪的压制创造了条件。

13.2.3 欧洲在开发上的贡献

欧洲工业革命(1760—1830)导致了欧洲的殖民化。由于从农耕文明社会家庭到工业文明社会家庭的转变，大批的民众从欧洲迁移出去，这造成了生命质量的下降。工业化造成了之前的手工业收入的锐减，迫使人们去工厂谋求新的工作。在那时候，工厂里童工的使用就如同发生的灾难性事故一样的频繁(May，1987；Parsons，1977)。那时候的工人生活在阴影之中，疲于奔命地工作，换来杯水车薪勉强求生，在工作上花费大量的时间，不得不与自己的家人相分离。资本主义孕育于欧洲，并且很快将自己的魔爪伸向非洲这块富饶的土地。同时，在欧洲，人口的大量增长使得医疗卫生压力变得更大，并且由于群居型模式向单核模式转变，人们的生活质量不断下降，这也是欧洲人不断寻求向外拓展的原因。新的殖民地成为一个富有前景的推动因素，人们幻想着在那里获得更好的生活，尤其是资本主义方式的生活。（Brown，1992；May，1987）。大量的原材料被掠夺者带出非洲，如棉花、茶叶、咖啡和未处理的矿石，这给殖民者带来了不可估量的财富。讽刺的是，这些原材料在经过加工之后变成了商品，又从同样的路径返回殖民地，并且会卖出高价。例如，法国 1815 年以 1 亿 9 千 9 百万英镑的价格进口了原材料，并以 4 亿 2 千 2 百万的价格把这些商品拿来出口。（Clough 和 Cole，1966）。如果把欧洲的劳动力压力列入考虑范围，我们可以很明显地看出，仁慈地对待劳工并不是一个工厂应该考虑的问题。上述因素和欧洲人对财富的疯狂追求，共同造成了非洲劳工的非人待遇。

13.2.4 在纳米比亚（前西南非洲）的定居过程

最早的一批从欧洲移民出来的人把荒凉的西南非洲视为最末位的地方，另一些人甚至把到西南非洲探险描述成自杀行为。（Breyer，1979；May，1987）。

和我们一般的认知相违背，19 世纪对纳米比亚的开拓过程是一个渐进的过程（Vedder 1985），欧洲商人一开始是和本地的部落做交易。本地部落为了换取酒精、武器和生活物资，向欧洲人出售鸵鸟的皮毛和蛋、家畜和农产品。纳米比亚最早被卖掉的农场是 Haruchas，花费了 215 磅，以及 Tsawisis、Holoog 和 Groedorn，花费了约 800 磅。这些农场是被一个叫作 Willem Cristia 的白人出售的，为了卖掉这些农场，他还违背了赫雷罗首领 Maharero 的意愿。在 1880 年间，150 名欧洲人生活在纳米比亚，他们做着传教士、猎人、工匠和农民等职业。部落间的残酷战争使得非洲部落的首领不得不寻求欧洲人的支援。在 19 世纪 70 年代，波尔人在纳米比亚定居。在那时，如果想要在某个区域定居，必须得到当地部落首领的同意。但是这一制度并不是时时都顺利。例如，Van Zyl 家族想要 Okahaandja 区域的首领 Maharero 同意他们居住，一开始他们获得了居住权，但是很快就被剥夺了，Van Zyl 也被迫流亡，虽然他被传教士庇护，但是最终还是被他的布希曼族佣人杀害（Vedder，1985）。

在那时的西南非洲，从波尔人中分离出来的定居者占据着统治地位，造成了西南非洲的土地的匮乏和葡萄牙人和德国人的觊觎。最终，德国人在1880年夺得了西南非洲的统治权，并称其为“德国西南非洲”(DeutschSud－West Afrika)。

一个叫作Lüderitz的德国商人利用他会计Vogelsang的犹太血统，从当地首领Bethanie那里购买了一个南部沿海的沙漠小镇，周围区域有丰富的钻石资源(Breyer，1979)。在意识到那里拥有的丰富资源之前，Vogelsang以Lüderitz的名义买下了Angra Pequena和周围的土地，一块半径五英里的土地，一共花费了100磅黄金和200支威尔斯—理查德来复枪。Vogelsang一直为Lüderitz购买土地，构成了德国殖民地的基础。最终，在1884年，Lüderitz的土地被德国政府保护起来。从发现第一颗钻石到1914年间，Lüderitzbutcht地区为德国提供了超过700万克拉的钻石。

德国政府并没有干预欧洲商人和当地首领之间的土地交易，也没有干预德国人的买地活动。然而，德国开始保护赫雷罗部落和拿马部落。连年的部落战乱使得部落首领开始欢迎德国政府给他们提供保护。结果，Manasse首领(Hochachanas和Omaruru地区)、Hermanus家族(Rehoboth地区)、Maharero首领(Okahandja地区)在1885年签订了停战协议。在签订停战协议之后的一年内，在Lüderitz仍然有不幸的死亡事件发生(Breyer，1979)。Lüderitz的土地统治权被转移给了德国政府，该地区的继承制就此消失。德国、葡萄牙和英国三国签订的边界协议也被弃之一旁，德国成为这片陆地的实际控制者。这标志着1884年德国殖民地的建立(Breyer，1979；Mlambo，2011)。德国的统治着力于为资本主义的发展提供基础设施，没有实际的压迫手段(Mlambo，2011)。欧洲人，连同波尔人继续在西南非洲这片土地上繁衍生息，在德国统治之下最富庶的地区——治安区，根据条例严格限制本地土著人进出。在这片区域以外，非洲显得自由得多。在治安区之内的移民劳工不受当地首领的管理(O'Callaghan，2011)。仅仅在德国统治之后的一个世纪，在南非政府的管制之下，残酷的压迫开始发生。移民劳工重回殖民统治时期的噩梦之中。

13.3 种族隔离时期在社会地位、经济和教育上的压迫

第一次世界大战时期，南非的军事力量击败了西南非洲的德国部

队。“一战”结束之后，德国和其他战败国一样，根据1919年6月28日签订的《凡尔赛条约》，失去了全部的海外殖民地。由此，德国殖民地移交给了新成立的国际联盟，国际联盟可以指派某一国家管理殖民地，但是没有所有权，所有权归国际联盟成员国所有。在1919年，西南非洲被指派给南非政府托管（安德森，2008；O'Callaghan，2011）。托管的原则是引导殖民地走向独立国家的道路，同时国际社会也要监督托管国政府不压迫当地人民。在1922年到1923年间，西南非洲的Bondelswarts聚落和Rehoboth聚落反对南非政府统治，却遭失败。在国际联盟解散之后，南非看到了把西南非洲从联合国组织（UNO）手中抢走，把它并入南非的机会。然而，联合国组织宣布，所有之前被国际联盟所有的被托管的殖民地都归联合国组织所有（O'Callaghan，2011）。除了南非之外，几乎所有的国家都遵守这一规定（安德森，2008）。事实情况是，联合国组织没有从之前解散的国际联盟中获得对西南非洲的所有权，这就造成了南非政府日后拒绝承认联合国组织拥有对西南非洲的所有权。西南非洲为权力之间的游戏创造了最理想的平台，南非依然掌握着西南非洲，争锋相对地抗争称，联合国组织不是国际联盟的“继承者”（Irwin，2010）。南非不合作的态度和抗拒联合国组织的行为是纳米比亚人民日益增长的希望获得权力的要求和南非对纳米比亚越来越阻抗的高压政策共同造成的（O'Callaghan，2011）。然而直到1990年之后，纳米比亚才由“纳米比亚”这一独立的国家名称取代了之前的“西南非洲”。为了更好地表明主权，从此以后，纳米比亚取代西南非洲，登上了历史舞台。

虽然在外界看来，纳米比亚是一片干燥荒凉的不毛之地，也是南非的经济负担（安德森，2008），但是在20世纪，白种人拥有超过50％的耕地用来种植、交易农产品，而本土黑人只拥有25％的耕地来养活自己（Hunter，2004）。不平等的土地分配政策（Horsthemke，2004），使社会阶层分成了两极，两极的发展方式也逐渐区分开来，最终造成了种族隔离政策的产生。

全球范围内声势浩大的倡导自由、消灭压迫的宣传振奋了南非黑人和纳米比亚人民争取种族平等的斗争。在第二次世界大战期间，白人士兵有资格配备武器，黑人志愿者只有资格被分配去做一些非战斗性质的后勤工作。这种决定根源于统治者对黑种人一旦接受了战斗训练很可能对白种人占统治地位的格局产生威胁的恐惧。尽管如此，南非政府以及纳米比亚还是放宽了种族之间的限制，并且增加了黑色人种的工作岗位。本地事务部门的公共发言人，道格拉斯·施密特，支持政府在1942年废除不公平的隔离政策。但是这仍然不能使反对党——国家党(NP)满足。1945年，NP宣称"每一个种族都有独特的使命，都对世界文明有着独特的贡献。不同的文明应该相互隔绝，以便彼此发展自己的文化。在南非的例子当中，这意味着每一个种族都应该分配到一块土地，一块祖国的土地，这样他们就可以以自己的方式繁衍生息"(O'Callaghan，2011)。然而，真正的种族隔离政策仅仅是把这种思想做了错误的延伸，并且这种开拓在1910年正式形成。在南非，只有12%的国土被黑色人种所有，对于他们来说，故土是没有矿产资源、没有工业、没有港口的土地。因此，他们的政治权利和社会权利被无限地缩小。正因为此，造成了南非在1960年之前在公共财富上的匮乏和国际上的孤立无援。时任南非总理的肯德里克·弗兰奇·维沃尔德，曾是一位心理学教授和种族隔离政策的推动者，在1960年险些被一名白人农民刺杀，在1966年被另一位刺客，一位黑人国会送信员刺杀。尽管这位国会送信员要求的是一个白色的南非，但是这一行刺行为背后代表的是以源自莫桑比克的斯威士一葡萄牙人后裔为首的、有着黑暗过去的官僚系统。目前，尚无法得知南非是如何在那时候形成当时最为严苛的种族隔离制度的。

根据1924年"本土保留规定"，黑人被允许保留土地以根除他们在白人区"游荡"。他们在自留地之外是没有土地所有权的。1920年的"流浪人员公告"明确了黑人的义务，在他们走投无路、不能自保之时，才能去白人的工厂工作(Mlambo，2011)。联合国组织的不满造成了种族隔离的压力越来越紧。在1948年，联合国组织声称在新教主教丹尼·F.马兰领导下的NP政党是一个"国际主义妄想症和上帝导向的白人优势论政党"，种族隔离系统在1948年由NP领导下完全形成，同年种族隔离政策也正式在南非被合法化(O'Callaghan，2011)。

南非政府提出了很多不同的法案维持非洲黑人、亚洲人和其他有色人种与白人聚居区之间的相互隔离状态。例如，白人与非白人之间的通婚是不被允许的(1949年的禁止混合婚姻的禁令)、禁止白人和非白人之间的性行为(1949年的非道德法案)、根据人种划分居住区(1950年的人口管理条例)、根据种族划分等级(1950年的群体区域法案)、取消剩余黑人的紧急住所(1950年的禁止非法居住法案)、非白人学生不允许和白人学生使用相同的教学大纲(1953年的班图教育法案)。而在1911年的矿场工作法案中,技术工人只允许是白人,黑人只能从事没有技术含量的工作(1911矿场工作法案)(Goosen等,2007)。

根据社会学家Annelie Odendaal的最新研究(Isaak和Lombard,2002),在解放前的纳米比亚,除了种族性质的压迫政策之外,还有一种跨越种族和文化的压迫是父系社会。这尤其导致那些勇于跨越人种藩篱的白人女性被视为雄性崇拜,被认为是不正常的,是精神病。而与之相反,白人男性和黑人女性发生性关系则没有这种顾虑。历史上著名的"Bessie Head事件"就说明了这个问题。Bessie是一个白人女性和黑人男性共同生育的非法儿童,他的母亲由于和黑人发生性关系而被迫送进医院进行治疗,6年之后她不堪重负,最终自尽。Bessie最后被一个有色人种家庭所收养。

虽然反对不平等的斗争自从1946年就已经开始了,非洲领导人也持续声称支援联合国的行动,但是直到1964年南非才成立Odendaal委员会,国土政策的实施才有了可能性(O'Callaghan,2011)。Odendaal委员会的报告使国土政策开始生效,这就意味着非洲本土居民可以掌握他们的居所、部落和区域了,并且这些权利有社会组织在时间和金钱上的支持,这些支持可以帮助他们实现自治(Irwin,2010)。大约30%的纳米比亚非洲人在保留地重新定居,自然而然地组织起来开始进行反抗活动。最终,毅然决然的人权运动如星星之火开始燎原,给统治阶层以残酷的打击。

13.4 外来劳工和其对人民的影响

最初,外来劳工系统是在1922年的第11号本地管理公告上正式建立起来的,但是直到1972年非洲人才有权利向外迁移(Winterfeldt,2002)。劳工迁移是根据1962年Odendaal委员会的土地分配政策建立起来的。为了和Odendaal委员会的决定相一致,40%的土地被分成了11块非洲人自留地或者非洲人的故土区,这里共住着占人口总数

88.5%的纳米比亚黑人；剩下的11.5%的人口分散生活在面积占60%的白人区。后者拥有的土地中包括了最富饶的土地和最富含矿藏的区域(Mlambo,2011)。最早在德国殖民地时期，劳工合同制就被引入，1940年，这一制度大多局限于保安区内的非洲人。每签约一个劳工，部落首领便从德国政府那里取得报酬，这些劳工被分配到了矿场、建筑业和种植业(Goosen等，2007；Mlambo,2011；Winterfeldt,2002)。即使劳工合同制起源于德国殖民地时期，西南非洲的北部的奥万博人也不在德国的直接统治下，因此也没有接受殖民地的赋税和征收。他们仅仅是生活在南非政府的疆域内，对于奥万博人来说，去做合同劳工仅仅只是出于环境变化造成社会经济因素变更的原因。

劳工的工作合同持续时间在9—18个月之间，之后就要被遣返回家。劳工合同系统的好处在于雇主可以保持以相对低廉的价格从部落中得到大量的劳工(Goosen等，2007；Mlambo,2011)。非洲黑人在所谓白人区定居要费许多周折，这也成了一个政治隐患(Winterfeldt,2002)。一个名叫迈克尔·斯科特的教士，为联合国对西南非洲进行调查，但是南非政府拒绝任何外来观察者对非洲人的生活状况进行观察。于是乎，斯科特立即了解了土地所有权、经济优势和劳工迁移的关系(安德森，2008)。

13.4.1 外来劳工和最基本的心理需求

据文件记载，在1975年白人非技术劳工和外来劳工之间的薪资差异是存在的，外来劳工是没有办法靠薪资独立养活自己的。在1971年，外来劳工占据了纳米比亚劳动力总量的88%(Mlambo,2011)。合同劳工没有固定的工作时间，这就导致了对他们的残酷剥削(Hishongwa,1992)。劳工依照身体条件分配工种，没有自由选择工作的权利(Goosen等，2007；Mlambo,2011)。

外来劳工的工作条件也是恶劣的。劳工们必须做满合同规定的年限才能重返家园，因此，他们没有家庭的支撑。他们居住在混合区内，生活条件非常恶劣，休息和饮食安排如同在监狱里一样(Goosen等，2007；Mlambo,2011)。混合区由黑色人种劳工和混血人种劳工构成。15个黑人劳工挤在一个房间内，而混血人种工人则是4个人一个房间。在

Rossing 铀矿，黑人劳工的盥洗室就是一个狭长的房间，没有丝毫隐私可言（Goosen 等，2007；Mlambo，2011）。对外来劳工生活条件的采访表明，他们的生活环境是糟糕的、拥挤的、没有隐私的，小便的恶臭味充斥着混合区（Hishongwa，1992）。其他的矿区情况也是相差无几。混合区总体来说很贫困，但是没有那么拥挤。像是 CDM、Uis Tin、TCL 矿区，4～12 个工人挤在一个房间里。白人工人则是和家人生活在一套房子中。在混合区，食物配给非常匮乏，严格按时供应，而食堂和住宿区之间的距离又太远，后勤管理方面的问题造成工人们经常吃了上顿没有下顿。能吃饱是人最基本的需求，然而连这个需求在当时也是满足不了的（Hishongwa，1992）。另一个让人愤怒不已的非人待遇就是让工人在脖子上佩戴方便辨认身份的项圈，就像是给宠物狗戴的项圈一样（Mlambo，2011）。根据马斯洛的自我实现理论（Meyer 等，1997），人有五种不同层次的需要，最基本的、决定到人的生存问题的心理需要就包括满足饥饿、口渴、睡眠、活动、感觉刺激和性需求。这些需要，在海外劳工群体内基本无法得到满足。

对工人们而言，安全预警和健康管理也是微乎其微的（Mlambo，2011）。对黑人劳工的医疗几乎没有，只有一个又破又小、缺医少药的诊所。尤其是在矿区和渔场，恶劣的自然条件造成了非洲工人们经常生病，但他们总是被随便处理一下就又开始工作。混合区不卫生的生活环境也是疾病产生的温床，产生的最严重的传染病就是结核病（Hishongwa，1992）。农场的工人们因为身体上受到的虐待而奄奄一息，有时甚至导致死亡（Mlambo，2011）。在马斯洛的理论中，如果最基本的需要得到了满足（Meyer 等，1997），那次级需要就会产生，如安全感、稳定感、被保护感、被塑造感、对法律和秩序的渴望，以及对自由的渴望就会受到威胁。

而在部落里生活的女人们，因为丈夫的离开也感到孤独和无助，她们还要承担起原来丈夫所承担的角色。这意味着她们要学会耕地、种植庄稼、饲养家畜、建造修缮房屋等等，除此之外，原来她们分内的事情也仍有需要她们来做：培育庄稼、给奶牛挤奶、储备粮食、做饭，照顾孩子、病人和老人等等。过分操劳的结果就是教育质量的下降、健康状况的下降和食物质量的下降（Goosen 等，2007）。原来的社会结构的瓦解意味着男人在超过自己人生四分之一的时间里都无法和自己的家庭生活在一起(Hishongwa,1992;Winterfeldt,2002)。一些人从来就不回家,另一些人在城市中有家庭,在乡村里也有家庭,他们因此不得不抛弃一个(Hishongwa,1992)。男人通常会由于婚外情而造成经济上的负担,因为他们本身的家庭以及情妇都需要经济支出(Goosen 等,2007;Mlambo,2011)。传统上的奥万博人将通奸视为极大的不道德,这对通奸的人来说造成了孤独和不安等强烈的心理挣扎。远离妻儿的心理作用,造成了感情上的痛苦和煎熬(Hishongwa,1992),并且渴望得到爱的抚慰(Goosen 等,2007;Hishongwa,1992;Mlambo,2011)。婚前因为传统习俗而不能同居的夫妻,会因为丈夫很早就出去做劳工赚钱养家糊口,而使婚姻关系受到影响。除了经济需要,还有被雇主解雇的风险,男人们往往只能在家待一小段时间,他们和自己的新婚妻子还不是那么了解,他们错过了自己孩子出生的时刻,也没办法承担丈夫该承担的责任。妻子们也同样很无助,并且没有办法干涉丈夫们在城市的生活,她们无法干涉丈夫延长自己的劳动合同、抛弃之前的家庭,这些女性只能指望丈夫自己有良知和讲道德。在 1970 年,一个外来劳工和自己家人相处的时间约在几周到半年之间(Hishongwa,1992)。马斯洛理论中的第三层次——爱与归属的需要被破坏殆尽,因为家庭生活时间的缺少导致亲密感和归属感的缺失。如果前三个层级的需要都没能得到满足,那我们就无从谈起第四层的需要“自我尊重”,和第五层的需要“自我实现了”。

13.4.2 外来劳工制度对于传统生活的影响

也许你会认为外来劳工制度会提升一个家庭的经济水平和社会地位,但这是一场非赢即输的赌博,一边可能会带来经济上颇丰的收入,另一边可能导致家庭的瓦解。(Lu 和 Treiman,2011)。一项在 1970 年的调查显示,没有丈夫的妻子往往会更多地感到哀伤、无助和被抛弃;但是如果她们不这么做,就会忍受贫困的折磨(Hishongwa,1992)。研究者发现除了男性从事重体力活赚取的薪水(Hishongwa,1992;Mlambo,2011),传统收入大多用来消费,而不是投资以缓解贫困。而外来劳工制度的出现,使得纳米比亚传统的生活方式和群体关系发生了巨大的变化,尤其是纳米比亚北部的奥万博人。

在奥万博文化传统中，家庭内的等级关系是非常脆弱的。一直以来，男人作为一家之主，从不参与屋檐下的大小事务，这在人看来是一无是处的。此外，纳米比亚裔的劳工工作的目的就是为了让妻儿生活得更好。以前自给自足的种植让他们担心如何维持家庭的生计，更不要说考虑食物的数量和质量了(Hishongwa，1992)。在典型的外来劳工家庭中，女性被迫承担耕种和家务的双重任务，这让她们心力交瘁，甚至孩子也得承担起部分劳动任务(Lu 和 Treiman，2011；Hishongwa，1992)。一些没有孩子的未婚女性，可以很幸运地摆脱无休止的工作和职务。有时候，女性如果会感觉自己被传统的角色所抛弃。此外，女性如果不能完成耕作的任务或者没有给家庭提供好的饮食，就会被整个社区的人嘲笑，她们会被人认为是懒惰而无药可救的，最后很可能会落得离婚的下场(Hishongwa，1992)。

虽然没有了丈夫陪伴，女性的生活充满了艰难，但是研究发现，撒哈拉以南的非洲女性因为她们新的角色定位自信程度大大上升，即使她们没有因为外来劳工制度得到独立或者获得丈夫专属的决定权。女性在丈夫不在的情况下还是可以独立做出诸如种植安排或者家务事宜的决定。但是错误的决定会得到丈夫残酷的对待，可能会因此受惩罚(Hishongwa，1992)。从男性亲属那里得到帮助是允许的，但是也是有限的(Lu 和 Treiman，2011；Hishongwa，1992)，比如不能因为私事寻求男性亲属的帮助。而向丈夫写信或者传口信往往耗时太久，或者因为丈夫不识字或者口耳相传造成信息失真。在以前，如果丈夫不在场，女性是不能决定家庭的经济支出和财产分配的，女性因为没有赚钱能力，也没有社会福利，丈夫掌握财政大权。这让女性虽然做了大量的工作，付出了大量的汗水，但在家里还是感觉低人一等，同时也增强了丈夫在家里的绝对权威。甚至在丈夫去世之后，所有的家庭财产和女性获得的收入都会自动继承到丈夫的直系亲属那里(Hishongwa，1992)。

而在劳工家庭内部的亲密感和社会支持也是非常重要的(Hishongwa，1992)。奥万博文化要求男性照顾怀孕的妻子，为孩子取名，并为孩子的出生办庆祝会。通常男性只有在家很长时间才能作为父亲去养育孩子，但是在男性外出一两年之后，孩子往往都会把父亲视为陌生人(Hishongwa，1992)。因此，父子关系受到了极大的挑战(Goosen 等，

2007)。大一点的孩子由于在外上学,只有假期才能回家,而父亲并不是每一次都是恰巧在家,因此,父亲和孩子之间很可能许多年都不能见上一面(Hishongwa,1992)。

同期的研究者发现,在发展中国家有接近1亿7千万的迁移劳工,有接近30%的儿童被单亲家庭抚养长大。和父母共同抚养孩子相比,单亲家庭环境对儿童的成长有负面影响,同时南非外来劳工家庭的低收入现状也对孩子学校的选择有负面影响(Lu和Treiman,2011)。Hishongwa研究的一个例子说,一个有着10个孩子的家庭要让他们的孩子轮流上学,因此一个孩子10天之中有一天必须留在家里做家务或者喂养家畜,其余9天时间可以上学。人们会认为这个家庭是幸运的,因为这么多的孩子祝福这个家庭。此外,Hishongwa还描述了非洲孩子接受教育的机构是如何对待孩子们的,南非的学校遵循着这样的规定:白人孩子和非洲孩子接受不同水平的教育,非洲孩子接受的是水平较低的"班图斯坦"教育系统(欧文,2010;Lu和Treiman,2011)。

对妇女和儿童食物供应的质量和数量都因劳力的过度使用而被降低,这造成了儿童的营养不良。一个典型的社区群体包括了妇女、儿童和从事多年劳动的老人,这些老人常常会感到不安,并且对奥万博人翻天覆地的生活变化表现得非常刻板。但他们必须为政府承担管理的义务,因此这些年长的领导者们常常会被认为对他们的子民不仁慈。

男性的确是直接影响了传统中对好收成的感恩仪式,这种仪式被称为"Oshipe"。因为长期在贫困线上挣扎,妇女们开始贩卖自己手工制作的陶罐和篮子,这也改变了对于传统商业贸易的看法。其他有趣的传统,诸如年轻人聚集在一起唱歌跳舞,也因为年轻男性的数量过少和教会的反对而消亡,这些活动转变为女性之间以歌舞的行为互相倾诉自己的忧伤和孤独。这些歌谣也在田间地头被人反复传唱(Hishongwa,1992)。

13.4.3 外来劳工的幸福感

1977年在南非政府授权下形成的"班图斯坦"系统,将医疗管理的职权委托给了更多承担种族管理职责的部落,这导致了医疗管理的割裂,因为并不是所有的部落都能建立并维系这一系统(纳米比亚联合国组织，1988）。

此外，艾滋病被认为和战争以及劳工制度有很大的关系（纳米比亚联合国组织，1988）。其他非洲国家的研究表明，人口跨国境的迁移，如塞拉利昂、刚果、卢旺达和西苏丹（爱德沃兹，2006）就是造成艾滋病和其他严重疾病传播的因素之一。对种族隔离下的纳米比亚黑人而言，医疗资源是极其匮乏的，这导致了许多相关问题，如女性、新生儿和幼儿的高发病率和高死亡率。许多黑人因为种族隔离之下资源分配的不平等而忍受长期营养不良之苦。此外，对肠胃病知识宣传的匮乏也使得黑人新生儿夭折率居高不下（纳米比亚联合国组织，1988）。酗酒成瘾问题也是在劳工中非常常见，并且被"班图斯坦"系统所忽视的问题（Hishongwa，1992；纳米比亚联合国组织，1988）。劳工的工作场所也是危险之地，例如，长期暴露在矿井中的有毒气体之下，没有安全措施保护的机械和存在其他容易造成疾病和伤害的不安全因素。水源的匮乏和相关知识的欠缺使得人们经常饮用被蜗牛和携带疟疾的蚊子污染的不洁水源（纳米比亚联合国组织，1988）。黑人孩子的教育水平相对比较低，其质量也是良莠不齐。随着中学教育和大学教育水平的不断上升，黑人孩子登记入学率却不升反降（Lu 和 Treiman，2011）。

13.5 种族隔离制度的终结

外来劳工制度使得非洲人民团结到了一起，白种人对他们的非人对待和提供的严酷的工作条件使得他们的愤怒、不满和憎恶情绪日益高涨。一位南非白人 John Ya Otto 回忆种族隔离的时光称，那时候白种人一边被霸权的快感荼毒，一边又担心来自黑人的报复（Hishongwa，1992）。后一种情况并不是一开始就出现的（Klein，2011；Katjavivi 和 Shimming-Chase，2012）。

13.5.1 政治力量

世界经济在阻止纳米比亚和南非不分裂中起到了重要的作用，西方经济享受着南非带来的丰富矿产资源和由于廉价劳动力带来的极具价格竞争力的商品（Hoyle，1981；Katjavivi 和 Shimming-Chase，2012）。

除了西方世界对南非种族隔离制度的拒绝，世界经济事务是不允许南非经济发生任何问题的，尤其是在苏联的干涉之下。1960 年发生在南非沙佩维尔对黑人的大屠杀（欧文，2010；Lauaren 和 Swartz，2011）成为联合国开始干涉南非种族暴力冲突的开端（Irwin，2010）。这已经不是种族的矛盾了，冷战的影响转变成了民族主义，使得南非和它的政治伙伴、经济伙伴间的关系开始疏离。

由于联合国对南非在纳米比亚境内的残酷统治的干涉，使得非洲人民的反抗热情高涨。南非开始降低西南非洲的地位，把它描述成"垃圾场"，联合国则质疑称，西南非洲在南非经济中占有重要地位，并不断请求双方之间加深理解和合作（安德森，2008）。在 1960 年，大约 120 名请愿者要求联合国帮助解决经济衰退问题（O'Callaghan，2011），只有一些是在联合国被授权范围之内可以做到的。在 1957 年，奥万博人民议会成立，随后更名为"奥万博人民组织"（OPO），最后命名为"西南非洲人民组织"（SWAPO）。这一组织成立的目标是为了消灭劳工制。在 1959 年 10 月发生的温特赫克大屠杀是针对日益兴起的纳米比亚人民运动的残酷镇压。温特赫克大屠杀源于一场提议将纳米比亚首都从温特赫克旧址搬到一个名为 Katutru 的小镇的示威游行，造成了 11 人死亡，54 人受伤（O'Callaghan，2011）。

自 1663 年以来，南非的黑种人饱受种族隔离的折磨，共产主义被严厉禁止，没有控告和监禁时间限制的单独拘役被广泛使用。非洲国家代表大会和泛非洲组织认为殴打是非法的（Lauaren 和 Swartz，2011）。国际法庭没能将南非对西南非洲的所作所为定义为非法，因为它对其他国家不具有威胁。此外，这种统治还被具有瑕疵的动机和证据所支撑，因此不能算是完全不合法。非洲人民的运动失去了西方阵营的支持。西方社会怀疑是共产主义阵营在背后支持这些起义运动（欧文，2010），这是极其不允许的。并且，作为对 1962 年沙佩维尔屠杀的直接回应，英国反种族隔离运动（Anti－Apartheid Movement）引起了人们的大量关注。他们自 1959 年起就在支持非洲国家代表大会（ANC）的运动，提高 ANC 的国际形象。两个组织都具有共产主义理想，并且和共产主义组织有着千丝万缕的关系（Klein，2011）。

在南非开始统治西南非洲之后，国际法庭、维沃尔德总理共同宣布了南非对西南非洲的统治，并且没有人反对，使得这种统治在国际法层面上是毫无争议的（欧文，2010）。这是对非洲民众的公开侮辱，尤其是那些显而易见被剥夺了幸福、社会权利和人权的西南非洲人民。这些剥夺包括西南非洲人民的经济发展权利、市民权、自由权、安全权、居住权和教育机会（欧文，2010）。差不多同一时期，纳尔逊·曼德拉在“反种族隔离运动”的帮助下得到了国际社会的广泛支持，在成为泛非洲自由运动的代表之后，ANC 得到了非洲统一组织（OAU）的支持，这使得 ANC 的观察者身份在 1973 年得到了 OAU 的许可。这造成了南非的种族隔离正式被禁止。非洲统一组织（OAU）是一个在泛非洲主义的指导下，受奴隶和市民权运动的影响，旨在帮助全体非洲人民打碎殖民主义的枷锁的组织（Riruako，2006）。

对非洲而言，输掉了审判，他们不得不追求普遍人权来反对种族压迫的遭遇。对南非国民党来说，目标不仅仅是镇压反抗运动，还为了延续种族隔离政策。非洲集团一直在向南非施压，反对他们对西南非洲的统治（欧文，2010）。然而，南非国民党仍然不断地提出抗议。在 1964 年的弗瑞尼亚审判中，南非国民党就得到过确认：ANC 和 PAC 是不会威胁到他们的地位的（欧文，2010）。但是南非国民党不知道国际反种族隔离运动已经持续了数年，将要把这股风暴带入南非了。在 AAM 和它们在伦敦的办事处的支持之下，ANC 无休止地请求国际社会孤立南非，成为日后战胜种族隔离的基础（Klein，2011）。

ANC 和 SWAPO，以及南非其他所有政党之间是相互联系在一起的（Katjavivi 和 Shimming－Chase，2012）。非洲人民在与种族隔离制度进行的斗争之中一直没有失去远见。为了达到目标，他们是步步为营：一，在反种族隔离斗争中团结一致；二，获得国际社会的广泛关注；三，最后结束（Klein，2011）。毫无疑问的是，这些步骤体现着领导集团为了实现没有种族歧视的社会这一最高目标彼此之间无私而默契的协作（Katjavivi 和 Shimming－Chase，2012）。此外，AAM 在欧洲对反种族隔离的宣传使得全世界将视野转移到种族主义身上，比如联合国反对种族主义特别委员会的成立（Klein，2011）。

反种族隔离制度的非暴力斗争结束于 1963 年的弗瑞尼亚审判。南非警方在弗瑞尼亚发现了一个反种族隔离活动家的隐蔽点，把他们囚禁起来直到在比勒陀利亚进行审判。这些人包括前以色列地下运动成员亚瑟·哥德莱西、20 世纪 50—60 年代 ANC 的领袖嘉文·贝姆希、沃尔特·西苏鲁、纳尔逊·曼德拉(Klein,2011;林德,2010)。曼德拉在这些人当中被认为是处于领导地位的(林德,2010)。曼德拉在监狱中待了30 年的时间,其中 18 年被单独监禁在罗宾岛。

对纳米比亚的独立而言,联合国的参与被武装斗争所掩盖,当情况紧急时才出面活动。比如,1980 年,南非政府改变了对纳米比亚行政管理的金字塔架构,纳米比亚的领导权被移交至南非政府,一个三层结构就此形成。第一层包括管理委员会,以及一个拥有最高决定权的内阁;第二层是祖国代表;第三层是社会各界人士和乡村居民。此外,成立了一个叫作特恩哈尔民主联盟(DTA)的政党,其目标群体是 SWAPO 的工人、农民,目的是抹黑 SWAPO,瓦解它的社会支持和国际支持。此外,该政党还试图用班图斯坦组织和国土联合政策来拖慢纳米比亚独立的步伐(纳米比亚联合国组织,1988)。

13.5.2 军事斗争

显然,平静的岁月已经一去不复返了(林德,2010)。纳米比亚第一场军事斗争是 1966 年 8 月 26 日在奥万博领地的 Ongulumbashe,交战双方是 SWAPO 的游击队和南非武装力量(SADF)(Klein,2011)。虽然 SWAPO 失败了,却鼓舞了人们的斗志,因为南非从没有作战的准备,并且没有严密的防守(Saunder,2002)。南非领导人对于游击战的怀疑被 1966 年轻率制定的恐怖主义法案所掩盖,这一法案可以追溯到 1962 年(Goosen 等,2007)。此外,南非政府对国际反种族隔离运动也没有放在眼里(Klein,2011)。

在 1966 年,SWAPO 正式提出使用武力手段推翻南非政府统治,并建立了自己的武装力量——纳米比亚人民自由军(PLAN)(O`Callaghan,2011)。自此,模仿圣雄甘地的非暴力过渡模式就此失败(Katjavivi 和 Shimming-Chase,2012)。在纳米比亚有超过 100 人因为恐怖主义法案被逮捕。1968 年 2 月,SWAPO 的创始人 Toivo ya Toivo 被比勒陀利亚法院判处 20 年徒刑,服刑地点在罗宾岛(Goosen 等,2007)。因此,山姆·努乔玛成了 Toivo ya Toivo 的继任者(Nortje,2003)。

到 1974 年 4 月，发生在安哥拉和纳米比亚北部的战争已经持续了 30 年（Nortje，2003），持续如此之长的原因与其说是种族矛盾，不如说是冷战的结果。由非洲统一组织（OAU）、赞比亚、坦桑尼亚支持的安哥拉人民解放运动背后，是苏联一直在提供武器弹药。而安哥拉民族解放阵线（FNLA）和安哥拉全国独立联盟（UNITA）则是由美国政府资助的。此外，为了从南非换取武器，FNLA 参加了 SADF 打击 SWAPO 的战争；SWAPO 在 1975 年之前也打击共产主义（Nortje，2003）。虽然共产主义阵营的苏联参与其中已经不是秘密，但是 1981 年，数个团的苏联军队还是第一次直接参与战争。在纳米比亚向北十公里的地方，苏联军队抓获并杀害了数名 SWAPO 的战士（Hoyle，1981）。

SWAPO 利用安哥拉南部的土地为腹地不断骚扰纳米比亚边境。他们还在安哥拉境内设立多个补给站。SWAPO 部队的士兵基本是在赞比亚和古巴接受的军事训练。20 世纪 80 年代中期，PLAN（SWAPO 武装部队）在部队领袖 Domo Hamambo 的带领下变成了有组织的部队。在 1981 年，大约 400－2500 名东德人、20 000 名古巴人和 1000 名苏联军事和经济顾问都为在安哥拉的 SWAPO 提供支持。在意识到事态的严重性，并且意识到这场战争的性质已从种族之间的战争转变为东西方之间的较量时，联合国立即要求停火并且帮助纳米比亚实行自由选举（Hoyle，1981）。

随着南非境内的政治斗争日益白热化，1975 年特恩哈尔会议要求南非政府允许纳米比亚独立。这一举动和全球范围内反对种族隔离的大背景以及安哥拉和纳米比亚的丛林战争息息相关（Klein，2011；Mlambo，2011）。根据历史学家彼得·卡贾维维的观点，这只是个谎言，有两个证据：第一，与会者都是南非政府提名的；第二，这些人代表了不同的种族。然而，所有真实的和被禁止的党派中都没有包括 SWAPO。不过，特恩哈尔会议虽然取得了阶段性的胜利，但是从长远来看还是失败的。1978 年，特恩哈尔会议和随后举行的选举失败的原因在于它们根本没有得到 SWAPO 和联合国的认可，这些会议也和联合国 435 号决议要求自由和平等选举的精神背道而驰（O'Callaghan，2011）。

在 1970 年到 1972 年间，SWAPO 开始积极地以政党的身份建立纳米比亚的全国工会（NUNW），来保护受到暴力侵害的工人和农民。

NUNW 组织工人罢工，使经济失去活力，最终使南非政府妥协。在接下来的几年里，日渐增强的压迫带来的是更激烈的反抗。非洲人民面对苦难所表现出来的坚韧性最终得到了积极的结果(Hishongwa，1992)。

丛林战争对各方来说都要面对复杂环境挑战。SWAPO 和 NDF 的士兵的平均服役时间是 7 年半到 26 年不等(Lebeau，2005)。在纳米比亚和安哥拉边界、纳米比亚北部边界和安哥拉南部边界都覆盖着浓密的草皮、灌木和树木。所以，对个体来说要对环境有全面的观察力和对周围地理环境的掌控力。这样的环境被一个共产主义活动家形容为“理想的”，依附丛林的战争被称为“跳蚤战”，因为大部队无法追踪小目标，就像一只狗没办法追踪一只跳蚤。士兵们按照草丛的密度来进行足迹追踪。而 SWAPO 的士兵可以利用地下堡垒作为藏身之所和储藏室。1978 年，SADF 训练了一支特种行动组用来侦察，他们从步兵学校中选择年轻士兵作为训练对象。训练是极其苛刻的，只有最合适的人才能被留下来，这些人被称为“探子”。他们很快被分配到不同的作战小队，他们的身边配备着几位作战人员，其主要作用就是确定敌人的位置，并确定如何攻击。身体接触和战斗的频繁(Nortje，2003)使平民是不是目标变得有争议起来，但丛林的环境实在是太过复杂，地方军队也擅于丛林作战，并且时时刻刻都会有战斗发生，因此必须要根据环境和军事部署来决定。但事实情况是，针对平民，包括妇女和儿童的伤害事件，时有发生(Nortje，2003)。

战区里充斥着数量庞大的难民，包括登记在册的 100－1000 名安哥拉、赞比亚和纳米比亚难民，因此，难民营的教育条件和医疗条件尽可能做到最好(Mlambo，2011)。Lucia Engombe 在 1976 年的自传中描述了难民营 NYango 里的生活：这个难民营居住着大约 2000 名难民，之后在 1978 年她被转移到东德接受教育。她说那时候食物非常短缺，人们吃昆虫、老鼠和鸟类充饥，在肮脏的环境中饱受跳蚤的骚扰。她费劲心思地填饱自己的肚子，以为自己可以从难民营的供给中心得到给儿童分配的每日三次的食物补给。结果，只有那些高大强壮的孩子得到了这些稀少而宝贵的资源。Engombe 进一步叙述孩子们是如何在母亲或者其他监护人的欺骗下相信这只是一场游戏，他们躲在树下，紧张地看着天空中飞过的一架飞机，事实上这架飞机可能会要了他们所有人的命。她还提到晚上难民们躲在透明的帐篷里的时候大人表现出的焦躁、沉默和恐惧。

对纳米比亚黑人来说，最残忍的一场屠杀是 1978 年的凯辛嘉事件，这导致联合国计划的纳米比亚独立进程推迟了超过十年。凯辛嘉事件的发生不是偶然。在东德时，Engombe 遇到了一个叫艾瑞卡的女人，她在凯辛嘉大屠杀中侥幸逃生。她叙述道，当天清晨，轰炸机向凯辛嘉投掷了大量炸弹，使营地顿时变成一片血海，随后而至的伞兵在空中向幸存者扫射。艾瑞卡救下了她的两个孩子，但是她的丈夫不幸遇难。她的小姑子为了保护她的两个儿子牺牲在弹雨中。在那次袭击事件中(Goosen 等，2007)，大约三千到四千名难民在 SWAPO 的营地凯辛嘉中遇难。据不完全统计，700 名幸存者中有 300 名儿童，600 人受到不同程度的伤害，200 人被 SADF 逮捕。袭击平民营地是违反国际难民保护协议的，并且 SWAPO 在收到警报的情况下没有及时撤出难民也是悲剧发生的原因之一。一篇来自《时代》杂志(Anon，1978)的报道说凯辛嘉袭击事件发生在 SWAPO 袭击在鲁阿卡纳瀑布的水电站之后一天。南非媒体在报道中把凯辛嘉描述成一个军事指挥部，里面储备了大量军火弹药。但安哥拉政府坚称凯辛嘉仅仅只是一个难民营。

据 NDF 和 SWAPO 的前官兵说，目睹平民被杀害会比目睹士兵被杀害带来更大的负面影响(LeBeau，2005)。负面情绪还和害怕被杀害、无意间射杀战友、受重伤、杀害儿童、用炸弹和手雷杀人等相关。

通过游击战争，SWAPO 得到的国内和国外援助越来越多，越来越大。相反，南非的国际信誉一直在削弱，他们的经济也被战争拖了后腿。此外，男性青年人数锐减导致劳动力不足也是导致经济衰退的原因之一。漫长而且愈演愈烈的游击战争也使士兵的士气日渐低沉，纳米比亚的白人也同样担惊受怕。越来越多的白人都变卖了资产移民他国(纳米比亚联合国组织，1988)。

调查战争对士兵影响的活动是由纳米比亚的 PEACE 组织进行的。通过对前 SADF 和前 SWAPO 的士兵的调查发现，较多人都有不同程度的社会功能紊乱，而患抑郁的人数相对较少。只有 7%的人受到创伤后精神紧张性精神障碍(PTSD)的影响(LeBeau，2005)。即使这个数字看起来不是很多，但还是显示出了心理疾病和幸福感的缺失。研究表明，由于士兵间的相互接触、因孤独引起的特殊性行为以及以“战争武器”身份出现的强奸，在卢旺达17%的强奸受害者都出现了艾滋病的症状(埃德沃德，2006)。只有14%的人接受了由于战争导致的身体和心理伤害的治疗，20%的人得到了教会、亲人和国外政府工作人员的疏导。在2005年，他们最迫切需要的提升生活质量的需求依然是：谋生的金钱、工作(前SWAPO士兵的就业率是34%，前SADF士兵的就业率只有18%)和住房(LeBeau，2005)。

13.6 独立

自1947年起，联合国即开始保护纳米比亚免受南非的侵害。在1966年国际法庭的决议之后，联合国安理会也介入其中。虽然联合国安理会无法对南非进行经济制裁，但仍然要求南非政府不能把主权凌驾于纳米比亚之上。而直到1972年，南非政府才同意让纳米比亚获得独立的国际地位并且引导纳米比亚走向独立。然而，这只是在嘴上说说，实际上是一种拖延策略。1976年联合国安理会第385号决议规定，“纳米比亚要进行自由选举，必须作为一个独立的主权国家，受联合国的监督管理”，“联合国必须对这一选举过程建立合适的控制和监督机制”以及“保障人民参加如选举这样的活动”(纳米比亚联合国组织，1988)。不幸的是，这一决议最终付诸东流。南非提出了许多项要求，例如要求古巴军队撤出安哥拉。无论是SWAPO还是南非都不愿意放弃自己的利益，每一方都费尽心机想要达成他们的目标。后来，SWAPO的支持者越来越多，南非的支持者随之减少。经过数年的协商，根据联合国安理会第385号决议(1976)，联合国的纳米比亚独立计划的实施终于成为可能(纳米比亚联合国组织，1988)。

1989年11月，纳米比亚选举在联合国过渡小组(UNTAG)的监督和8000名联合国官员和士兵的陪同下开始，他们共同见证了SWAPO的胜利(O'Callaghan，2011)。在1990年3月21日，纳米比亚正式宣布独立(桑德斯，2002)。萨姆·努乔玛成为纳米比亚历史上第一位总统。萨姆·努乔玛出生于纳米比亚北部，由于他的政治活动和作为SWAPO领导人日益强大的影响力，他在1960年被驱逐(桑德斯，2002)。SWA-

PO 赢得了纳米比亚议会 72 个席位中的 41 张赞同票(O'Callaghan, 2011)。非洲领导人保持了他们自己的个人风格，并且发挥了持续性的影响(Katjavivi 和 Shimming-Chase，2012)。虽然具体实现目标的进程没有得到明确说明，但是总统还是确定了政府的目标——规划和建立一个种族平等、性别平等的社会的愿景。

纳米比亚国家的独立远远比人民的独立更重要。根据 Katjavivi 和 Shimming-Chase(2012)的研究，纳米比亚作为南非第五个省的独立，其过程对南非独立有积极影响。南非新的领导人可以借鉴纳米比亚的模式。Katjavivi 指出，纳米比亚和平过渡的安排和计划，包括禁止种族隔离制度，都对南非的独立有积极影响。虽然在安哥拉、赞比亚、津巴布韦和莫桑比克的独立进程中都参照了纳米比亚的经验，但是南非参照纳米比亚模式并不是一个合适的选择。

13.7 教会的作用

教会自 200 年前就在纳米比亚起到非同小可的作用，当时第一批传播基督教教义的是德国和芬兰的传教士们。大约 90%的纳米比亚人都是基督教徒(Mlambo，2011；Goosen 等，2007)。一个由非洲人兴建的教会和由白人领导的教会有着很大的区别(Mlambo，2011)。在种族隔离时期，教会的领袖们为提高非洲同胞的价值感，在“班图斯坦”体制下为非洲民众提升教育水平，建立一个国际化的教会网络以及为反对南非政治压迫做出了突出贡献(Goosen 等，2007)。

在纳米比亚的历史上，最早的教士典范就是迈克尔·斯科特教士，他是一个英国国教的神父、一个自由斗士、理想主义者，同时也是一个共产主义者，他在纳米比亚的历史上扮演着非常重要的角色。他在亲身经历了自 1947 年以来在南非高压统治之下纳米比亚人民残酷的生活之后，通过联合国，为赫雷罗族、达玛拉族和纳玛族人在全世界范围内递交请愿书。在请愿的范围中，还包括了国际法庭。他做的这些事不计成本，并且仅仅是出于对他的教区和子民负责的目的。

ELOC(福音派路德 ovambo－Kavango 教会)在 1971 年进行投票，修订了 1966 年国际法庭的判决，宣称南非在纳米比亚的统治是非法的。

ELOC和ELC(福音派路德教会)计划代表反对南非非法统治的48%的人发声(Goosen等,2007),南非拒绝公开1973年6月30日Auala主教以及Paulus Go'waseb牧师写给南非时任总理约翰·福斯特的公开信。这封信明确了教会作为一个独立主体在社会共同体中的作用,指出了南非政府对非洲黑人不同方面的压迫、针对他们的非人待遇以及违反联合国1948年决议的种种事实。最后,公开信得到了纳米比亚所有非白人政治家和部落力量的支持。此外,还有一封主教的信件在各群体中传播,最终连南非总理都看到了这封信。总理的无视对教会的打击很大,1971—1972年间,他们开始在工人中宣传教义,要求废除外来劳工制度并给予这些劳工以自由。结果,一系列的补救措施开始进行,从1973年开始劳工们的待遇得到了很大的改善。然而,纳米比亚的教会仍然是南非政府的眼中钉、肉中刺。

白人教区的领袖们也在支持着他们的教友们,并且为不平等而发声。许多领导人甚至拿起武器开始斗争,哪怕他们本可避免因参加武装斗争而受到惩罚(Goosen等,2007)。

宗教的调解在纳米比亚独立运动中扮演了非常重要的角色(Isaak和Lombard,2002)。SWAPO的自由斗士们在政治斗争中利用了欧洲的支援,为反对种族歧视打出鲜明的旗号。此外,还使用了包括吸纳各种反对力量、用宽恕代替冲突以及以社会的变革作为动因等手段。

13.8 纳米比亚的真相与和解:囚犯问题

真相与和解不是基于"遗忘"或者原谅过去,而是和"乌班图"(ubuntu)有关。"乌班图"是一个南非词语,和当地人对部落共同体的感觉有关。其内涵包括:个体之间的内在关联感;"你我不分";对和善、慷慨、怜悯、热情友好和对人关心的品质;以积极而非威胁的方式对待他人;超越宗教的鸿沟;对全局的认知(Korg,2008;Murithi,2009)。在纳米比亚奥万博语中,表达和解有三个词:ediminafanepo(你原谅他人,他人也原谅你)、ehanganifo(彼此之间相互携手,组成一个整体),和etambulafano(两方通过争论达到和解,但争论建立在平等的基础上)(Isaak和Lombard,2002)。其他的语言,比如Otjiherero语("okuhangana"表示和平,

“okuisirisana”表示原谅他人）以及 Khoekhoegowab 语和 Tswana 语，每一种语言或者行为都显示着求同存异的意思。

真相与和解的概念发源于独立后的南非。其最初的目的是为了给受害者提供一个平台，去共同面对过去受到的不公平的待遇或者惨痛的伤害。其二，犯罪者也可以表达他们的悔过之情，以及内心的煎熬。其三，受害者选择宽恕对方而不是报仇。最后，和解是一种诉求的过程（Dobell，1997；van Zyl，1999）。

这一过程和心理学上的创伤治疗过程类似。概括地说，创伤治疗是在心理学控制的条件下，对创伤性事件的结果和情感体验进行分享和了解（Riggs 和 Foa，2004）。进一步说，创伤后成长就是有意识地把创伤性的体验转换成一种全新的、积极的体验（Linley 等，2004）。然而，在创伤治疗的过程中，犯罪者并不亲自出席，因此在治疗的当时没有实际性的威胁。

基本上，南非的真相与和解在社会层面上的目的是为了消除受害者的负面情绪而不是惩罚犯罪者，这不是忘记过去，而是为了建立一个平台，去让受害者倾诉不平，让犯罪者忏悔罪过，最终达到和解（Dobell，1997）。

G. 斯特拉克博士（van Zyl，1999）解释道，真理与和解是一个链式的治疗过程，在个人和社会层面上都能起到很大的作用，通过受害者叙述创伤，这种创伤不仅被稀释，而且赋予了更大的社会意义。最合理之处就在于，从受害者开始，和解双方的侵略性就在不断地下降，而通过目睹这一过程，犯罪者也会从对历史的沉重负担中释怀。因此，犯罪者对罪行的忏悔和如今的所作所为就对受害者显得尤为重要。一旦受害者心中的怒火得以平息，心理层面的修复就可以展开。此外，真理与和解也是基于基督教中的“谅解”概念演化而来的。

此外，纳尔逊·曼德拉隐藏了对他的反对者的复仇情绪使他成为典范，在全国，乃至全世界，树立了一个宽恕的榜样。然而，Krog（2008）认为，虽然宽恕已经上升到行动层面，但是和解只能在如下条件下才可以进行：(1)犯罪者试图去改变自身；(2)通过对社会做贡献表现这种改变。这种行为模式与创伤治疗的治愈过程也是相似的（Linley 等，2004）。

纳米比亚的真理与和解在某些程度上有所不同。纳米比亚的领导人向所有的种族敞开怀抱，并且惩罚一切针对之前的敌对方的复仇行为，但是实际上的做法却像是用沉默掩盖历史。领导层对践行真相与和解的所有概念持审慎态度，他们认为，采取预警措施使种族、社会、经济不受威胁才是更好地践行这一观念的做法。他们觉得和之前的敌人相逢一笑泯恩仇，然后揭露历史有可能会起到反作用(Dobell，1997)。悔过之情在战争结束后的 15 年变得尤为明显。据调查(LeBeau，2005)，60％的前 SADF 士兵说他们当时上战场像是被蒙在鼓里；而大多数 SWAPO 的士兵则认为他们当时为自由而战的行为是有意义的。也许，纳米比亚政府隐藏的历史并没有看起来这么隐蔽，因为有 30％的国民认为 SADF 和 SWAPO 双方都有过错，并且超过 80％的士兵也已经原谅当年执枪相向的对手(LeBeau，2005)。

关于纳米比亚那些被流放和未审判就被关押的犯人的情况一直是一个谜，并且纳米比亚政府一直没有官方宣称反对一切侵犯人权的暴行。据报道，那些被怀疑是 SWAPO 反对者的人被错误对待、被虐待，并在种族隔离时期被囚禁在地牢之中(Dobell，1997)。一项控告他们是间谍和叛徒的反诉已经威胁到了真相与和解的实质。

纳米比亚 SWAPO 政府被外界批评没有承认对其反对者的虐待，而非洲国家代表大会(ANC)已经承认在他们的营地中存在反人权的虐待行为(Dobell 1997)。甚至在对前 SADF 和 SWAPO 士兵的深度访谈中，在问及关于暴行和非人虐待的行为，包括强奸和杀俘虏等行为时，他们也是闪烁其辞(LeBeau，2005)。强奸是战争时期的武器之一，非洲的研究已经证实，难民营中的妇女时时刻刻处于危机之中，因为她们要离开营地去收集可供生存的柴火，这时她们可能会惨遭毒手。只有 12％的双方士兵报告称他们被关押在纳米比亚或者安哥拉平均超过 6 个月的时间，30％以上的人报告称他们受到过虐待，女性的比例更高(LeBeau，2005)。在 1994 年间，政府公布了 2100 名未经审判就被关押的犯人名单，并依法宣告了这些人的死亡，这样政府就可以获得这些人子女的监护权，这些人的配偶也可以去寻找新的伴侣(Dobell，1997)。

批评者将纳米比亚的真相与和解称为“沉默之墙”。他们认为，这种和解仅仅只对有经济实力的精英有好处，对那些处于社会底层、没有养家糊口职业的人来说有害无益。并且，好的措施也被政府的腐败搞得乌烟瘴气(Dobell,1997)。

另一方面，批评声则主要针对的是未解决的监禁问题。无论纳米比亚政府是否就监禁问题接受批评并承认错误，也无论政府是否想破旧立新，这一问题始终是悬而未决。事实情况是，一封来自教会委员会(CNN)、由前被关押囚犯书写的请愿书引起了巨大的震动，并且一个被称为“打破沉默之墙”(BWS)的组织也应运而生。这一组织包括之前被关押的囚犯及其支持者，以及 CNN 的雇员，他们聚集在一起把愤怒的情感和不平变成了积极的政治活动。这一活动激起了让 SWAPO 悔过的呼声，使 SWAPO 宣布这一小撮分子威胁纳米比亚的和平与稳定。也许 BWS 的成立对民主进程是积极的，但是也有人认为它确实对新生的、脆弱的纳米比亚有消极影响。90%的纳米比亚人是基督徒((Isaak 和 Lombard,2002)。教会为达成和解、分享苦难搭建了良好的平台，宗教也许没有办法改变过去，但是它改变了人们的观念。教会教导人民去融入社会，鼓励他们修复情感的创伤，而不是沉浸在痛苦中自怨自艾。

13.9 立法变化对人民幸福和平等的帮助

立法上的变更最大程度上保护了过去社会中的弱势群体，并且这也成为社会变革的先导和信号。纳米比亚宪法已经以法律的形式规定了民主权利、人权保护和所有公民的自由权。1991 年的禁止种族歧视修正案(政府公报 152,1991)明确禁止并惩罚一切形式的种族歧视和种族隔离，并向全社会所有成员提供好的医疗、教育和宗教服务。所有导致种族不和谐和对种族稳定有危害的行为都被法律明确禁止。许多其他的法案也被公布，大部分都着力于纳米比亚的国计民生，如土地所有权、雇佣和解雇条件，以及性别平等问题，这些问题都将在这一章节里一一加以阐述。

13.9.1 土地所有权

联合国曾经指出，殖民地的主要特征之一就是他国侵占殖民地的土地并且使用殖民地的资源来发展本国的经济。基于自给自足的农业在经济中所占的比重过低，北部地区的女性不得不外出去做劳力，但经济大权仍然掌握在她们的丈夫手中。而在1977年间,SWAPO计划用1977年第五号法案去改变这一现状。第四十八条明文规定了“由配偶在工作中取得的财产属于夫妻双方的共同财产”(Hishongwa,1992)。

罗德西亚,即1980年独立之后的津巴布韦,给新生的纳米比亚政府如何不重新分配土地就能保持平等提供了好的示范。津巴布韦因为过于理想化的计划和过于激进的决定,急匆匆地制定了法案,但是这些法案起到了适得其反的作用,严重威胁到了津巴布韦的和平转变。由白人控制的农业是津巴布韦经济的支柱(Stiff,2000)。

土地所有权的问题也成为纳米比亚独立之后的中心问题,以便让不同的种族都能平等地分得土地。纳米比亚的领导人决心从津巴布韦的例子中吸取教训不要掉入两个陷阱:其一,纳米比亚维持了自愿买卖的原则,之后又为了保持适当的分配比例而打破了这一方式。1995年的土地改革第六号法案规定政府对土地市场的买卖进行补偿,并且成立了由利益相关人和土地法院法官组成的建议委员会去解决私人卖家和政府之间的矛盾。根据法案的第十四条第一款,受益人不得拥有额外的或者其他农业土地。该法案有效地克服了过去由于种族歧视造成的社会、经济和教育水平上的不均等(Werner,2002)。

该法案也包括了反对性别不平等的条款,规定各种族的女性都享有购买、持有以及出卖土地的平等权利。2001年实施“重新安置政策”的目的是为了提升自给工业发展的水平,通过把小规模的自有土地吸纳进国有经济体的方式减轻了公共地区的农业压力(Werner,2002)。

在实践中,土地改革受到了来自社会、经济和政治的全方位的挑战。通过农业获得财富的先决条件是在适当的自然环境条件下尽心尽力地劳动,此外,产品必须参与残酷的国际市场竞争。并且,落后的土地管理方式也会造成土地的沙漠化越来越严重(Seely和Zeidler,2002)。

13.9.2 劳动法

劳动法诞生的目的是更好地为纳米比亚工人提供保护。例如,1992年劳动法案六(总理办公室,1992)规定了众多的劳动条款,如:劳动者每周的工作时间、雇主的日常工作和跳槽等方面的规定。加班、周末和公共假日、夜班、用餐时间等也一一有所安排,包括雇员和雇主之间的财产问题，报酬的计算，年假、病假、婚假，以及禁止使用童工并且保护他们免受伤害等方面都在法案中有所涉及。有了1992年劳动法案六，劳动法庭就可以依法判案，处理劳动纠纷，并依法进行惩处和安置。

1998年的积极行动法(29)(政府公报1962号，1998)保障了宪法第23条规定的平等机会的权利。这部法案的主要目的是消灭旧时雇佣市场中的歧视和不平等行为。那些受过良好培训和教育但是来自“弱势群体”的潜在劳动者，都可以得到平等的优待。

13.9.3 性别平等

上述的法案已经提及，女性已经能够被允许购买、持有、售卖财产；基于资历和经验，男性和女性可以拥有平等的工作机会。然而在家庭和工作场合中，纳米比亚仍然是一个男性主导的社会，女性必须克服传统文化教育中所灌输的逆来顺受这种思想(Isaak和Lombard，2002)。

关于反对性别不平等，纳米比亚的立法在国际上都被认为是革命性的、先进的，尤其是反对2003年强奸法案和家庭暴力法案。在实际生活中，由于根深蒂固的文化观念男性还是拥有特权，根据Odendaal的研究，男性通过殴打女性来训练女性的纪律性是文化赋予他们的义务(Isaak和Lombard，2002)。而在2006年对327名在校大学生(166名男性、161名女性)的调查结果发现，这一观念正在被改变。只有30%的男性和22%的女性报告称受到过暴力行径的消极体验，男性比例较多可能表现了女性越来越高的自信心。此外，77%的男性和83%的女性愿意去参加改善交际中的暴力行径的活动(Haidula等，2007)。

13.10 纳米比亚的今天：改变是一种挑战

在通常情况下，改变和承诺是相依相随的。在纳米比亚寻求自由的斗争之中，有做出改变的坚定承诺是基础。纳米比亚的青年人(Katjavivit和Shimming-Chase，2012)倾向于批判纳米比亚的自由进程忽略了一种具体的、共同行动的、持续数十年来为改变非洲人民的生活状况而奋争的不同发展阶段。根据Shimming-Chase的批评性观点(Katjavivi和Shimming-Chase，2012)，对这些青年人的急躁唯一的解释就是他们并没有参与到自由斗争之中，也不了解其中的坚忍和坚持。当前纳米比亚年轻人面对的问题是失业，是腐败，是贫困，而脱离贫困也是所谓全面性成长中的一部分。

这种急迫的要求反映到政府就是要求政府解决上述问题，这种观点也在一些知名媒体上加以宣传。最近的文章中相似的报道都是产生辩论的原因。例如，反对(Kotsebi，2011)并且谴责(阿布沙卢姆，2011)妇女因为贫困兜售自己的子女，而不是放弃孩子，让别人领养的观点。贫困与犯罪之间的关联被沉重地加以批判。一篇最近的报道公开反对纳米比亚的经济分配方式(Heita，2011)，820 亿比索大部分都分到了 22%的少数人手中，而剩下 70 万的家庭却无法维系自己的生计。经济和政治评论员 Uhuru Dempers 认为，这是落后的教育系统造成的，教育系统本应该是起到平衡作用的。而作为上述观点的支撑，贡佐和普拉特纳(2003)发现，失业人口中有 38%完成了 10 年级的学业，甚至有 17%完成了 12 年级的学业(次级学校的最高学历)。这些人最少接受了学校教育并接受了一些技能培训，如机械、电子或者园艺。不能找到养家糊口的工作降低了自我尊重，造成了习得性无助，诱发了压力，并引发了抑郁(贡佐和普拉特纳，2003)。而与失业人口相反，一些有工作的人变得越来越贪婪。例如一则关于腐败的报道称，一位前政府官员被指控敛财 280 万比索，而这只是冰山一角(门格斯，2011)。同时，民众怀疑在纳米比亚的经济精英阶层中还隐藏着不少“大老虎”。一种解释认为新的精英阶层正在崭露头角(Fumanti，2002)，类似于欧洲的资本家阶级。在非洲传统社会，尤其是在本例中的纳米比亚北部卡万戈区，男性的威望与他赚钱的能力挂钩，而这种能力是以牲口的数量来衡量的。基于这种传统，再加上群体导向的社会文化，不仅决定了权力在社会中的重要性，也决定了全社会的期望是什么。而在当今社会，牲口变成了钞票，西方商品冲击着本土的价值观，基本的需求也不再是了食物和住房。这一窘境明显是一个精英困局，即一大家人指望男性一个人赚钱，在男性无法赚钱时又倍感失望。

纳米比亚未来 100 年的发展挑战就是发现和解决问题(Katjavivi 和 Shimming-Chase，2012)。典型的非洲式的问题解决方式是通过冲突解决问题，让年长者指导年轻人去制订目标，消除社会中的经济不平等行为。而贫困带来的犯罪也是纳米比亚需要控制的，尤其是由年轻人作案的犯罪。一篇标题为“帮派主义正在崛起”的报道尤其引人注目。帮派的成员大多是 18 岁以下的辍学青年。他们年龄虽小，但是在组织能力和成员的相互尊重方面已经表现出令人瞠目的犯罪能力（Ekongo，2012）。这些纳米比亚的年轻人为了生存而奋斗，他们充满了能量，虽然他们的方式、方法不是社会所提倡的。根据威尔弗雷德·伊曼努尔，KCAC（kuisebmond 反犯罪组织）的领导的叙述，在这些典型案例中已经可以总结出针对这些少年的“专业知识”了。为了更好地改变他们，一项“康复”计划正在实施之中，主要目的就是运用这些知识，包括参与这些少年帮派去解决犯罪问题。这些项目可能会弥补教育上的缺失，尤其是可以为这些犯罪者找到适合的职业。15—19 岁年轻人的失业率自 1997 年以来就开始受到人们的关注。乡村青年犯罪率为 72%，城市为 57%，只有 30%的犯罪是由非青年人完成的。只有 1%的失业者接受了二次教育。工作机会的不足迫使人们去犯罪以寻求生存机会，这些犯罪通常都是偷窃、抢劫或者其他街头犯罪。所有的这些行为都是非法的。教育缺失在其中扮演了非常重要的角色，48%的街头罪犯都是中途辍学的人，其中 88%的人没有完成 7 年级的学业，52%的人在二年级就辍学了，造成他们基本就是文盲水平。

这些人年纪轻轻就从事犯罪，谁能更好地解决这一问题呢？只有时间可以证明这些工作的有效性了。

与当时的自由斗争类似，纳米比亚又一次发现自己站在了试炼和错误的十字路口，“他”要依时势做出调整，思考如何应对挑战，而且不能失去前进的方向，同时得处理那些繁多的、剪不断理还乱的问题。

13.11 纳米比亚独立之后国民的幸福感

关于纳米比亚独立之后国民的幸福感的研究是寥寥无几的，特别是积极心理学视角的研究。前人的研究中没有关于种族隔离时期和前种族隔离时期纳米比亚国民心理的幸福感水平的内容。然而，不难想象，国民的幸福感水平肯定会因为纳米比亚高压的社会环境而受到损害。相关文件，包括请愿书和其他历史材料都显示，为满足基本生存人们需要承受大量的负面情绪。“主观幸福感”是积极心理学的专业术语，意思是个体在日常生活中以自我评估为主要形式，评价自己幸福程度的水平（纳尔等，2008）。虽然在一段时间内主观幸福感可以保持稳定而且它可以用来评价人们的幸福程度，但是它不是一个恒定的心理状态（纳尔和莱恩，2009）。虽然纳米比亚是一个战后社会，但它是不是一个病态的社会还是值得存疑的。

近些年来，关于纳米比亚幸福感的调查研究表明：尽管社会工作者需要处理大量的战后社会后遗症，如贫困、艾滋病、孤儿、残疾人以及暴力事件，但是令人惊奇的是，他们的幸福水平都还只处于平均水平。和其他国家相比，纳米比亚的社会工作者暴露在公众的视野中并且要同时处理大量不同的事务（珀欣和罗斯曼，2012）。通过对 147 名大学生和 116 名社会工作者的研究还发现，学生和社会服务行业人员的满意度水平相当。这表示，纳米比亚民众在生活满意度上大多处于平均水平（纳尔，2006）。然而，一些生活上的改变还可以使民众的主观幸福感水平得以提升。

南非的研究生们已经发现，生活质量和生活水平成正相关，生活质量和对犯罪的恐惧成负相关（戴维斯和 gaibie，2012）。而在纳米比亚，新闻媒体的报道表明，贫困和犯罪是相关的，更具体的是，需要研究出犯罪是如何影响不同生活水平下人民，甚至还包括那些失业人口的幸福感的。数据收集人员已经使用非结构化访谈的手段记录参与者对国民幸福问卷的感受。失业人口的状况与问卷反映出的状况类似：那些接受过问卷调查的失业者，他们大多内心平和。在 81 个记录在案的案例中，除了一份问卷表达了不满外没有人抱怨问卷选项难以理解或者不耐烦回答问题。大多数参与者都很欢迎数据收集人员，并且愿意分享自己的一些信息。最重要的是，关于他们找不到工作的难处和他们如何生存的方法，他们都愿意分享。许多人成为街头小贩和手工业者以维生度日。一般而言，除了经济压力，工作人员还收集了他们生活中的其他信息。仅有一个参与者说他记恨过去那些压迫他们的人，并且他们看到了生活的希望。

纳米比亚博物馆里保存着大量关于和解的标志物，这贯穿于纳米比亚的文化历史之中。这些标志成了纳米比亚的宝贵历史财富，也提醒着人们不要忘记历史。其中一件表现国家层面的和解的标志物是位于纳米比亚北部地区的 Olukonda 国家纪念碑(温特和克博物馆与图书馆，2012)。Olukonda 是德国殖民时期的"终点站"，在 1992 年成了国家纪念碑。Nakambele 博物馆，坐落在纪念碑的地基之上，它是教会文化和当地文化的象征，体现出对两种文化的过去的缅怀和未来的展望。

参考文献

Absalom, J. (2011, December 16). Ministry condemns selling of children. *Economist*, 21.

Anderson, C. (2008). International conscience, the cold war and apartheid: The NAACP's alliance with the Reverend Michael Scott for South West Africa's liberation, 1946—1851. *Journal of World History*, 19(3), 297—325.

Anon. (1978). Hitting SWAPO where it lives to win its way to South West Africa, Pretoria Gambles. *Times*, 111, 20 . Retrieved on July, 7, 2011, from Academic Search Premier Database.

Breyer, K. (1979). *Moskaus Faust in Afrika*. Stuttgart: Seewald Verlag.

Brown, R. (1992). *Economic revolutions in Britain 1750 — 1850*. London: Cambridge University Press.

Clough, S. B., & Cole, C. W. (1966). *Economic history of Europe*(3rd ed.). Boston: Heath & Co.

Davids, Y. D., & Gaibie, F. (2011). Quality of life in post—apartheid South Africa. *Politikon*, *38*(2), 231—256.

Diener, E. (2006). *Understanding scores on the satisfaction with life*. Copyright Ed Diener, 13th February 2006. Retrieved on December 23, 2010, from the World Wide Web: http://internal. psychology. illinois. edu/～ediener/SWLS. html

Diener, E., & Ryan, K. (2009). Subjective well—being: A general overview. *South African Journal of Psychology*, *39*, 391—406.

Diener, E., Kesebir, P., & Lucas, R. (2008). Benefi ts of accounts of well—being: For societies and for psychological science. *Applied Psychology: An International Journal*, *57*, 37—53.

Dobell, L. (1997). Silence in context: Truth and/or reconciliation in Namibia. *Journal of Southern African Studies*, *23*(2), 371—387.

Edwards, L. (2006). HIV/AIDS and gender in Africa: Confronting our sexuality and inequalities. In B. F. Bankie & K. Mchombu (Eds.), *Pan-Africanism: Strengthening the unity of Africa and its diaspora*(pp. 105—118). Windhoek: University of Namibia.

Ekongo, J. (2012, January 10). Gangsterism on the rise. *New Era*, 1—2.

Engombe, L. (2004). *Kind Nr. 95*. Berlin: Ullstein Buchverlag GmbH.

Fumanti, M. (2002). Small town élites in northern Namibia: The complexity of class formation in practice. In V. Winterfeldt, T. Fox, & P. Mufune (Eds.), *Namibia society sociology*(pp. 169—177). Windhoek: University of Namibia.

Gonzo, W., & Plattner, I. E. (2003). *Unemployment in an African country: A psychological Perspective*. Windhoek: University of Namibia Press.

Goosen, D., van Wietersheim, E., Katzao, J. J., Mbumba, N., O'Callaghan, B., Patemann, H., van Staden, E. I., & Tait, D. H. A. (2007). *Understanding history in context*. Windhoek: Longman Namibia (Pty) Ltd.

Haidula, L., Perstling, M., Riekert, C. A., Naweya, M., Manuel, T. L., Sibanda, T., Langfellner, J., Theron, S., & Hamibili, H. I. (2007). Student perceptions of abusive behaviours in male-female relationships. *New Voices in Psychology*, *3*(2), 92—102.

Heita, D. (2011, October 14). Poverty in a sea of riches. *New Era*, 1—2.

Hishongwa, N. (1992). *The contract labor system and its effects on family and social life in Namibia. A historical perspective*. Windhoek: Gamsberg Macmillan.

Horsthemke, O. (2004). Land reform in Namibia: Opportunity or opportunism. In J. Hunter (Ed.), *Who should own the land?* Windhoek: Konrad Adenauer Stiftung, Namibia Institute for Democracy.

Hoyle, R. (1981, September 14). Marching to Pretoria's beat. *Time*, 0040781X, 118 (11).

Hunter, J. (2004). *Who should own the land?* Windhoek: Konrad Adenauer Stiftung/Namibia Institute for Democracy.

Hitting SWAPO where it lives to win its way in South West Africa. (1978, May 5). *Times* 0040781*X*, *111*(20).

Irwin, R. M. (2010). Apartheid on trial: South West Africa and the International Court of Justice 1960—66. *The International History Review*, *32*(4), 619—642.

Isaak, P., & Lombard, C. (2002). Religion and its impact on Namibian Society. In V. Winterfeldt, T. Fox, & P. Mufune (Eds.), *Namibia society sociology*(pp. 87—123). Windhoek: University of Namibia.

Katjavivi, P., & Shimming-Chase, E. (2012, January 9). *In honour of ANC's 100th birthday*. Discussion forum on the Namibian Broadcasting Channel.

Klein, G. L. (2011). Publicising the African National Congress: The anti-apartheid news. *South African Historical Journal*, *63*(3), 394—413.

Kotsebi, L. (2011, December 16). Women not the only ones at fault. *Economist*, 5.

Krog, A. (2008). This thing called reconciliation: Forgiveness as part of an interconnectednesstowards—wholeness. *South African Journal of Philosophy*, *27*(4), 353—366.

Kros, C. (2010). Public history/heritage: Translation, transgression or more of the same? *African Studies*, *69*, 63—77.

Lauren, H., & Swartz, S. (2011). The professionalization of psychology within the apartheid state 1948 - 1978. *History of Psychology*, *14*(3), 249—263.

LeBeau, D. (2005). *An investigation into the lives of Namibian ex—fighters, fifteen years after Independence*. Windhoek: PEACE Centre.

Linder, D. O. (2010). *The Nelson Mandela (Rivonia) Trial: An account*. Retrieved on January, 25,2012, from the World Wide Web: www. law2. umkc. edu/faculty/projects/ftrials/mandela/mandelaaccount. html

Linley, P. A., Joseph, S., & Seligman, M. E. P. (2004). *Positive psychology in practice*. Hoboken:Wiley.

Lu, Y., & Treiman, D. J. (2011). Migration, remittances and educational stratifi cation among blacks in apartheid and post—apartheid South Africa. *Social Forces*, *88*(4), 1119—1144.

May, T. (1987). *An economic and social history of Britain 1760—1970*. London: Longman Group.

Menges, W. (2011, October 14). Shalli's bank account frozen. *The Namibian*, 1—2.

Meyer, W. F., Moore, C., & Viljoen, H. G. (1997). *Personology: From individual to ecosystem*. Sandton/Johannesburg: Heinemann.

Mlambo, A. (2011). *Discover history*. Sandton: Heinemann.

Mufune, P. (2002). Youth in Namibia: Social exclusion and poverty. In V. Winterfeldt, T. Fox, & P. Mufune (Eds.), *Namibia society sociology* (pp. 179—195). Windhoek: University of Namibia.

Murithi, T. (2009). An African perspective on peace education: Ubuntu lessons in reconciliation. *International Review of Education*, *55*, 221—233.

Museums and Libraries in Windhoek. (2012). *Olukonda National Monument*. Retrieved on April 4, 2012, from the World Wide Web: www. namibweb. com/olukonda/html

National Planning Commission. (2001). *Namibia* 2001 *population and housing census*. Retrieved on January 13, 2012, from the World Wide Web: www. npc. gov. na/census/index/html

Nortje, P. (2003). 32 *Battalion: The inside story of South Africa's elite fighting unit*. Cape Town: Zebra Press.

O'Callaghan, B. (2011). *Understanding history: The world and Africa*. Windhoek: Longman Namibia (Pty) Ltd.

Parsons, T. (1977). *The evolution of societies*. Englewood Cliffs: Prentice Hall.

Perstling, M., & Rothmann, S. (2012). Well-being and secondary traumatic stress of social Workers in Namibia. *Journal of Psychology in Africa*, *22*, 1—9.

Pucherova, D. (2011). A romance that failed: Bessie Head and black nationalism in 1960s South Africa. *Research in African Literature*, *42*(2), 105—124.

Riggs, D. S., & Foa, E. B. (2004). Posttraumatic stress disorder. In C. D. Spielberger (Ed.), *Encyclopaedia of applied psychology* (Vol. 2, pp. 83—90). Maryland Heights: Academic Press/Elsevier.

Riruako, H. (2006). Which way Africa: A multifaceted/dimensional discourse shaped by Paradoxes that characterize both Africans and Africans in the diaspora. In B. F. Bankie & K. Mchombu (Eds.), *Pan-Africanism: Strengthening the unity of Africa and its diaspora* (pp. 27—30). Windhoek: University of Namibia.

Saunders, C. (2002). Namibia's freedom struggle: The Nujoma version. *South African Historical Journal*, *47*(1), 203—212.

Seely, M., & Zeidler, J. (2002). Land distribution and sustainable development. In V. Winterfeldt, T. Fox, & P. Mufune (Eds.), *Namibia society sociology* (pp. 75—84). Windhoek: University of Namibia.

Stiff, P. (2000). *Cry Zimbabwe: Independence, twenty years on*. Alberton: Galago Publishing. United Nations Institute for Namibia. (1988). *Namibia: Perspectives for national reconstruction and development*. Lusaka: United Nations Institute for Namibia.

Van der Watt, L. (2009). *The comradely ideal and the Volksmoeder ideal: Uncovering gender ideology in the Voortrekker tapestry*. Retrieved January 5, 2012, from the World Wide Web: http://www.tandfonline.com/loi/rshj20

Van Zyl, S. (1999). An interview with Gillian Straker on the Truth and Reconciliation Commission in South Africa. *Psychoanalytic Dialogue*, *9*(2), 245—274.

Vedder, H. (1985). *Das alte Südwestafrika — Südwestafrikas Geschichte bis zi, Tode Mahareros 1890*. Berlin: Martin Warneck Verlag.

Werner, W. (2002). *The current state of land reform in Namibia — Some facts and figures*. Unpublished master's dissertation, University of Namibia, Windhoek.

Winterfeldt, V. (2002). Labor migration in Namibia — Gender aspects. In V. Winterfeldt, T. Fox, & P. Mufune (Eds.), *Namibia sociology* (pp. 39—74). Windhoek: University of Namibia.